나방의 눈보라

자연과 환희

마이클 매카시 지음 | 조호근 옮김

서커스

이 책에 쏟아진 찬사

매카시는 독자들을 자연에 대한 기쁨을 통해 독특하고 멋진 산책길로 안내한다. 소로의 『월든』부터 애니 딜라드의 『팅커 크릭의 순례자』에 이르는 위대한 자연 서적들처럼, 이 책은 매카시 자신의 여정을 묘사하는 동시에 더 넓은 맥락에서 그의 체험을 집어넣은 개인적인 책이다…… 『나방의 눈보라』는 영감을 주는 책이며, 매카시의 대담함에 경의를 표한다. 그는 환경 보존의 당위성을 주장하기 위해 종종 제시되는 끔찍하고 건조한 통계적 예측 대신 대담하게 기쁨, 즉 상상력과 감정으로 눈을 돌린다. — 뉴욕타임스 북 리뷰

탁월하고 독창적인 작품. — 마이클 폴란, 『잡식 동물의 딜레마』, 『식량의 방어』 저자

매카시 씨는 확실히 개성 넘치는 동반자이며, 독특한 매력을 폭발시키는 작가로 이 책은 아름다운 글로 가득하다…… 하지만 『나방의 눈보라』는 지구의 아름다움에 대한 찬가 그 이상이다. 이 책은 지구에 대한 비가이기도 하며, 지구에 대한 고통스러운 성찰이 담겨 있다. — 뉴욕 타임즈

매카시는 시인이 아니다. 하지만 시인처럼 글을 쓸 수 있다. 또한 그는 시인처럼 자연을 본다. 그는 이런 시각만이 난개발, 기후변화, 농약으로 인한 파괴로부터 자연을 구할 수 있는 유일한 방법이라고 믿는다. — 전국 카톨릭 리포터

『침묵의 봄』만큼이나 강력한 환경에 대한 호소.　　　　　　　- 더 컨버세이션

암울하면서도 처절할 정도로 아름다운 연대기, 진정한 보물.　　　　- 북리스트

기쁨, 슬픔, 분노, 사랑으로 가득 찬 위대하고도 열정적이며 절박한 책이다.『나
　　방의 눈보라』는 깊은 감동을 주는 회고록인 동시에 지구의 생태적 피폐에 대
　　한 가슴 아픈 이야기이다. 이 책은 무관심에 맞서 싸우고, 우리 주변의 인간
　　이외의 생명체의 깊은 마법과 아름다움으로 빛나며, 그들의 상실이 우리 모두
　　를 어떻게 약화시키는지 보여준다. 반드시 읽어야 할 책이다.
　　　　　　　　　　　　　　　　　　　　　　　　- 헬렌 맥도널드, 소설가

마이클 매카시는 오랜 기간 환경 전문기자로 일한 사람답게 자신의 주제에 대해
　　쉽게 접근하고 있지만, 그의 문장은 길고 감각적이며, 지나가는 자연계의 풍
　　요로움을 포착하려는 시적 갈망으로 가득 차 있다.　　　　　- 슬레이트

우리 시대의 가장 시급한 문제 중 하나를 다루는 아름답고 서정적인 작품.
　　　　　　　　- 팀 플래너리,『날씨를 만드는 사람들』,『희망의 분위기』 저자

마이클 매카시는 오랫동안 환경 전문기자의 대명사로 환경 보호 활동의 어려운
　　현실과 정치적 현실, 도덕적 복잡성에 대해 잘 알고 있다. 그러나 그는 또한 우
　　리가 파괴하고 있는 자연계의 아름다움, 다양성, 풍요로움에서 영감을 받아 글
　　을 쓴다. 세속적인 지혜와 깊은 개인적 경험이 결합된 이 책은 현재 우리가 처
　　한 곤경에 대한 매우 독창적이고 신선한 설명이다.　- 더 타임스 문학 서플리먼트

마이클 매카시는 그의 아름다운 책『나방의 눈보라』에서 단순히 자연 속에 존재하는 것이 아니라 자연을 사랑하는 능력이야말로 인간의 고유한 특성일 수 있다고 제안한다. 자연과 가까워지면 우리는 때때로 환희에 놀라는 자신을 발견한다.

- 가디언

이 책은 위험에 처해 있는 상황에서도 자연이 줄 수 있는 기쁨에 관한 책이다. 매카시는 현재의 위기에 대한 두 가지 주요 반응을 강력하게 종합하여 충격과 경외감, 그리고 (가장 중요한 것은) 자연의 최고의 방어력을 증명할 수 있는 사랑을 모두 불러일으킨다. 당신이 환경 우수 도서 중 한 권을 읽으려 한다면 『나방의 눈보라』를 읽어라.

- 더 타임즈, 2015년 최고의 자연 도서

이 책의 핵심은 다른 방식으로 생각하도록 폭넓게 공감하는 사람들을 설득하는 것이며, 그 점에서 이 책은 반갑게도 성공했다.

- 인디펜던트

지역적, 국가적, 국제적인 생물 다양성의 손실, 이것이 인류에게 어떤 의미이며 어떻게 피할 수 있는지에 대한 중요한 주제를 다룬 책이다. 주요 논점은 우리 모두에게는 자연으로부터 기쁨과 경이로움을 경험할 수 있는 능력이 있다는 것이다. 매카시는 전문 저널리스트로 자신의 주제를 능숙하게 다루는 숙련된 작가다.

- 아이리시 이그재미너

반드시 사람들에게 읽혀야 할 책.

- 더 스코츠맨

환경 전문기자인 마이클 매카시는 이 감동적인 책에서 자연 세계를 위한 열정적인 호소를 들려준다.

- 선데이 익스프레스

새소리, 나비, 들꽃 등 자연은 우리에게 기쁨을 줄 수 있다. 우리에게 평화를 가져다주기도 한다. 경외감을 통해 이렇게 하는 자연의 능력은 마이클 매카시의 저서 『나방의 눈보라』에 너무도 아름답게 표현되어 있다. 죽은 어머니에게 헌정하기 위해 모든 영국 나비를 추적하는 그의 탐구는 나를 울게 만들었다.

- 선데이 타임즈

자연의 정치학에 관한 영국 최고 저널리스트의 깊은 고민을 담은 책이다. 첫 장에서 그가 제시하는 사례는 강력하다. 근본적으로 그는 야생 동물, 식물, 나무, 서식지 전체가 손수레를 타고 지옥으로 향하고 있다고 주장한다. 강력하고 진심이 담긴 설득력 있는 주장이다.

- 더 스펙테이터

자연의 경이만큼이나, 사랑과 상처와 구원의 가능성에 대한 아름다운 책이다.

- 영국 언론인 협회

마이클 매카시의 책 『나방의 눈보라』의 한 장, 즉 '생물량 격감'이라는 제목의 장은 국가적인 규모로 펼쳐지는 재난 이야기를 강력하고 간결하게 요약하고 있다.

- 뉴 스테이츠맨

회고록, 자연에 대한 비가, 그리고 대책을 촉구하는 내용이 혼합된 이 책은 심오하고 긴급한 책이다. 이 책의 강점 중에는 작은 것들, 즉 새소리, 나비, 나방이라는 공통의 소중한 보물에 대한 감사가 있으며, 우리 모두가 어떤 입장에 서 있든 잃을 수 있는 소중한 보물이다.

- 컨트리 라이프

이 책은 야생의 자연의 영광에 대한 단순한 찬가 그 이상이다. 책은 또한 그것의 파괴에 대한 열정적인 항의이기도 하다. — 데일리 메일

나는 매카시의 이야기, 특히 템스 강으로 연어를 회귀시키려는 시도의 실패와 런던에서 참새가 사라졌다는 비극적인 사건에 대한 이야기를 흥미롭게 읽었다…… 그의 개인적인 이야기는 감동적이었고, 2020년에 중국에서 발생하는 도시 쓰레기양이 1997년 전 세계 쓰레기양에 해당하는 4억 톤에 달하리라는 예상은 그런 사실을 소화해야 하는 모든 환경 저널리스트만큼이나 나를 비탄에 빠지게 했다. — 가디언

회고록, 논문, 자연계에 대한 찬사가 매혹적으로 결합된 이 책에서 영국의 환경 작가 매카시는 개인적인 것과 정치적인 것, 지역적인 것과 세계적인 것을 엮어 현재 지구의 생태 위기에 대한 설득력 있는 고찰을 만들어낸다. 그의 글은 아름답고 진지하며 강력하다. — 퍼블리셔스 위클리

자연 세계와 문명화된 삶에서 중심이 되는 자연에 대한 진심 어린, 사랑스러운, 철저하게 생동감 있는 명상. — 커커스 리뷰

커다란 위협에 처해 있는 자연 세계에 대한 대담하게 새로운 방어. — BBC 컨트리

매혹과 가독성, 기쁨과 경이로움, 빛나는 순간들로 가득한 책. 매카시는 『조류 관찰 도감』뿐만 아니라 찰스 터니클리프의 아름다운 새 그림이 담긴 브룩 본드 티 카드 세트도 기억하는 사람이다. 그러나 인간과 자연에 대한 지속적인 담론에서 너무 자주 간과되는 주제, 즉 순수한 기쁨에 대한 이 광대한 축하를 즐기기 위해 독자는 저자와 비슷한 체험이 없더라도 상관없다. — 더 태블러

습지와 야생이 사라진 세상은

과연 어떤 곳이 될까? 있으라 하라

그곳에 있으라 하라, 습지와 야생을

들풀과 길들지 않은 땅이여 그곳에 영원히 있으라 하라

제러드 맨리 홉킨스, 「인버스네이드Inversnaid」

차 례

일러두기

1 본문의 해당 생물종에 정해진 국명이 없을 경우, 통용되는 일반명을 사용하고 학명을 병기했다.

2 널리 통용되는 일반명이 없을 경우, 가칭임을 명시한 후 임의로 가칭을 사용하고 학명을 병기했다. 단 해당종에 대응하는 유사한 생물종이 한국에 서식할 경우, '유럽 –' 또는 '서양 –'의 접두사를 붙이고 가칭은 따로 표기하지 않았다.

3 해당 생물종의 영어명이 문화적, 문맥적으로 중요한 의미를 내포할 경우, 또는 해당 영어명이 화훼 및 조경 분야에서 일반적으로 통용되는 경우에는 영어명을 그대로 사용했다.

4 본문에 나오지 않는 생물종의 학명은 옮긴이가 추가한 것이고 [ ]로 표시했다.

5 사이시옷은 발음과 표기법이 관용적으로 굳어져 있는 경우를 제외하고는 가급적 사용하지 않았다.

6 각주는 모두 본문의 이해를 돕기 위해 옮긴이가 단 것이다.

나방의 눈보라

- 자연과 환희

1

단 하나의 창문

1954년 여름이었다. 윈스턴 처칠 수상 시대가 막바지에 접어들고, 패배한 프랑스군이 인도차이나 반도에서 철수하고, 엘비스 프레슬리가 노래를 부르기 시작할 무렵, 우리 어머니의 정신이 무너져내렸다. 나는 일곱 살이었고, 형 존은 여덟 살이었다. 어머니 노라는 마흔 살이었다. 교사였으나 우리가 태어난 후 교직에서 은퇴했으며, 가난한 가정 출신이지만 장학금을 타고 좋은 교육을 받았고, 문학에 대해 해박했다. 「그녀는 초원을 가로질러 떠났네She Moved Through the Fair」의 가사를 쓴 아일랜드 시인인 패드라익 콜럼과 서신을 교환하기도 했는데, 대서양 횡단 상선에서 승무원으로 있었던 외할아버지와 친교를 쌓았던 사이라고 했다. 어머니는 소설을 쓰려고 했던 적도 있다.(아이들한테만 친절하고 다른 모든 이들에게는 고약하게 구는 소아과 의사 이야기였다) 지나칠 정도로 온화하고 친절한 사람이었다. 온전히 이타적이고 티끌 없이 정직했으며, 신앙심 깊은 카톨릭교도였다.

우리 아버지 잭이 오래 자리를 비운 동안, 어머니의 정신은 천천히 마모되어 갔다. 아버지는 원양 정기선 퀸 메리 호의 통신사였다. 당시는 큐나드 해운 정기선*의 마지막 전성기였다. 사우샘프턴과 뉴욕을 오가는 정기선의 삶은 화려했다고 들었다. 적어도 버컨헤드의 테라스 주택으로 귀가한 그를 맞이하던 삶보다는 화려했을 것이다. 버컨헤드는 머지 강 맞은편에 리버풀이 보이는 작은 마을로, 아버지는 3개월마다 2주씩 그곳으로 돌아오곤 했다. 남편으로서도 아버지로서도 사랑이 많은 사람은 아니었다. 아니, 사랑하는 방법을 모르는 사람이었다. 나쁜 사람은 아니었지만, 평생을 이어진 자신감 부족을 고함과 호통으로 가리는 이였고, 그런 행동은 종종 고약한 감정의 폭발로 나타나고는 했다. 훗날 어머니를 진단한 의사들은 그분이 10년 동안 '비교적 행복한' 결혼 생활을 보냈다고 기록했다.

고립되어 우리를 키우는 동안, 어머니를 지탱해 준 사람은

---

* 1840년에 설립된 영국의 해운회사로, 2차 대전 이후 대서양 정기여객 사업으로 전성기를 맞았으나 이후 여객기의 발달로 쇠락하여 현재는 고급 크루즈 사업을 운영중이다.

선량하지만 독선적인 메리 이모와 아내에게 순종적인 고든 이모부였고, 두 사람 사이에는 자식이 없었다. 그러나 1953년에 이모 부부는 친구들과 몇 개월 동안 미국을 방문 중이었다. 이민을 고려하고 있었기 때문이다. 그리고 이렇게 한층 타인과 단절되어 지내는 동안, 어머니의 정신은 어긋나기 시작했다. 귀국한 이모와 이모부는 우리 어머니가 어딘가 변했다는 사실을 깨달았다. 1953년이 끝나고 1954년이 찾아오며 어머니는 기묘한 행동을 보이기 시작했다. 하루 내내 모습을 보이지 않더니, 몇 시간을 걸어가서 20마일 떨어진 곳에서 발견되곤 하는 식이었다. 그해가 깊어갈수록 어머니는 계속 고통받는 모습을 보였고, 마침내 여름에 이르러 어머니는 성당의 품에 몸을 맡겼다. 60여 년 전의 그곳 성당은 머지사이드 지역의 아일랜드계 카톨릭 교도들의 삶을 철저하게 좌우했다. 그리고 우리 성모님의 교구를 철권으로 다스리던 퀸 신부는 어머니를 정신병원으로 보내야 한다고 선고했다.

그에 맞설 수 있는 사람은 아무도 없었다. 정신이 혼란스럽고 무척 고통받고 있다는 것 외에는, 어머니가 어디가 잘못되었는지 이해하는 사람이 아무도 없었기 때문이었다. 다른 가족도 마찬가지였다. 아버지와 이모와 이모부와 다른 가까운 친척들은 상실감뿐 아니라 수치심에도 사로잡혀 있었다. 로널드 랭*이 등장하여 정신병을 거룩한 고행으로 인식하게 만들기 이전 시대였다. 아버지가 할 수 있는 최선이란 돈을 빌려서 개인 부담 환자로 보내는 것뿐이었다. 그리고 당시의 정신병원이란 어쩌면 평생 나올 수 없는 곳이라는 사실을, 나는 한참 나중에야 알게 되었다.

어머니도 그렇게 되었을 수도 있다. 그녀를 치료하는 의사들이 하나같이 갈피도 잡지 못하고 전기 경련 요법을 제공하는 것이 고작이었기 때문이다. 머리에 고압전류를 가하는 치료법인데, 어머니는 시술을 받을 때마다 이번에는 죽을 것이 분명하다고 생각했다고 한다. 그러나 몇 주가 지나고 어느 명민한 정신과 의사가 갑자기 문제의 근원을 발견했고, 그녀의 고통받는 영혼으로 파고들어 그녀가 회복되도록 길을 닦아 주었다(내가 정확히 무슨 일이 있었는지를 발견한 것은 41년이 지난 후 그 병원에 연락했을 때였다. 놀랍게도 어머니의 진료기록이 남아 있었고, 병원 측에서는 내게 열람을 허용해 주었다).

그리하여 거의 3개월이 지난 후에야, 우리 어머니 노라는 돌아올 수 있었다. 그러나 8월에 어머니가 떠난 이후 우리 가족은 풍비박산이 나 버렸다. 아버지는 상황을 견디지 못했다. 항상

---

* Ronald David Laing(1927-1989). 스코틀랜드의 정신의학자. 저술과 강연을 통해 조현병을 비롯한 다양한 정신질환의 치료 방법과 대중 인식을 크게 변화시켰다.

짜증 나 있고 서먹하고, 존과 나에게 분통을 터트리는 사람이었지만, 어차피 계속 바다에 나가 있었기에 큰 의미는 없었다. 결국 우리를 맡은 사람은 메리 이모였다. 이모는 우리 집을 팔아 버렸다. 우리 집을 팔고는 근처 교외 지역인 베빙턴의 이모네 집으로 우리를 데려갔다. 이모는 우리에게 친절하게 대해 주었지만, 이미 피해는 돌이킬 수 없었다. 존 형은 불안정한 모습을 보이기 시작했다. 수십 년이 흐른 후 존을 가르쳤던 도울링 선생을 만난 적이 있는데, 그녀는 9월에 학급으로 돌아온 존이 멍하니 앞만 보고 앉아서 양손으로 나무 자를 잡고 구부려서 하나씩 부러트리고 있었다고 회고했다. 당시 여덟 살이었는데 말이다. 그래서 그녀는 학급 아이들에게 존을 친절하게 대하고 놀리면 안 된다고 일렀다고 한다. 어머니가 떠나서 마음을 심하게 다쳤다고 말이다. 존은 그때부터 평생에 걸친 정서 불안정을 겪으며 온 세상의 모든 존재를 감당하려 안간힘을 쓰게 되었다(자신이 다스릴 수 있었던 피아노 건반만은 제외하고 말이다). 현실을 이해한 대가를 치른 셈이었다. 논리적으로 이해했다는 뜻은 아니다. 수십 년이 흘러 진찰 기록이 내 손에 들어오기 전까지, 그 누구도 우리 어머니 노라에게 일어난 일을 논리적으로는 이해하지 못했으니까. 그러나 조금 나이가 든 예민한 소년이었던 존 형은, 자신의 감정을 통해 무슨 일이 일어났는지를 온전히 이해했다. 어머니가 무슨 일을 겪는지를 느끼고, 무력하게 허둥대는 무지한 어른들에 맞서 어머니를 지키려 했다. 그리고 존은 그 깨달음을 감당할 수 없었다.

나는 무지한 것보다 못했다. 나는 무심했다. 일곱 살이었던 나는 어머니를 잃었다는 사실에 조금도 개의치 않았다. 글로 옮기고 보니 정말로 희한하게 느껴진다. 한참이 지나 그 이야기를 꺼낼 수 있게 된 후에 상황을 정리하려 시도하다 보니, 나는 그 또한 일종의 대처 전략이었음을 깨닫게 되었다. 세상에, 나한테 대처 전략이 있었단 말이야? 나는 이렇게 생각했다. 아무것도 하지 않았던 기억밖에 없기 때문이었다. 당시 나는 어머니가 돌아올 기약 없이 떠났다는 사실에 조금도 개의치 않았다. 이런 자세는 나의 내면에 잠든 채로 유아기와 청소년기를 지나 성년기가 된 후에도 한참 동안, 어머니가 세상을 떠날 때까지 남아 있었다. 그때쯤 나는 어머니와 건실한 관계를 쌓고 세상 다른 누구보다 그분을 사랑하고 있었지만, 어머니의 죽음 앞에서 울음을 터뜨릴 수 없었다. 어머니가 처음 떠났을 때 무심했던 것과 마찬가지로, 그분이 영영 떠난 후에도 나는 그저 무심했고, 그런 자신에 실망했다. 금이 가고 갈라져 있다는 사실을 외면한 채로 그 위에 태평하게 쌓아올린 내 인생 또한 해체되기 시작했고, 나는 다른 어딘가를 향한 긴 여정에 오르게 되었다.

그러나 1954년 8월 당시에는 아무런 어려움도 없었다. 별다른 감정도 느껴지지 않았다. 존 형이 극도로 힘들어하고, 매일

같이 혼란에 빠지고, 버럭버럭 고함을 지르고 다니는 동안에도, 나는 아무렇지도 않았다. 마치 내 영혼을 다림판에 올려놓고 주름이나 구겨진 구석이 없도록 말끔히 다린 것처럼, 나는 이모네 부부와 함께 지내는 삶을 받아들였다. 두 사람은 '서니뱅크'라는 이름의 막다른 골목에 살고 있었고, 교외였던 만큼 우리가 살던 버컨헤드의 테라스 주택보다는 녹음綠陰이 짙은 곳이었다. 집마다 앞뜰이 딸려 있었고, 두 집 건너의 어느 이웃집 벽에는 부들레아가 걸려 있었다.

식물 중에는 약으로 이름난 것도 있고 독으로 이름난 것도 있다. 식용이라 친숙한 식물도 있고 섬유를 사용해서 친숙한 식물도 있다. 그러나 특정 야생동물을 유혹하는 것으로 유명해진 식물은 그리 많지 않다. 부들레이아 다비디*Buddleia davidii*는 그런 희귀한 식물 중 하나로서, 떠돌이 프랑스인 예수회 신부이자 박물학자였던 다비드 신부가 1869년에 중국 산속에서 발견했다(그가 유럽에 소개한 다른 희귀한 생물 중에는 그의 이름을 딴 '다비드 신부 사슴'[사불상]과 자이언트팬더가 있다). 우리가 도착한 지 얼마 지나지 않은 어느 화창한 아침에, 나는 이 식물의 그런 속성을 마주하게 되었다. 집을 나와 서니뱅크 거리로 뛰어나가는 내 눈앞에 보석으로 뒤덮인 높은 덤불이 등장한 것이다. 일곱 살의 내 손만큼이나 커다란 보석이었다. 휘황찬란한 색채가 뒤섞여 빛나는 보석이었다. 선홍색과 검은색, 적갈색과 노란색,

분홍색과 하얀색, 주황색과 청록색. 부들레아 덤불은 색색의 나비로 뒤덮여 있었다. 주로 잉글랜드의 늦여름을 장식하는 네발나비과의 네 종류 나비들이었다. 유럽큰멋쟁이나비[가칭, *Vanessa atalanta*], 공작나비, 쐐기풀나비, 작은멋쟁이나비. 겨울이 되면 동면에 들어가거나 이동할 연료를 축적하려고 8월 내내 바삐 움직이는 부류들이었다. 브리튼 섬의 인시목鱗翅目 곤충 중에서 가상 화려한 나비들이, 통통한 보랏빛 꽃덤불 속에서 서로 부딪치며 탐욕스럽게 꿀을 찾아 날아다니고 있었다.

그 모습을 바라보던 나는 그대로 홀려 버렸다. 아기고양이를 쓰다듬을 때처럼 눈으로 그 영롱한 색채를 보듬기 시작했다. 이런 보석 같은 생명체가 세상에 존재할 수 있다니? 여름의 무더위가 조금씩 사그라지는 동안, 어머니가 숨죽이며 고통받고 형이 울부짖는 와중에도, 나는 매일 아침 그 보석들을 확인하러 달려 나갔다. 만국기처럼 화사하고 자유롭게 날아다니는 영혼들이, 부들레아의 꽃꿀에 깃든 가늠할 수 없는 힘에 길들어서, 꽃송이에 예속된 듯 꽃에서 꽃으로 끝없이 날아다니는 모습을 질리지도 않고 지켜보았다. 나조차도 그 힘을 느낄 수 있었다. 꿀처럼 달콤하지만 살짝 시큼한 기색이 감도는 향기였다. 그 향기가 이들 경이로운 손님을 끌어모으고 있었다. 경이? 아니, 차라리 전율에 가까웠다. 내 감정이 있어야 할 공간을 메우는 존재였다. 바로 이 단 하나의 창문을 통해서, 반바지 차림의 비쩍 마른 소년의 영혼으로, 나비들이 날아 들어왔다.

　많은 이들은 자연물을 보자마자 즉시 경계하거나 본능적으로 그 쓸모를 가늠하는 대신 사랑에 빠지는 것을 제법 흔한 현상으로 간주할 것이다. 그러나 해가 갈수록 나는 그런 현상을 더욱 놀랍다고 여기게 되었다. 그런 사랑의 대상이 다른 모든 생물에게 그렇듯이 우리의 근원에 있는 배경, 맥락, 사회 환경에 지나지 않기 때문이다. 우리의 환경이 생존에 필요한 감정, 이를테면 공포나 굶주림 이상의 감정을 불러일으키는 이유는 무엇일까? 수달이 자신이 사는 강을 사랑할 수 있을까? 그러나 우리는 자연계로부터 단순한 생존 수단이나 회피해야 하는 위험 요소 이상의 것을 얻게 된다. 바로 환희를 얻을 수 있는 것이다.

　우리 삶에서 가장 대단한 요소라고 이제는 굳게 확신하고 있기는 하지만, 그 기원과 영향력을 가늠해 보면 수수께끼 같은 일임은 분명하다. 나비와 같은 자연의 요소 하나에 사로잡히고 휩쓸려 버릴 수 있다니. 그런 경탄은 자연에서 오는 것일까, 아니면 우리 내면에서 오는 것일까? 과거에는 그리스도교가 그럴싸한 설명을 제공해 주었다. 지상의 생명과 아름다움을 볼 때의 환희란 조물주가 빚어낸 솜씨를 감상하는 환희였다. 그러나 그리스도교가 쇠락하자, 자연계가 우리에게 사랑을 일으킬 수 있다는 부인할 수 없는 진실은 한층 심오한 수수께끼로 변했다.

특정 경우, 예를 들어 거대한 짐승을 바라볼 때 다른 부류의 강렬한 감정이 일어나는 이유는 비교적 쉽게 이해할 수 있다. 내가 야생에서 처음 마주한 큰 짐승은 나미비아에서 본 검은코뿔소였다. 100야드쯤 떨어진 곳에서, 뿔 두 개 달린 체중 1톤의 순수한 힘이 나를 똑바로 노려보고 있었고, 우리 사이에 놓인 것이라고는 낮은 풀숲뿐이었다. 코뿔소의 시력이 나쁘다는 사실은 알고 있었지만, 녀석은 민감한 귀를 레이더 안테나처럼 돌리며, 내 위치를 잡아내서 조준하려는 것처럼 몸을 움찔거렸다. 그 앞에서 나는 얼어붙었다. 심장이 방망이질치고 입이 바짝 마르는 가운데, 나는 몸을 숨길 곳을 찾아 주변을 둘러봤다. 그러나 겁에 질린 와중에도 그보다 강하고 기묘한 감정이 몸속을 휘도는 것이 느껴졌다. 모든 면에서 훨씬 살아 있는 기분이 들었다. 그토록 넘치는 생명력을 나는 느껴 본 적이 없었다.

이튿날 나는 생전 처음으로 아프리카물소를 마주했다. 위협을 뭉쳐 만든 거대한 검은색 덩어리 같은 물소를 마주하니 코뿔소를 대면했을 때보다 훨씬 불안했지만, 이번에도 나는 완벽하게 똑같은 감정을 느꼈다. 초조함과 죽을지도 모른다는 공포 속으로, 그 짐승의 지근거리에서 한층 격렬한 삶을 살고 있다는, 아예 다른 층위의 삶을 경험하고 있다는 희열이 섞여 들어

왔다. 같은 날 마른 강둑에서 처음으로 야생 코끼리를 근처에서 목격했을 때, 나는 다시 같은 감정에 사로잡혔다. 가장 위험한 동물을 마주하니 경계심 속에 일종의 걱정 비슷한 것이 섞여 들었다.

분명 이러한 것들은 아주 오랜 감정일 것이다. 신경조직 깊숙이 박혀 있던 이런 감정이 떠오르는 순간, 우리는 깜짝 놀라게 된다. 우리의 뿌리를 잊었기 때문이다. 마을과 도시에 거주하며 눈이 빠져라 모니터를 들여다보고 있노라면, 우리가 컴퓨터를 조작하기 시작한 지 고작 한 세대밖에 지나지 않았으며, 네온 불빛이 반짝이는 사무실 속의 노동자가 된 지도 서너 세대밖에 지나지 않았다는 사실을 망각하게 된다. 그러나 우리는 500세대 동안 농부였으며, 그 이전에는 아마도 5만 세대 이상 수렵채집인으로 살았을 것이다. 진화하는 내내 자연계의 일부였던 셈이다. 이런 과거의 유산은 쉽사리 사라지지 않는다.

우리가 큰 짐승에 매료되는 것은 이렇게 흘러간 5만 세대의 기억 때문이다. 그 장중한 모습은 경외심을 불러일으킨다. 공포와 희망을 품은 채로 짐승을 추적하고, 동굴 벽에 그들의 형상을 그리던 우리 조상의 경외심이 아직도 우리 내면에 남아 있는 것이다. 라스코와 쇼베* 동굴의 벽면에서, 공포와 희망이 한데 뭉쳐져 숭배로 변한 그곳에서, 우리는 위험한 짐승을 도륙하는 행위를 삶의 중심으로 삼았던 옛사람들의 세계에 대한 놀라운 통찰을 얻을 수 있다. 그리고 오늘날의 우리도 원래의 서식 환경에서 그런 거대한 짐승을 마주할 때마다, 언제나 죽음을 마주하고 살았던 당시의 고양된 열정이 어느 수준이었는지를 여전히 느끼게 된다.

그러나 내 마음 한구석에는 길 잃은 생각이 자리하고 떠날 생각을 않는다. 이들 수렵채집인들도 분명 나비를 마주했을 것이다. 그들은 무심했을까? 모든 나비에 대해서? 화려한 호랑나비과의 나비들을 보고서도? 어쩐지 그렇지는 않았으리라는 생각이 든다. 그렇게 불가사의하고 화려한 존재들이라면, 아무리 생존과 폭력과 죽음에 사로잡혀 있다고 해도 관찰자에게 인식되는 순간이 찾아왔을 것이다. 선사시대의 누군가가, 처음으로, 호랑나비의 모습을 자세히 살펴보려고 내려앉는 순간을 기다렸다가, 마침내 눈앞에 다가온 그 모습을 보고 경탄에 빠졌던 순간이 분명 존재했을 것이다.

---

* 　1940년 발견된 라스코 동굴벽화와 1994년 발견된 쇼베 동굴벽화는 각각 1만 7천 년 전과 3만 2천 년 전의 유적으로, 특히 대형 초식동물과 사자를 표현하는 경외심 깃든 필치가 인상적이다.

어린 시절이란 패턴으로 정형화되지 않는 법이지만, 우리는 종종 그렇게 가정하고 행동하곤 한다. 우리는 인간의 기본적인 삶의 틀이 정해져 있다고 간주한다. 삶이 어떻게 시작하고, 어떻게 성숙하고, 어떻게 끝나는지, 어떤 형태가 바람직한지 등을 말이다. 종종 우리는 자신의 경험을 그런 여러 틀에 맞추어 보려 시도하며, 얼마나 다른지 또는 일치하는지를 가늠하려 애쓴다. 그러나 당연한 소리지만, 현실에서 우리 경험의 형태는 무한한 가짓수를 지닌다.

나는 내 몫의 삶을 거의 소진한 사람이다. 운이 좋아서 어린 시절에 입은 상처의 상당 부분을 치료할 수 있었다. 그리고 치료할 수 없는 상처와 평화롭게 공존하는 법도 익혔는데, 어쩌면 이쪽이 더 중요할지도 모르겠다. 뒤얽힌 해묵은 괴로움 때문에 날 선 월요일을 보내고 나오면서, 존 형에게 이렇게 말한 적이 있다. 그리스인은 우리에게 정치와 역사와 희곡을 선사했지만, 가족 치료 요법은 발견하지 못했다고. 존은 미소를 지으며 동의했다. 비정상적인 요소와 평화롭게 공존한다는 개념을 받아들이고 나서야 나는 당시의 기묘한 상황을 받아들일 수 있었다. 내가 처음으로 자연에 애착을 품었던 바로 그 순간, 나는 힘겨운 시기의 한복판에서 끔찍한 불행을 겪는 중이었다. 어머니와 가졌던 유대가 산산조각 나는 소년기의 한순간, 나는 곤충에 정신이 팔려 있었다.

이제는 있는 그대로 받아들일 수 있다. 나는 일곱 살이었고, 비난의 대상으로 삼기에는 너무 어린 나이였다. 게다가 나비의 매력은 나보다 훨씬 고결한 정신의 소유자들에게도 영향을 미쳤다. 다만 그 당시, 그들 중에서 나보다 받아들이기 쉬운 상태였던 이들은 별로 없었으리라는 정도는 감히 장담할 수 있을 듯하다. 현실을 받아들이기를 거부한 나는 무엇에도 감명받을 수 있는 빈 서판empty tablet 같은 아이였고, 유럽큰멋쟁이나비의 선홍색과 검은색은, 그리고 그 사촌들의 온갖 색깔은 내 마음에 영원히 지워지지 않을 색채를 남겼다. 나는 메리 이모에게 그 발견에 대해 떠들어댔고, 이모는 기꺼이 『나비 관찰 도감The Observer's Book of Butterflies』(1938)을 내게 선물했다. 어머니 대역으로 인정받기 위한 노력의 일환이었을 것이다(우리를 집에서 끄집어내 데려오면서 "선물을 잔뜩 줄 거란다!"라고 이모는 말했었다).

진짜 어머니는 내가 모를 어딘가에 계셨지만, 나는 그 고색창연한 책장을 넘기면서 꿈속에나 존재할 것 같은 수많은 나비 종의 그림에 감탄하기 시작했다. 그중 일부는 경이로운 생김새뿐 아니라 경탄을 불러오는 이름까지 지니고 있었다. '부르고뉴의 공작[듀크 오브 버건디, *Hamearis lucina*]'! '보랏빛 황제[번개오색나비, *Apatura iris*]'! 스페인여왕표범나비[가칭, *Issoria lathonia*] 멋진 신세계여, 어떻게 이런 존재들을 품을 수 있단 말인가! 이어지는 몇 주, 몇 개월 동안 내 열정은 피어나고 깊어져 갔다. 정신적 외상이 깊이 남은 시기였는데도 말이다. 그해 10월, 어느 통찰력 있는 의사의 힘으로 어머니 노라가 퇴원하게 되었다. 퇴원할 정도로는 회복되었지만 전혀 온전하지는 못한 상태로, 우리가 다시 집을 구할 때까지 모두 함께 서니뱅크의 이모네에서 살게 되었다.

이런 상황은 메리가 감당할 수 있는 한도 이상이었다. 이모는 동생을 영영 잃었다고만 생각하고 있었다(사실 대부분이 그랬다). 두 소년을 받아들여 가족을 꾸릴 준비를 완벽하게 마친 상태였고, 어쩌면 남몰래 즐거워했을지도 모른다. 그러나 상황이 바뀌었다. 엉망으로 망가진 다른 가족 하나가 같은 집에 살게 된 것이었다. 예상과는 상당히 다른 상황이었으나, 이모로서는 기꺼이 받아들일 수밖에 없었다. 어쨌든 우리 집을 판 사람이 바로 그녀였으니 말이다.

한편 극도로 섬세하지만 견고함이라고는 전혀 없는 정신의 소유자였던 어머니 노라는, 병 때문에 연옥으로 떨어진 것뿐 아니라 감금당하고 아이들을 빼앗기기까지 한 상태였다. (한참의 세월이 흐른 후, 어머니는 우리를 영영 볼 수 없으리라 생각했다고 털어놓았다. 찾을 수 있는 위안이라고는 제러드 맨리 홉킨스*의 고뇌에 찬 소네트인 「더 이상 나빠질 수 없네」와 「잠에서 깨어도 햇빛이 아닌 어둠만이 나를 맞이하네」뿐이었다고 한다. 적어도 그녀와 같은 상태에 처했는데도 살아남은 이들이 있다는 뜻이었으니 말이다.) 그녀의 마음속 평정은 산산이 부서졌고, 두려움과 의심이 가득한 사람이 되어서 우리 곁으로 돌아왔다. 길거리 사람들이 자기 험담을 하고 있다고 믿을 정도였다(어쩌면 실제로 그랬을지도 모르지만). 가장 힘겨운 일은 그녀가 사랑하는 남편의 품으로 돌아간 것이 아니라 — 아버지는 북대서양 어딘가에서 선장과 함께 정찬을 즐기고 있었으므로 — 언니의 집에 식객으로 빌붙는 신세가 되었다는 것이었다. 그녀의 불안정한 정신 상태로는, 언니가 자기 아이들을 훔쳐가려 했다고 믿어도 이상하지 않을 상황이었다.

폭발적인 장면들이 이어졌다. 억지로 붙어 있게 된 이모와 어머니는 적개심을 분출했다. 고성高聲과 고통스러운 언쟁과 불화로 가득한 한 해가 흘러갔고, 존은 고통으로 갈수록 제정신을 잃어갔다. 나도 순간순간 정도는 기억한다. 어머니가 기묘한 표정으로 노라 이모를 층계에서 밀치려던 순간, 고든 이모부가 고함을 치던 순간이 기억난다. 어쩌구 저쩌구, 처제! 라고. 그러나 이번에도 그 모두는 나를 스쳐 지나갈 뿐이었다. 대처 전략인지 아닌지는 몰라도, 나는 그저 켄트 주 벡슬리에 있는 나비 농장이나 L. 휴 뉴먼 선생*에게만 — 이름 앞에 붙은 변덕스러

---

* Gerard Manley Hopkins(1844-1889). 영국의 시인, 예수회 성직자. 독자적 운율과 자연시로 유명하며, 개인사의 불행을 시로 옮겨 '고뇌의 소네트'라 불리는 일련의 작품군을 남겼다.

운 이니셜이 더욱 신비롭게 보였다 ― 관심을 쏟고 있었다. 뉴먼 선생은 가장 화려한 영국 나비의 애벌레를 제공해서, 집에서 직접 변태하는 모습을 관찰할 기회를 제공하는 사람이었다. 그는 카탈로그 속에서 자신이 취급하는 애벌레와 나비 성충을 '가축'이라고 불렀는데, 나는 왠지 몰라도 그 말 또한 매력적이라 생각했다. 1955년 봄이 다가오자 나는 5실링짜리 엽서를 보내 '가축'을 주문했고, 주문한 대로 먹이식물인 버드나무 가지에 앉은 두 마리의 번개오색나비 애벌레가 골판지 상자에 담긴 채 도착했다. 그 애벌레들은 변태를 시작하기도 전에 죽어 버렸다. 다시 주문한 한 쌍도 마찬가지였다. 뭔가 잘못한 것이 분명했다. 적어도 열정이 부족했던 것은 아니었다. 그때 분명 나비들은 내 영혼에 깊이 침투했기 때문이다. 당시 나는 나비에 깊이 사로잡혀 있었다. 날개 아랫단 가장자리의 작은 거북 등딱지 같은 무늬나, 그곳에 일렬로 박혀 있는 작은 청록색 반월형마저도 세세하게 설명할 수 있었을 것이다. 그대로 평생에 걸친 나비 애호가가 되어도 이상하지 않았을 것이다. 다른 모든 것을 배제하고 나비라는 좁은 분류군에만 강박적으로 몰두하는, 존

---

* L. Hugh Newman(1909-1993). 영국의 곤충학자, 작가, 방송인. 나비와 나방에 관한 여러 대중서를 집필했으며 켄트 주에서 나비 농장을 경영하여 윈스턴 처칠을 비롯한 많은 저명인사를 고객으로 두기도 했다.

파울즈의 『수집가*The Collector*』 속 프레드릭 클레그 같은 사람이 될 수도 있었을 것이다. 우리 어머니가 내게 더 넓은 세상을 보여주지 않았다면 말이다.

1955년 11월이 되어, 부모님이 마침내 새집을 구한 후에 그 일이 일어났다. 우리 가족이 그 온갖 혼란을 뒤로하고 서니뱅크를 떠나 새로 시작하려 시도하던 때였다. 어머니는 책 한 권을 가져왔다. 그해 크리스마스 선물이었는데, 아마 내가 나비에 빠져 있다는 사실 때문에 고른 책이었을 것이다. 메리 이모는 내게 인시목 곤충을 다루는 책을 한 권 더 선물했지만, 어머니가 고른 책은 다른 쪽이었다. 나는 지금도 어머니가 무슨 직감으로 그렇게 단호한 결정을 내렸는지 모른다. 그 책은 내가 접한 최초의 이야기책이었다. 제대로 형성된 인물과 줄거리가 존재했다. 그리고 나는 즉시 그 책에 빠져들었다.

서사시라 부를 만한 책이었다. 과거에 사용하던, 그 용어의 엄밀한 정의 그대로 말이다. 영웅적인 모험담이 계속해서 이어지는 책이었다. 그러나 『일리아드』나 『오디세이아』처럼 웅장한 서사시는 아니었다. 다른 무엇보다 책의 주인공들이 노움gnome이라 불리는 난쟁이 종족이었기 때문이었다. 『작은 회색 난쟁이들*The Little Grey Men*』이라는 제목에, 작가는 자기 이름을 'BB'라는 이니셜로만 서명했다. 그의 진짜 이름은 데니스 왓킨스-피치

포드*였지만, 나는 수년이 흐른 후에야 그 사실을 알게 되었다.

　나는 첫 장을 넘기자마자 주인공들이 뛰노는 세계에 흠뻑 빠져들었다. 주인공 도더[붉은새삼, *Cuscuta epithymum*], 발드머니[*Meum athamanticum*], 스니즈워트[큰톱풀, *Achillea ptarmica*]는 모두 영국의 비교적 덜 알려진 들꽃의 이름을 가지고 있다. 모두 키가 1피트에서 18인치 사이의 매우 작은 사람이고, 길게 휘날리는 수염을 기르고 있다. 연장자인 도더는 한쪽 다리가 의족이다. 그러나 이들은 최근 우리가 집착하는 하이판타지 장르, 그러니까 『해리 포터』나 『반지의 제왕』과 그 모방작들에서 마주치는 난쟁이들과는 아예 다른 존재다. 마법 능력 따위는 없다. 이들은 판타지가 아니라 현실 세계에 기반을 둔 존재다. 주변의 야생동물과 의사소통하는 능력이 있기는 하지만— 작가가 유일하게 인정한 노움의 특별한 능력이다 — 이들은 우리처럼 이 세상에서 생존하려 발버둥을 친다. 충분한 식량을 구하고 몸을 덥히려고 말이다. 그러나 이들에게는 한 가지 문제가 더 있었다. 사라져 가는 종족의 일원이었던 것이다. 이들은 잉글랜드에 마지막 남은 노움이었다.

---

*　Denys Watkins-Pitchford(1905-1990). 영국의 박물학자, 삽화가, 작가. 'BB'라는 필명으로 작품활동을 하였으며 60여 권의 아동문학 작품을 남겼다.

바로 그 표현을 읽은 순간 몸서리쳤던 기억이 떠오른다. 여덟 살 소년의 머릿속에 불완전하기는 해도 존재의 종말이라는 개념이 각인된 순간이 아니었을까. 노움들이 끊임없이 다가오는 도시화, 그리고 당시부터 이미 시골에 번져나가고 있던 농업의 현대화 앞에서 생존할 수 있을 리가 없었다. 그들은 존재 자체가 시대착오적이었다. 세상은 진보했다. 부치 캐시디와 선댄스 키드*처럼, 그들의 시대는 저물어 버린 것이다. 바로 그 때문에 오래전 잃어버린 형제 클라우드베리[진들딸기, *Rubus chamaemorus*]를 찾으러 모험의 길에 오르는 그들의 행보가 한층 용감해 보이게 되었다. 아, 클라우드베리의 이야기는 얼마나 슬펐던지! 그들이 살고 있는 널찍한 오크나무 뿌리가 서 있는, 워릭셔 지방의 폴리 브룩이라는 작은 강물의 수원을 찾으러 떠났다가 돌아오지 못한 이였다.

나는 그들의 모험에, 그리고 예기치 못한 대단원에 사로잡히고 말았다. 이듬해 크리스마스 선물로 부탁했던 후속작『반짝이는 냇물을 따라서*Down the Bright Stream*』역시 나를 사로잡았다. (이 책에서 노움들의 존재론적 위기는 절정에 도달한다. 그들은

---

* 서부 시대 말기 무법자 집단인 '와일드 번치'의 주동자들로, 시대에 밀려난 이 무법자들의 이야기는 훗날 〈내일을 향해 쏴라Butch Cassidy and the Sundance Kid〉로 영화화되며 새로운 유명세를 탔다.

가장 독창적인 방식으로 이에 맞서고, 종국에는 성공을 거둔다.) 그러나 나는 단순한 이야기 이상을 얻게 되었다. 처음 그 책을 읽은 순간부터 그 모험이 벌어진 배경을 내면화한 것이다. 어둠의 군주와 마법사들이 존재하고, 요새와 산맥에서 군대가 충돌하는 『반지의 제왕』의 배경 세계와는 완전히 다른 곳이었다. 그저 워릭셔일 뿐이었으니까. 셰익스피어의 고장인 녹음 가득한 워릭셔였다. 폴리 브룩은 물총새와 수달과 피라미가 서식하며 그 위 하늘에서는 황조롱이가 날아다니는, 작고 친근하고 매력적인 생물들이 생생하게 살아서 서로 교류하는 작고 친근하고 매력적인 교외의 강일 뿐이었다. 나는 그들 모두와 사랑에 빠졌다. 자연의 세계와 사랑에 빠졌다. 나비를 넘어 자연을 온전히 받아들이게 된 것이다.

나는 매우 운이 좋았다. (적어도 내 조국인 잉글랜드에서는) 자연의 풍요로움이 끝나기 직전의 마지막 시대에 자연을 사랑하게 되었기 때문이었다. 집약적 농업이 토양의 목을 조르고, 유기염소와 유기인산 살충제가 마치 산성 물질로 육신을 태우듯 토양을 씻어내리기 전의 시대, 모두가 당연하게 여겼던 풍요로운 자연이 여전히 존재하던 시대였다. 내가 처음 마주했듯이 8월마다 부들레아에 수많은 나비들이 몰려들던 때였다.

장밋빛 색안경 때문에 미화된 어린 시절이 아니다. 여전히 기억이 생생하니까. 나비로 가득한 덤불은 그 모든 매력의 한

가운데 존재했다. 분명 아름다운 피조물이기는 해도, 유럽큰멋
쟁이나비 한 마리가 날아다니고 있었더라면 그토록 감명을 받
지는 않았을 것이다. 당시에는 뭐든 수가 많았다. 교외의 정원
에는 지빠귀들이 바글거렸다. 목초지마다 들토끼들이 뛰어다녔
다. 봄철의 강기에는 갓 우화한 하루살이들이 구름처럼 자욱하
게 반짝였다. 종다리떼가 하늘을 메우고, 양귀비꽃이 들판에 가
득했다. 나비들이 여름 낮을 가득 채웠듯이 나방들이 여름밤을
가득 채웠다. 때로는 나방이 너무 많아서, 자동차 헤드라이트에
비친 모습이 눈보라 속의 눈송이처럼 보일 때도 있었다. 말 그
대로 나방의 눈보라였다. 여행을 끝내고 차의 앞 유리를 닦을
때가 되면, 놀라울 정도로 풍요로운 생명을 스폰지로 훔쳐내야
했다.

나는 이런 세계에, 나방이 눈보라처럼 몰아치는 세계에, 내
어린 시절을 바쳤다.

그러나 어린 소년을 깊이 끌어들였던 이런 아름다운 자연의
세계는 이내 21세기라는 잔혹함을 마주하게 되었다.

나는 베이비부머 세대다. 2차 대전 이후 부유한 서구 세계에
태어나서, 1960년대의 새로운 자유가 폭발하는 속에서 성인이

되고, 단순히 젊다는 이유만으로 우주의 주인이 될 권리를 상속받았다고 생각하던 세대의 사람이다. 그리고 어쩌면 실제로 그랬을지도 모른다. 그 의기양양했던 젊은 시절이 아직까지도 우리 세대를 규정하게 된 것일지도 모른다. 우리 아버지와 할아버지 세대가 양차 세계 대전에 각인되었듯이, 우리는 로큰롤에 각인되었다. (모두가 공산주의자가 될 수 있게 해주고, 모두가 성스러운 젊음에 동참하고 만끽하도록 해주는 바로 그 음악 말이다.) 그러나 우리 시대가 저물어가는 지금, 우리는 새로운 이름으로 분류되기에 이르렀다. 기나긴 인생에 걸쳐 지구 전체에 그림자가 드리우는 모습을 목격한 세대라고 말이다.

이것 하나는 확실히 해 두자. 우리 세계는 전례 없는 위기에 처해 있다. 이전 세대는 상상조차 할 수 없었던 질병을 앓고 있다. 인류 산업의 규모가 지나치게 커졌기 때문이다. 앞선 세대의 인류는 인간의 행위를 평가할 때 단 하나의 방향성만을 염두에 두었다. 부싯돌 손도끼에서 출발하여 달 착륙에 이르는, 문자와 의약과 법규를 통한 비범하고 뛰어난 진보의 방향성 말이다. 그런 여정의 황홀함에 사로잡힌 우리는 그 규모 자체가 위협이 되리라고는 상상조차 못하고 있었다. 매일 두 배로 불어나는 수련이 핀 연못과도 같은 셈이다. 수면의 절반을 덮기까지 50일이 걸렸기 때문에, 우리는 남은 하루만에 연못이 수련으로 가득차리라고는 상상조차 못 했던 것이다.

기하급수적 성장은 이런 식으로 갑작스레 일어난다. 우리 모두가 기습당하고 말았다. 인류의 기나긴 여정 속에서, 역사시대와 선사시대를 합친 수천 년의 시간 속에서, 기껏해야 한 인간의 생애에 너끈히 포함되는 40여 년 만에 그 모든 일이 벌어진 것이다. 그리고 그 기간은 내 생애 안에 있었다. 내가 십대에서 중년에 이르는 동안, 즉 1960년에서 2000년 사이에, 세계 인구는 30억에서 60억 명으로 두 배로 늘었다. (그리고 이어진 10년 동안 10억이 추가되었고, 앞으로 40년 안에는 30억이 추가될 것이다.) 그리고 빈곤한 국가 위주로 인구가 폭증함과 동시에, 부유한 국가에서는 소비가 폭증했다. 부유한 국가가 더 부유해지면서, 가장 운 좋은 세대인 베이비부머는 폭증하는 소비를 기꺼이 만끽했다. 인구가 두 배로 불어나는 동안, 세계 경제는 여섯 배 이상으로 불어났다. 지금에 이르러 20세기 후반의 역사를 돌이켜보면, 핵무기 제조와 확산, 제국의 쇠퇴, 아랍-이스라엘 분쟁, 사회주의 운동의 몰락보다도 이런 소비의 증가가 훨씬 근본적인 영향을 끼치지 않았을까 하는 생각이 든다.

인간, 즉 호모*Homo*속의 생물들이, 세계를 계량 가능하도록 개조하기 시작한 것이 대체 언제부터였을까? 해부학적으로 그리고 행동학적으로 현대인과 일치하는 호모 사피엔스가 탄생한 직후부터였을 것이 거의 분명하다. 6만 년 전쯤에 아프리카에서 탄생해서, 동쪽으로 퍼져 나가기 시작해 아시아에 도달하고, 아래로 뻗어 오스트랄라시아로 진출하고, 다시 북서쪽으로 돌아와 유럽에 이르고, 마침내 베링해협의 육로를 통해 시베리아에서 아메리카로 건너가면서 인간의 영향력도 퍼졌을 것이다. 언어를 이용해 강력한 힘을 얻은 그들은 — 우리는! — 거의 분명히 이전부터 아프리카에 있던 선주 인간종과, 아시아의 호모 에렉투스와, 유럽의 네안데르탈인(온전한 언어를 발달시키지 못했을)을 멸종시켜 버렸을 것이다. 그리고 그런 작업을 수행하는 와중에, 수백만 년에 걸쳐서, 다른 엄청난 수의 동물들 또한 비슷한 운명을 맞이하게 되었다. 인간은 포유류와 유대류의 정점에 도달하도록 진화했고 여전히 그 지위를 차지하고 있다. 그리고 그렇게 사라진 거수巨獸들에게 별로 주의를 기울이지 않는다. 그래서는 곤란하다. 비견할 데 없는 대학살이 벌어졌기 때문에, 우리는 그 사실을 기억해야 한다. 기나긴 빙하기의 시대였던 플라이스토세가 끝날 때쯤, 대륙을 활보하던 거대 육상동물들은 인간 수렵채집인의 손에 절멸해 버렸다. 2톤짜리 웜뱃인 디프로토돈을 비롯한 오스트레일리아의 거대동물군이나, 다윈이 그 화석을 발견한 남아메리카의 거대나무늘보를 포함하는 남아메리카의 거대동물군, 넓이와 높이가 각각 10피트에 달하는 거대한 뿔을 가진 큰뿔사슴 등 유라시아의 거대동물군 등이 말이다. 더럼 대학의 생물학부 아트리움에서 큰뿔사슴의 뿔을 마주한 사람이라면 누구나 놀라서 헛숨을 내쉴 수밖에 없을 것이다.

물론 정확히 무슨 일이 벌어졌는지 아는 사람은 아무도 없으며, 일부 고생물학자는 기후변화가 원인이었으리라 생각하기도 한다. 그러나 가장 설득력 있는 이론은 인간이 그 짐승들을 제거했으리라는 것이다. 우리가 저지른 일이다. 2만, 3만, 아니 어쩌면 4만 년 전부터도, 우리는 이미 주변 세계를 변화시키고 대규모로 파괴하고 있었다. 터무니없이 적은 개체 수로도 말이다. 그렇다면 오늘날의 우리는 어느 정도의 피해를 입힐 수 있을까? 지구를 바꿀 기술을 손에 넣어서, 손도끼 대신 전기톱을, 사슴의 견갑골 대신 불도저를, 낚싯바늘 대신 저인망을, 투창 대신 자동소총을 사용하게 되었을 뿐만 아니라, 우리 자신의 개체 수조차 어마어마하다고밖에 표현하지 못할 정도로 불어나고 있는 지금은 말이다.

정말로 특이한 일이다. 빈집털이가 때로 주택을 파손하듯이, 우리는 지구를 파괴하고 있다. 특이하고 끔찍한 역사의 한순간일 것이다. 행성을 얇게 둘러싼 생물의 층인 생물권에 완벽히 의존해 살아가는 우리들이 그것을 파괴하려고 애쓰고 있다. 그 위의 대기와 그 아래의 대양과 토지를, 생물권을 떠받치는 모든 것을 붙들고, 찢어내고, 흩어놓고, 뜯어내고, 불사르고, 난도질하고, 오염시키려 서두르고 있다. 벌써 열대우림의 절반 이상이 사라졌으며, 제초제는 농장과 강둑의 들꽃과 곤충 개체 수를 급감시켰고, 해저는 심각하게 훼손되고 대부분의 어족 자원은 위험한 수준까지 감소했으며, 해수의 산도는 꾸준히 증가 중이고, 산호초는 다양한 위협에 처해 있으며, 기후를 뒤바꾸는 탄소는 매년 400억 톤씩 대기 중으로 풀려나며, 모든 척추동물 ― 포유류, 조류, 어류, 파충류, 양서류 ― 의 5분의 1이 멸종 위기에 처해 있으며 그 수는 계속 증가하고 있다. 대부분이 절멸 직전이며 머지않아 사라질 것이다. 베트남코뿔소*는 전쟁 덕택에 인도차이나반도의 정글에 무사히 숨어 있다가 1988년에야 발견되었으나, 2010년에는 이미 멸종하고 말았다. 아시아의 전통 의학에서 그 뿔이 암 치료제로 잘못 알려져 있다는 이유만으로 학살당한 것이다. 도도새조차도 그보다 세 배는 오래 살아남았다. 2010년의 조사 결과에 따르면, 시에 가장 자주 등장하는 새인 나이팅게일의 잉글랜드 개체 수는 지난 40년 동안 90퍼센트 감소했다고 한다. 비틀즈가 해체한 것처럼 열 곳 중 아홉 곳에서는 더 이상 노래하지 않게 되었다는 뜻이다. 우아한 자태와 기능을 자랑하나 그 맛 또한 우아했던 지중해참다랑어는 스시 애호가들의 입맛 때문에 위기에 처한 듯하다. 7종의 바다거북은 모두 멸종위기종이며, 그중 3종은 절멸위급종이다. 양서류

---

* Rhinoceros sondaicus annamiticus. 자바코뿔소의 아종으로, 2010년 밀렵꾼에게 사살된 개체가 마지막 생존 개체였을 것으로 간주되고 있다.

는 한데 뭉뚱그려져 망각의 비탈로 굴러떨어지는 듯하다. 코스타리카의 구름숲에 서식하던 황금개구리가 사라진 사실은 유명하지만, 별로 유명하지 않은 파나마의 황금개구리도 똑같은 방식으로 사라졌다. 사방에서 생물이 사라지고 있으며, 21세기의 자연계를 서술하는 단어는 아름다움도, 풍요로움도, 생명력도 아닌 취약성이 되었다.

아무리 강조해도 지나치지 않을 것이다. 이런 손실은 해일이나 화산폭발 같은 자연재해로 인한 것이 아니다. 인간의, 바로 우리들의 작품인 것이다. 우리가 수를 불리고 욕구가 확장됨에 따라 황폐의 규모도 커질 것이다. 원인을 열거하는 것은 그리 어렵지 않다. 서식지 파괴, 오염, 과도한 채취와 포획, 외래종의 폐해, 갈수록 심각해지는 기후변화까지. 그러나 갈수록 번져가는 황폐화의 궁극적 원인은 바로 호모 사피엔스다. 지구상에서 탄생한 수많은 생명체 중 하나이지만, 그 개체 수가 이 행성이 지탱할 수 있는 이상으로 폭증했고, 이제 행성 자체를 망가트리는 궤도에 오른 이들 말이다.

흥미로운 역사적 우연이 하나 있다. 인류의 개체 수 폭발이 시작되던 바로 그 순간, 지구에 직접적인 영향을 끼치는 새로운 계시가 우리에게 내려왔다. 정확한 날짜를 댈 수도 있다. 1968년 크리스마스이브였다. 가장 직접적인 책임자는 미국의 우주비행사인 윌리엄 앤더스로, 최초로 지구 궤도를 떠나 달을 선회하고 돌아온 유인우주선 아폴로 8호의 승무원이었다. 12월 24일, 그와 동료 승무원 프랭크 보먼, 짐 로벨이 탄 우주선은 달의 어두운 면에서 빠져나오며 놀라운 광경을 목격했다. 더없이 아름다운 푸른 구체가 우주의 어둠 속에 떠오르고 있었다. 앤더스가 찍은 사진은 '어스라이즈earthrise'라고 불리게 되었고, 그 사진은 인류 문화사의 중대 사건으로 여겨지기에 이르렀다. 우리 자신을 최초로 먼 곳에서 볼 수 있게 되었으며, 어두운 공허 속에서 홀로 떠오른 지구가 믿을 수 없도록 아름다우며 동시에 터무니없도록 위태로워 보였기 때문이다. 다른 무엇보다, 우리는 지구의 유한성을 절실히 느낄 수 있었다. 지표면에 있는 우리로서는 파악하기가 쉽지 않다. 땅이나 바다가 지평선이나 수평선에서 끊기더라도, 언제나 그 너머에 다른 땅이나 바다가 있다는 사실을 알게 되기 때문이다. 그러나 깊은 우주에서 지구라는 행성을 바라보면, 그 푸른빛에 깃든 아름다움뿐 아니라 그 진정한 한계마저도 인식하게 된다. 멀리서 보면 그리 크지도 않을뿐더러 ― 아폴로 8호의 승무원들은 손톱으로도 지구를 가릴 수 있었다 ― 완벽하게 고립되어 있다. 지구는 유일한 존재다. 끝없는 어둠 속에 새로운 목적지는 존재하지 않는다. 어스라이즈 사진 덕분에, 우리는 직관적으로 지금 우리가 망치고 있는 존재가 우리의 유일한 터전임을 영혼으로 깨닫게 되었다.

전 지구를 휩쓰는 인간의 파괴 행동을 어떻게든 막아야 한다는 개념은 지난 사반세기 동안 가장 중요한 도덕적, 지적 도전의 하나가 되었다. 온갖 압력이 연관되어 있으며, 문제 자체를 온전히 인정하는 사람도 비교적 드물었기 때문이다. 그런 이들은 흔히 환경론자나 보전론자라고 불렸다. 모든 나라마다 존재하며, 때로는 목소리를 높이고 영향력을 끼치기도 했지만, 지구 규모에서 보면 극히 적은 수에 지나지 않았다. 대부분의 일반인은 신경조차 쓰지 않았다. 아직 그 결과를 마주하지 않았으며(이내 하게 되었지만), 인간이란 자신의 문제부터 신경 쓰는 존재이기 때문이다. 그 자체만으로는 그리 해롭지 않아 보이는 개인의 선택이 70억 번 반복된다는 사실이 문제의 근원이라는 점을, 이들은 깨닫지 못했다.

　게다가 인간의 행동으로 인간의 터전이 파괴되는 지금의 상황은, 기존의 신념 체계, 굳이 이름붙이자면 자유주의 세속 휴머니즘에 따라서 적절히 대처한다고 — 즉, 맞선다고 — 해결되는 것이 아니다. 2차 대전 이후 우리를 한데 묶었던 강령인 자유주의 세속 휴머니즘은 단 하나의 영예로운 목표를 설정했다. 바로 인류의 복지 증진이다. 이 강령은 온 세상의 사람들이 기아와 공포와 질병에서 해방되어 행복하게 성취하는 삶을 누리기를 원했다. 올곧은 원칙이었다. 탄복할 만했다. 그러나 그 근본에는 허점이 존재했다. 인류라는 존재가 본질적으로 선하고 유익하지 않을 수 있다는 가능성을 외면한 것이다. 인간이라는 종 자체에 본질적인 문제가 내재해 있을 수 있다고는 생각지 않은 것이다. 호모 사피엔스가 지구의 탕아라는 사실 말이다.

물론 이렇게 말하면 분노하는 사람도 많을 것이다. 인류라는 집단 자체에 결함이 있다고 제안하지 않더라도, 기아와 공포와 질병은 끔찍한 개념이기 때문이다. 그러나 우리 문명의 창시자인 그리스인들은 이런 생각을 자기네 도덕률의 중심 개념으로 삼았다. 인간에게는 되풀이되는 문제가 존재한다. 인간은 거의 신과 흡사한 영광된 존재이며 꾸준히 상승하고자 애쓴다. 그러나 실제로 천상에 거하는 것은 신들뿐이며, 인간이 너무 높이 오르려 애쓰다 성공할 때마다 신들은 그를 파괴해 버린다. 여기서 신들은 인간의 한계를 상징한다. 물론 가장 먼저 떠오르는 것은 이카로스겠지만, 그 외에도 심오한 상징을 여기저기서 찾아볼 수 있다. 소포클레스의 『오이디푸스 왕』에서, 오이디푸스의 가장 중요한 흠결은 아버지를 살해하고 어머니와 결혼한 것이 아니었다. 그런 것들은 운명에 따르는 부수적 요소였을 뿐이다. 그의 진정한 흠결은 자신이 모든 것을 안다고 생각하고 스핑크스의 수수께끼에 대답해서, 자신이 현인이라고 온전히 믿었던 것이었다. 신들은 그렇지 않다는 것을 몸소 보여주었다(그리고 잔혹한 비극적 아이러니를 완성시키기 위해서, 오이디푸스는 운명을 너무 늦게 깨달았다는 무지를 벌하려고 스스로 눈을 뽑았다).

자유주의 세속 휴머니즘이라는 현대의 합의에서는, 인간이 한계를 가진 존재이며, 원하는 대로 뭐든 할 수는 없으며, 문제아가 될 수도 있다는 ─ 문제아가 아니라면 어떻게 자신의 터전을 파괴할 생각을 하겠는가? ─ 영적인 개념은 완전히 배제되어 있다. 아예 흔적조차 남지 않았다. 그런 제안조차도 혐오스러운 것으로 여겨진다. 종교가 사멸하고 영성을 추방하면서, 우리 스스로가 도덕적 가늠쇠가 되었기 때문이다. 우리가 생각하는 선악의 기준에는 인간의 고통과 그것을 피하기 위한 행위가 포함된다. 이제는 본능에 가까울 정도로 우리 내면에 깊이 뿌리박혀서, 심지어 언어로서 내면화되었을 정도다. 우리가 가장 가치 있게 여기는 덕목은 인간성이며, 인도적이라는 수식어는 타인에게 건넬 수 있는 가장 큰 칭찬의 하나다. 인도적인 인간humane human이라는 뜻이다. 글자를 하나만 빼면, 이는 곧 인간적인 인간human human이라는 뜻이 된다. 이제 우리의 도덕률은 완벽하게 인간을 중심으로 움직인다. 객관적인 선함이란 우리에게 가장 이로운 방편이라고 자동으로 해석해 버리는 것이다. 그래서 인류의 이득이 다른 존재의 이득과 충돌하면, 후자의 이득은 하찮은 것으로 취급받게 된다. 설령 그것이 우리가 살 수 있는 유일한 장소인 이 행성이 제대로 기능하게 만드는 요소라도 말이다.

최근 수십 년 동안, 바로 이 사실 때문에 자연계를 제대로 보호하는 것이 극도로 힘들어졌다. 특히 막강한 개발의 논리에 맞설 때 말이다. 개발을 주도하는 이들은 종종 지구의 자연 시스템의 운명에 신경 쓰는 환경론자와 보전론자들을 새나 쫓아다니는 허영 많은 중산층으로 간주하며 하찮다고 무시해 버렸다. 수많은 종이 서식하는 열대우림을 양분이 고갈되어 머지않아 황무지가 될 농토로 바꾸는 이들은 단호하게 전투의 함성을 올렸고, 우리는 거기에 저항하기 힘들었다. 우리가 그것이 필요하다는데!

따라서 지키는 쪽의 사람들은 조금 더 설득력 있는 논리를 구축하려 애써 왔다. 인류의 필요라는 단순하기 그지없는 주문呪文에 대한 답변을, 무심한 자연의 파괴를 멈출 수 있는 논리를 찾으려 노력한 것이다. 크게 두 가지의 진지한 시도가 있었다. 그중 첫 번째는 '지속 가능한 개발'이라는 이론(또는 계획)이었는데, 결국 실패로 돌아갔다.

한때 노르웨이 수상이었던 그로 할렘 브룬틀란이 1987년에 환경과 개발의 우려를 한데 엮어서 내놓은 UN 보고서 〈우리 공동의 미래Our Common Future〉는, 지속 가능한 개발을 통해 비대한 인류의 산업 활동이 자연자원을 고갈시키지 않고 계속 성장할 수 있는 방법을 찾는다. 그 주된 목적은 빈곤 타파다. 때로는 '녹색 성장'이라고도 불리는 이 이론은, 공식적으로 '미래 세대의 필요를 충족시킬 방법을 훼손하지 않고, 현재 세대의 필요를 충족시키는 개발'을 모토로 삼는다. 물론 훌륭하며, 열심히 고찰하고 시도했다면 성공의 가능성 정도는 있었을 계획이었다. 이론 자체는 문제와 가능한 해결책을 정확하게 진단하고 있다. 그러나 그 시행 방식에 허점이 있었다. 지속 가능한 개발이란 인간의 선의, 더 나아가서 여러 정부의 선의를 필요로 하기 때문이다. 모두가 행동 양식을 바꾸어야만 가능하다. 이 방법론은 인간이 항상 선하지 않다는 점을 염두에 두지 않았고 ─ 바로 그 때문에 마찬가지로 그것을 염두에 두지 않는 자유주의 세속 휴머니즘과 잘 맞아떨어졌으며 ─ 인간이 이기적인 목표가 존재하지 않으면 자발적으로 변하지 않는다는 사실도 고려하지 않았다. 고양이에게 새를 잡지 말아 달라고 부탁하는 것과 똑같은 짓이었다.

물론 수천 명의 열성적인 사람들의 노력을 폄훼하는 일은 지나치게 경박한 행위일 것이다. 그리고 '지속 가능한 개발'의 추구는 실제로 무언가를 이룩하기도 했다. 정부와 기업들이, 과거에는 존재하지 않던 '환경을 염두에 두어야 한다'라는 가장 기본적인 개념을 정책 목표로서 받아들이게 되었기 때문이다. 그러나 자연계의 파괴라는 기본적인 방향이나 그 속도를 근본적으로 바꾸는 데에는 실패하고 말았다. 1992년 리우데자네이루에서 열린 지구정상회의에서 그것이 가능할지도 모른다는 희망이 보였다. 100명이 넘는 지도자들이 참석하여 지속 가능한 개발이라는 개념을 받아들이고, 전 지구적 규모로 행동에 옮기는 초거대 계획인 '아젠다 21'을 내놓았기 때문이다. 희망과 자축으로 가득한 순간이었다. 문제에 대한 세밀한 해법을 설계하는 것만으로 무리 없이 실행될 수 있을 것만 같았다. 나는 그 순간을 생생하게 기억한다. 나도 그곳에 있었으니까. 그러나 20년이 지나고 후속 회담인 리우+20이 열리자, 지속 가능한 개발이라는 개념이 지구를 구하기 위해서 아무것도 할 수 없음이 너무도 명백해지고 말았다.

2012년이 되기까지 아무것도 나아진 것이 없었다. 지구에는 15억 명의 인간이 추가되었고, 기후변화를 일으키는 이산화탄소의 연간배출량은 36퍼센트 증가했을 뿐 아니라 계속 상승하고 있으며, 6억 에이커 이상의 일차림primary forest이 벌목되었으며, 특히 개발도상국을 중심으로 오염은 치솟고 있으며, 어느 때보다 더 많은 종이 멸종의 위기에 처해 있다. 근본적으로는 아무것도 변하지 않은 것이다. 주변부에서 소소한 성공은 거두었을지 몰라도, 파괴의 주된 흐름은 조금도 방향을 틀지 않았다. 다시 같은 브라질 도시에서 열린 리우+20는 UN이 주최한 가장 큰 회합으로, 45,000명의 특사와 참관인과 언론인이 참석하고, 130명의 국가 또는 정부 수장이 그 안에 포함되었는데도,

'지속 가능한 개발'을 원칙으로 삼는다는 의미 없는 약속만 반복하고는 모두가 끝나자마자 즉시 기억에서 지워 버렸다.

그러나 답을 찾으려는 두 번째 시도는 아직 실패하지 않았으며, 지금 이 순간 지구상을 휩쓸고 있다.

아서 탠즐리 경은 누구나 알 만한 위인은 아니다. 특히 동시대의 창의력 넘치던 과학자들, 이를테면 어니스트 러더포드나 존 로지 베어드나 알렉산더 플레밍처럼 친숙한 사람은 아닐 것이다. 그러나 그들 모두가 활동하며 과학이 격동했던 전간기 동안, 옥스퍼드 대학의 식물학 교수였던 탠즐리는 러더포드의 핵물리학이나 베어드의 텔레비전이나 플레밍의 페니실린만큼이나 영향력 있고 모두에게 받아들여지는 개념을 하나 창안해 냈다. 바로 생태계ecosystem라는 개념이었다.

분류에 집착하는 자연과학자들이 각각의 식물이나 동물 종이 고립되어 존재하는 것이 아니라 다른 생물과 긴밀하게 협동하는 공동체를 구성한다는 사실을 깨우치기까지는 상당히 오랜 시간이 필요했다. 그 모든 생물이 자기네들끼리만이 아니라 주변 환경과도 상호 교류하는 것이다. 이런 관점이 생태학이라는 새로운 과학의 형태를 갖춘 것은 20세기 초반 들어서였다.

탠즐리는 최초의 유망한 생태학자 중 하나였고, 그가 도입한 생태계라는 단어는(1935년 논문에서 난잡한 생태학 용어를 정리하려고 처음 만들어 낸 단어였다) 전문가가 아닌 사람들에게도 여러 동식물이 환경의 비생물 영역, 즉 토양이나 기후 등과 복잡한 상호작용을 나누며 단위로서 기능할 수 있다는 강력한 개념을 전달하는 데 성공했다.

이런 단위는 호수처럼 크거나 웅덩이처럼 하찮을 수도 있고, 숲 전체나 나무 한 그루가 될 수도 있지만, 중요한 점은 생태계가 제대로 기능하는 실체라는 것이었다. 1960년대, 70년대, 80년대를 거치며, 생태계에 관한 연구가 본격적으로 진행될수록, 생물학자들은 생태계가 환경 전체에 순환하는 물과 양분과 퇴적물과 탄소를 조절하는 데 중요한 역할을 한다는 사실을 확신하게 되었다. 생물에서 토양과 바다와 대기를 거쳐서 순환하는 형식으로 말이다.

생태계에 관한 이해는 머지않아 생태계와 그에 속하는 야생 동식물이 우리에게 도움이 되는, 아니 필수적인 요소를 공급한다는 올바른 깨달음으로 이어졌다. 우리가 당연한 것으로 여기고 살았으나 절대 없어서는 안 되는 생명 유지 용역을 담당하고 있었던 것이다. 작물의 수분受粉을 담당하는 꿀벌이나 다른 곤충들이 가장 명확한 예가 될 것이다. 곤충의 도움이 없으면 전 세계의 농업은 무너져내릴 것이다. 그러나 1990년대에 들어서자 과학자들은 훨씬 많은 수의 용역을 꼽기 시작했다. 그중에는 기후 조절, 대기 조성 유지, 담수 제공, 홍수 방비, 침식 제어, 토양 생산성 유지, 오염원 제독除毒, 질병 통제, 어군 제공, 폐기물 처리, 양분 순환, 그리고 보다 간접적인 영역에서는, 생명을 구할 수 있는 새로운 약품이나 기타 상품의 발견으로 이어질 수 있는 방대한 유전체 정보의 도서관을 제공하는 역할도 있었다.

우리는 이 모든 것과 그보다 훨씬 많은 것들을 별생각 없이 자연에서 취해 왔다. 기나긴 세월 동안, 대가를 치르지 않았으므로 인식조차 못한 채 계속 그렇게 해 왔다. 생태계가 수행하는 진짜 역할을, 그리고 우리가 생태계에 절대적으로 의존하고 있다는 사실을 설명함으로써, 우리는 자연계를 이해하는 일에서 가장 큰 전환점을 맞이하게 되었다. 그리고 그런 많은 용역 중 상당수가, 인류 역사상 처음으로 위험에 처해 있거나 이미 효력이 저하되고 있다는 사실은, 이 모든 상황에 기묘한 원동력과 관련성을 제공했다.

열대우림 파괴를 예로 들어 보자. 이제 파괴자들은 더 이상 열대우림을 부르주아 탐조가들의 예쁘장한 정원 따위로 치부해 버릴 수 없다. 이제 우리는 열대우림이 단순히 연료와 식수와 식량을 공급할 뿐 아니라, 우리를 위해 기후를 조절하고, 인간이 배출한 탄소가 대기 조성을 바꾸어 끔찍한 결과를 낳으려 할 때 거대한 탄소 저장고로 기능한다는 사실을 알게 된 것이다. 이제 수많은 과학자와 정책 입안자들은 열대우림의 파괴가 자살행위나 다름없다고 주장하고 있다(그리고 열대우림에 있는 수많은 식물 종 안에는 당신 아이의 목숨을 구할 수 있는 미지의 물질이 존재할지도 모른다. 마다가스카르 숲에서 발견된 일일초[*Catharanthus roseus*]에서 소아 백혈병 치료제인 빈크리스틴을 얻어냈듯이 말이다).

우리는 자연에 온전히 의존하고 있다. 이것이야말로 자비심에 매달리는 지속 가능한 개발보다 훨씬 더 유효할 수 있는 최선의 방어 논리일 것이다. 보전론자들은 이 중대한 가능성을 즉시 부여잡았고, 생태계의 용역에 대한 과학은 즉시 그 나름의 체계를 세우게 되었다. 형식이 잡힌 것은 1997년에 출간된 에세이집인 『자연의 역할: 자연 생태계에 사회가 어떻게 의존하는가*Nature's Services: Societal Dependence on Natural Ecosystems*』에서 비롯되었다고 볼 수 있다. 이 책을 편찬한 그레첸 데일리는 캘리포니아 스탠퍼드대학의 생물학자였다. 이후로 생태학의 영향력은 폭발하듯 확장되었고, 이윽고 2005년에 UN에서 펴낸 밀레니엄 생태계 평가Millenium Ecosystem Assessment를 통해 전 세계에서 주목을 받기에 이르렀다. 이 평가서는 세계 곳곳에서 인간의 생명 활동을 뒷받침해주는 24가지의 자연 시스템을 살펴보고, 그중 적어도 15가지가 심각한 감퇴를 겪고 있음을 확인했다. 그러나 사람들의 상상력을 사로잡은 것은 우리가 생태계의 용역에 전면적으로 의존하고 있다는 사실만이 아니었다. 훨씬 많은 사람이 자연에 대한 새로운 인식을 통해 흥분되는 사실을 깨달았다. 바로 돈이 될 수 있다는 것이다.

지구 전역에 걸쳐 이런 독특한 행위가 수행되는 중이다. 바로 모든 것에 가격을 매기는 행위 말이다. 행성 곳곳에서 큼지막한 자연물이 있는 곳마다 가격표가 부착되고 있다. 슈퍼마켓 점원이 선반 위의 상품에다 레이블건을 찍고 다니는 것처럼 말이다. 그러나 여기서 가격이 찍히는 상품은 베이크빈 통조림이나 콘플레이크 봉지가 아니다. 이를테면 이런 식이다. 식물의 수분, 1,310억 달러. 산호초, 3,750억 달러. 열대우림, 5조 달러.

계속 발전해 가는 환경경제의 과학 덕분에 우리는 생태계의 용역에 가치를, 실물 세계의 금융 가치를 매길 수 있게 되었다. 그리고 그 덕분에 더 많은 사람이 우리가 생태계에 완전히 의존하고 있다는 사실을 깨우치게 되었다. 열대지방의 해안선을 따라 이어지는 염수 삼림지대인 맹그로브숲의 예를 들어 보자. 특정 해안 지대 X의 관료들이 배후에서 끊임없이 확장되는 도시 때문에 맹그로브 습지대를 베어버리겠다고 결정을 내린다. 얕은 해안이 새우 양식에 적합한 곳이라고 생각하기 때문이다. 그리고 적절히 개발하기만 하면, 이곳의 새우 양식장은, 이를테면 앞으로 5년 동안 200만 달러 상당의 수출을 창출할지도 모른다.

그러나 맹그로브는 겉보기처럼 단순히 물에 발을 담그고 있는 후줄근한 나무가 아니다. 맹그로브숲은 폭풍과 해일로부터 육지를 지키는 상당한 규모의 자연적 방어수단이 되어 준다. 맹그로브숲이 사라진 후에 해일이, 어쩌면 쓰나미가 일어나서 새우 양식장을 순식간에 휩쓸고 해안 지역을 침수시킨다고 생각해 보자. 도시가 재난을 겪고, X 지역의 관료들은 긴 방파제를 세워서 미래의 문제를 대비할 수밖에 없다. 그 방파제의 비용이 얼마나 들까? 5년에 걸쳐 2억 달러가 든다고 해 보자.

맹그로브숲은 아무런 비용도 없이 같은 역할을 수행했다. 따라서 2억 달러는 맹그로브숲의 대체 가치가 된다.

그렇다면 2백만 달러 가치의 새우 양식장을 만들기 위해서, 2억 달러 가치의 맹그로브숲을 밀어버린 셈이지 않은가?

이런 식의 계산 덕분에 많은 사람이 행동을 멈추고 다시 생각하게 되었다. 지금껏 그러지 말아 달라는 호소를 가볍게 무시해 왔지만, 이런 단순한 산수가 전기톱을 멈추게 만든 것이다.

환경경제학자와 상당수의 보전론자들은 그런 상황에 매료되었고, 그들의 마음속에는 다른 모든 것보다 훨씬 큰 계산이 자리 잡았다. 메릴랜드 주립대학의 로버트 콘스탄차가 이끄는 연구진은 인간의 생명 유지에 도움이 되는 지구상의 모든 주된 자연계의 금융적 가치를 계산했다. 1997년 5월 15일에 〈네이처〉에 발표되고, 즉시 온 세상이 깜짝 놀라 주목하게 된 논문에서, 연구진은 지구상의 주된 생태계 17군데의 용역 가치를 매년 33조 달러어치로 추산했다. 33에 0을 12개나 덧붙인 엄청난 숫자다. 그리고 당시 지구의 GDP는, 즉 세상의 모든 인간이 생산한 상품과 용역의 총합은, 기껏해야 연간 18조 달러에 지나지 않았다. 이것이 결론이었다. 자연이 인간 사회에 지니는 가치를 환산했더니 다른 모든 상품을 합한 것보다 더 컸다는 소리다. 사실 거의 두 배에 이를 정도였다.

앞으로 다가올 세기에서 자연계의 파괴를 막으려는 이들 중 상당수가 해답이 경제에 있다고 여기는 이유를 이해할 수 있을 것이다. 적어도 지속 가능한 개발보다는 인간이라는 종족의 냉엄한 본성에 훨씬 어울리는 논리다. 애덤 스미스가 논했듯이, '우리가 저녁상을 차릴 수 있는 것은 푸줏간 주인과 양조업자와 빵집 주인의 선의 때문이 아니라, 그들이 스스로 이득을 얻으려 하기 때문'인 것이다. 지속 가능한 개발은 인간의 선함에 호소하려 했지만, 생태계 용역이라는 개념은 인간의 사리 추구에 직접적으로 호소한다. '딥 스롯Deep Throat'이 밥 우드워드에게 일렀듯이, 돈의 흐름을 따르라는 것이다.*

부유한 세계의 정부들은 적극적으로 그 방법을 따르려 했다.

---

* '딥 스롯'은 워터게이트 스캔들 당시 밥 우드워드 기자에게 닉슨의 연관을 알린 정보원으로, 훗날 그 정체는 전 FBI 부국장이었던 마크 펠트로 밝혀졌다.

밀레니엄 생태계 평가의 뒤를 이은 TEEB 프로젝트, 즉 생태계 및 생물 다양성의 경제성The Economics of Ecosystems and Biodiversity이라는 전 지구적 규모의 연구 과제는 2010년에 지구상의 야생 동식물을 위기에서 보호하는 편이 사라지도록 방치하는 것보다 훨씬 적은 비용이 들 것이라는 신빙성 있는 결과를 발표했다(생태계 용역을 대체하는 비용이 상상하기 힘들 정도로 비싸기 때문이었다). 여러 정부의 진짜 실권을 쥐고 있는 재무장관들이 번쩍 정신을 차리게 만들 만한 주장이었다.

그렇다고는 해도, 닐 암스트롱이 월면에 퉁퉁한 부츠를 내디뎠을 때, 모험심과 과학기술의 승리에 경탄하면서도 뭔가를 잃어버렸다고 생각했던 사람이 나만은 아닐 것이다(왜? 신비로움이 사라졌으니까). 그러니 이런 전개가 우리 행성을 구하는 일에 큰 도움이 된다고 여기면서도 어딘지 거북한 사람도 나만은 아니리라 생각한다.

그 일부는 자연을 재화로 취급하는 행위가 많은 이들에게 극도로 불쾌한, 심지어는 사악한 행위로 비추어질 수 있기 때문이다. 강과 산과 숲에 가격표를 붙이는 행위는 그리 고결하다고 할 수 없다. 자연계의 여러 요소를 재화로 취급하는 행위는 결국 다국적기업이 자연을 거래하고, 투기하고, 마침내는 소유하는 행태로 이어질 것이다. 금융업계의 용어가 자연물에 덧붙으면서, 자연계는 즐길 수 있는 곳이 아니라 자연 자본, 녹색 사회

기반시설이 될 것이다.

그러나 그게 전부가 아니다. 더 심각한 문제는 자연의 상품화가 고도로 선택적으로 이루어질 수 있다는 것이다. 우리에게 유용한 정도를 직접적으로 측정할 수 있는 대상에게만 가치가 분배된다. 예를 들어, 최근에 미합중국의 네 가지 생태계 용역의 연간 가치에 대한 혁신적인 연구가 이루어졌다. 배설물 처리(연간 3억 8천만 달러), 작물 수분(30억 7천만 달러), 질병 통제(44억 9천만 달러), 야생 동식물 양분 공급(499억 6천만 달러)이었다. 이런 가치는 인간 사회가 인공적인 대체물을 공급하려 시도할 경우를 가정하여 추산한 것이다. 그러나 이 논리를 따른다면, 우리에게 측정 가능하고 실용적인 가치가 존재하지 않는 자연물은 보호할 가치가 없다는 결론에 이르게 된다.

이런 신명 나는 새로운 결과론을 따른다고 할 때, 내가 일곱 살 때 만나서 내 영혼을 뒤흔들었던 나비들에게는 과연 어떤 가치를 매길 수 있을까? 그보다 훨씬 많은 영혼을 사로잡았던 새들의 노랫소리에는 얼마만큼의 가치를 매길 수 있을까? 그저 자연의 파괴가 가속되는 와중에서 감가상각되는 존재로 여기면 끝나는 일일까? 봄철의 꽃들이나 가을의 버섯, 잎을 펼치는 고사리, 강을 거슬러 오는 송어들도 아무런 가치가 없는 것일까? 이제 야생 동식물에게는 단 하나의 가치, 회계사들이 인정해 주는 가치밖에는 남지 않은 것일까?

우리는 역사의 다시 없는 지점에 이르러 있다. 자연계가 이토록 심각한 위기에 빠진 적은 없고, 자연을 사랑하는 이들은 목이 터져라 보호를 부르짖고 있다. 그리고 그 앞에 새로운 자연 보호의 방법론이 주어졌다. 이전의 방법론보다 훨씬 현실적이고 빈틈없으며, 이번에는 반드시 성공할 확률이 높아야만 하는 방법론이다. 그러나 그 방법론을 자세히 들여다볼수록, 우리는 그것 또한 근본적으로, 치명적으로, 중대한 결함을 품고 있음을 깨닫게 된다.

우리는 어떻게 해야 할까?

조지프 콘래드는 유명한 어느 단편소설의 서문에서, 과학자 또는 지성인의 행동은 한층 즉각적인 충격을 불러올 수 있으나, 예술가의 행위는 그보다 훨씬 심층으로 파고들기 때문에 더 오래 지속될 수 있다고 지적한다. 아무리 강력한 사실을 열거하더라도 심상처럼 사람의 마음을 오래 붙들지는 못한다는 뜻이다. 나는 자연계를 보호하기 위해서 그런 심상을 제공할 때가 되었다고 믿는다.

그러니까 내 말은, 이제 자연을 지키기 위한 다른 정규 방식을 시도할 때라는 뜻이다. 지속 가능한 개발처럼 분별 있고 책임감을 지니기를 촉구하는 것으로도, 생태계 용역처럼 어마어마한 실용적, 금융적 가치를 강조하는 것으로도 부족하다. 완전히 다른 세 번째 방법이 등장해야 한다. 자연이 우리 영혼에 무슨 의미를 지니는지를 알리는 것이다. 자연을 사랑하는 법을. 자연의 환희를 알려야 한다.

　물론 지난 수백 년 동안 사람들은 자연을 찬미해 왔다. 그러나 그런 찬미가 자연계를 지키려는 방법론으로 형식화된 적은 없었다. 그 이유는 주로 두 가지였다. 우선 자연에 대한 심각한 위협의 역사 자체가 수백 년이 되지 않았으며, 가시화된 것은 기껏해야 내 생애 동안이었다는 것이다. 다른 이유는 자연이 우리에게 주는 환희를 보편적인 방식으로 정량화할 수 없다는 것이다. 자연의 용역이 지니는 금전적 가치는 인간이라는 사업체의 필요에 따라서 보편적으로 추산할 수 있다. 대부분의 사람이 의식주의 필요성을 지속적으로 공유하기 때문이다. 그러나 평온과 이해와 기쁨을 갈구하는 정도는 극도로 다를 수밖에 없다. 그 가치는 경제적 분석을 통해서가 아니라 개인적인 경험을 통해서 평가되기 때문이다. 따라서 우리는 정말 슬프게도, 새들의 노랫소리가 산호초처럼 연간 37억 5천만 달러의 가치를 지닌다는 경제적 평가를 내릴 수 없다. 대신 바로 이 순간, 이 장소에서, 적어도 내게는 세상 모든 것과도 바꿀 수 없는 가치를 지닌다고 말할 수 있을 뿐이다. 셸리는 종달새가 그렇다고 말했고, 키츠는 나이팅게일이 그렇다고 말했으며, 토머스 하디는 셸리의 종달새를 가져왔고, 에드워드 토머스*는 이름 모를 새를 언급했으며, 필립 라킨은 싸늘한 봄날의 정원에서 노래지빠귀를 이야기했다. 그러나 우리는 옛 시인들에 의존하는 것이 아니라, 계속 이런 것들을 다시 만들고 만들고 또 만들어야 한다. 앞으로 닥쳐올 파괴의 세기에 맞서 우리 자신의 경험으로 이들의 가치를 주장하고, 자연이 사라져서는 안 되는 이유로 소리 높여 외쳐야 한다.

이런 일은 오직 개인의 고유한 경험으로만 가능하게 마련이다. 바로 그 때문에 나는 여기서 내 경험을 제공하려 한다. 나는 인간이 우리의 근본인 자연계를 사랑할 수 있는 이유를 설명하려 시도할 것이다. 적어도 우리가 아는 한, 수달은 자신의 근본인 강물을 사랑하지는 않는다. 인간만이 그럴 수 있다는 점은 기묘한 일이 아니겠는가. 그리고 오랜 시간에 걸쳐 자연과 조우했던 나 자신의 경험을 바탕으로 자연으로부터 환희를 얻는 경험을 살펴볼 것이다. 내가 감동했고, 여러분도 감동할 수 있는 경험을 말이다. 그리고 나는 그 과정을 찬미가 아니라 의식적이고

---

* Edward Thomas(1878-1917). 자연 관찰자, 여행 작가로 활동하다 1차 대전에 참전하며 전쟁 시인으로 활동했고, 프랑스 전선에서 전사했다. 「이름 모를 새The Unknown Bird」에서 시인은 그 소리가 자신의 귀에만 들리는 형체 없는 새를 노래한다.

적극적인 방어 행동으로서 수행할 것이다. 원한다면 환희를 통한 수호라고 불러도 좋다. 인간이 철거용 쇳덩이를 자연에 들이대는 지금이야말로, 그런 것이 가장 필요한 시대이기 때문이다.

2

야생과의 우연한 만남

　자연계가 우리 안에서 불러일으킬 수 있는 감정의 폭은 실로 다양하며, 우리는 그 안에 두려움, 심지어는 증오마저 섞일 수 있다는 사실을 간과해서는 안 된다. 자연은 언제나 은혜롭지만은 않다. 위험할 수도 있다. 사람을 죽일 수도 있다. 자연이 우리에게 불러일으키는 감정 중 일부는 극단적으로 부정적일 수도 있다(예를 들어, 야생 늑대가 불러일으키는 감정의 폭은 숭배에서 폭력적 증오에 이를 정도로 놀랍도록 다양하다). 그러나 오늘날 자연에 대해 상당히 흔해진, 특히 모니터에 현혹되고 전자적인 삶을 살아가는 젊은이들이 주로 표현하는 감정인 표정 없는 무심함을 제외한다면, 우리가 자연으로부터 얻는 감정은 주로, 어쩌면 대부분, 긍정적이기 마련이다. 어떤 이들은 익숙한 풍경을 소중히 여기면서 만족감을 느낀다. 다른 이들은 새로운 아름다움, 이를테면 희귀하고 멋진 생물로부터 한층 자극적인 기쁨을 만끽한다. 그중에서도 특히 강렬한 감정은 경이로움인데, 때로는 극도로 실용적인 이들의 내면에 깃들어 있던 경이를 이끌어내기도 한다. 그러나 나는 세월이 흐를수록 니를 사로잡았던, 그런 모든 감정 가운데 가장 강렬한 감정을 염두에 두고 있다.

흔한 감정은 아니다. 그러나 그 놀라운 특성에도 불구하고 아주 귀한 편은 아니며, 그런 감정을 겪었던 사람을 내 주변에도 제법 여럿 알고 있다. 말하자면 이런 식이다. 자기도 모르게 갑자기, 놀랄 정도로 격렬하게 자연을 사랑하기 시작하는 순간이 있다. 스스로도 제대로 이해하지 못하는 감정의 폭풍에 휩싸여서 말이다. 그리고 그런 순간에 걸맞은 단어는 단 하나, 환희 Joy뿐이다. 내가 자연 속에서 환희를 찾을 수 있다고 말할 때는 이런 감정을 염두에 두고 있는 것이다.

우리의 일상 경험 너머에 그토록 이례적이고 놀라운 경이가 존재한다는 것은 분명 갑작스러운 깨달음이다. 자연의 부분도 물론 훌륭할 수 있다. 극락조에서 산호초까지, 시베리아호랑이에서 블루벨이 깔린 숲까지. 그러나 그런 부분의 총합은 그보다 훨씬 훌륭한 존재가 될 수 있다. 이렇게 말하면 영적인 이야기처럼 들리겠지만, 자연의 환희는 종종 가장 세속적인 정신조차도 관통하고는 한다. 풍경 전체에서도, 생물 하나에서도, 어디서든 우리를 찾아올 수 있다. 자연의 온갖 다양한 요소, 이를테면 그 풍요로움이나 그로부터 얻는 평화 등이 환희의 원천이 될 수 있다. 특히 계절이 바뀌며 지구상의 생명이 그에 맞춰 보이는 놀라운 변화는, 특히 봄철에 재생의 감각을 맞이하는 일은 종종 환희를 불러일으킨다. 독특한 사실이 하나 있는데, 마주하는 자연계가 야생 그대로일수록 그런 환희를 경험할 가능성이 더 높아진다는 것이다. 간접 경험으로 그런 환희를 얻을 수 있다고는 생각지 않는다. 영감을 불러일으키는 훌륭한 텔레비전 다큐멘터리라도 말이다.

이런 감정에 대해 거의 이야기하지 않는 이유는, 어쩌면 그 실체를 명확히 규명할 수가 없기 때문일 수도, 어쩌면 또렷이 표현할 수 없기 때문일 수도 있을 것이다. 이 감정에 환희라는 이름을 붙이는 것 자체가 즉각 받아들여지기 힘들다는 점도 염두에 두어야 한다. 우선 환희란 것이 개념으로서도 단어로서도 현대의 우리에게 자못 거북할 수 있기 때문이다. 신랄한 조롱이 지배하고 아이러니를 감정으로써 선호하는 시대에는, 환희라는 개념 자체가 어울리지 않는 듯 보이기도 한다. 그 안에 내포된 절제 없는 열광의 느낌이 멋들어지지 않다고 생각될 수도 있다. 우리나라의 제법 많은 이들에게, 환희란 마치 애국심처럼 낡아빠지고 조금 한심한 것으로 느껴진다. 낭만주의 운동의 분위기를 풍긴다. 그러나 그런 환희는 명백히 존재한다. 낡아빠졌다고

해서 그 존재를 외면할 수 있는 것은 아니다.

우리가 전통적으로 환희라는 개념에 어떤 의미를 담았는지를 생각해 보자. 환희란 일반적으로 극도의 행복을 의미하지만, 개념을 따지자면 조금 다르다. 즐거움 또는 쾌락과 일치한다고는 할 수 없으며, 마찬가지로 극도의 만족감을 뜻하는 지복bliss이나 희열rapture과도 다르다. 물론 이 냉소의 시대에 그런 표현은 요리책에나 사용되지만 말이다(햇감자에 갓 짜낸 냉침 엑스트라버진 올리브오일을 넣고 으깨면 — 이것이야말로 지복!). 그러나 환희란 조금 거북하기는 해도 여전히 원래의 의미 그대로 우리 어휘 안에 살아 있는 단어다. 그리고 그 의미 이상의 다른 뭔가를, 일반적으로는 영적인 고조를 암시하는 행복이다.

우리는 보통 기쁨을 표현하려고 환희라는 단어를 사용하지는 않는다. 아무리 극적인 맛이라도 잘 만든 돼지고기 파이에서 환희를 느끼지는 않는다. 환희란 잃어버렸거나 심지어 죽은 줄 알았던 아이를 찾은 부모의 심정을, 오래도록 마음을 품어온 상대가 사랑에 화답했을 때의 연인의 마음을 표현하는 단어다. 여기에 나는 자기중심적인 만족감에서 사용하는 단어가 아니라고 덧붙이고 싶다(따라서 우리는 환희라는 단어를 약물에 의해 유발된 도취 상태에는, 아무리 강력한 경우라도 사용하지 않는다). 환희란 다른 사람, 다른 목적, 다른 권능을, 외부를 향하는 감정이다. 환희를 유발하려면 도덕성까지는 아니라도 적어도 진지함 정도는 필요하다. 진지한 부류의 행복인 것이다. 내가 보기에는 자연계가 종종 우리 내면에 유발하는 갑작스럽고 열정적인 행복에는 환희야말로 적절한 명칭인 듯하다. 다른 무엇보다 진지한 문제일 수도 있고 말이다.

이 감정은 배타적이지 않다. 일루미너티 같은 비밀결사나 계몽되고 특권을 얻은 소수의 전유물이 아니다. 환희란 우리 모두에게 열려 있다. 나는 열다섯 살 때 순전히 우연으로 그 감정을 접하게 되었다.

아직도 기억이 생생하다. 우연 자체는 지리적이었다. 우리 집 가까운 곳에 상당히 낯설고 색다른 환경이 존재했고, 나는 새를 따라다니다 그곳에 발을 들이게 되었다. 처음 나를 사로잡은 존재는 분명 나비였고, 내 평생에 걸쳐 특정 방면에서는 계속 그래 왔지만, 내 관심사가 자연 전반으로 확장된 후에 나를 유년기에서 사춘기로 이끈 존재는 새들이었다. 그 점에서 나는 1950년대를 잉글랜드에서 보냈던 백만 명의 다른 소년들과 마찬가지였다(그리고 뒤이은 수십 년 동안 RSPB, 즉 왕립조류보호협회의 회원 수 증가를 생각하면, 백만이라는 숫자는 아마 과장이 아닐 것이다).

사실 나는 여러 의미에서 매우 일반적인 50년대의 어린 시절을 보냈다. 문제는 그것이 주변의 모든 뒤틀어짐을 철저하게 외면하여 얻어낸 것이라는 점이었다. 나의 어머니 노라는 1954년에 무너졌다가 위태롭고 힘겹게 돌아오면서 온전히 회복되지 못했고, 결국 1956년과 1958년에 두 번 더 무너지고 말았다. 양쪽 모두 가족 내부에 힘겨운 일이 있던 때였다. 뜨거운 차를 담은 컵이 벽으로 날아가던 모습이 기억에 남아 있다. 그리고 두 번 모두, 어머니는 몇 주 동안 병원에 들어갔고, 그럴 때마다 아버지는 바다에 나가 있었고, 메리 이모와 고든 이모부는 부모님이 구입한 새 집으로 찾아와서 존과 나를 돌봐줬다. 노버리클로즈라는 이름인데, 베빙턴의 다른 쪽 막다른 골목이었다. 서니뱅크와는 1마일 정도 떨어져 있었다.

지금의 나는 이런 모든 상황 가운데에서 우리 가족을 하나로 붙들어준 이모네 부부께 찬사를 바쳐야 한다는 사실을 알고 있다. 그러나 존 형은 처음보다도 훨씬 더 그 상황을 받아들이지 못했다. 어머니가 사라졌다는 사실을 견디지 못했다. 존은 말 그대로 히스테리에 빠져 버렸다. 길거리에서 비명을 지르기 시작했다. 어머니가 다시 사라질지도 모른다는 전망 때문에 비명을 질렀고, 어머니가 사라진 후에도 비명을 질렀고, 예수님이 자신을 사랑하지 않기 때문에 비명을 질렀다(우리는 모두 독실한 카톨릭교도로 성장했다). 동네 아이들은 존을 '미친 애'라고 부르기 시작했다. 한번은 실제로 여자애 둘이서 롤러스케이트를 타고 우리 집 앞을 지나가면서 "저기가 그 미친 애가 사는 곳이야"라고 말하는 것을 듣기도 했다.

이번에도 나는 무심했다. 그러나 이제는 그 무심함도 그리 무고하다고는 할 수 없었다. 강력한 심리학적 방어기제가 내 감정을 지배하는 것이 분명한 상황에서도, 그 안에 어딘가 고약한 뒷맛이 스며들고 있었기 때문이다. 바로 수치심이라는 감정이었다. 나이를 먹으면서 나는 존을 부끄러워하기 시작했다. 그리고 그의 고통을 누그러뜨리려 시도하거나 가끔이라도 안식처가 되어 주는 대신, 그를 수치스러운 짐덩이로 여겼다. (〈무겁지 않네, 그는 내 형제니까 He Ain't Heavy, He's My Brother〉*의 정반대 상황이었다. 나는 존이 1톤쯤은 나가는 것처럼 여겼다.) 그리고 어머니도 부끄러워지기 시작했다. 그녀의 행동에 괴상하고 거북한 구석이 있었기 때문이었다. 지금까지도 나는 자의적으로 가족에게 등을 돌리고 보살피지 않았다는 후회와 내가 그런 죄책감을 느껴야 했다는 사실에 대한 분노에 동시에 사로잡혀 있다. 양쪽 모두 잠잠해진 후 조용한 방에서 정식으로 그 문제를 놓

---

* 고전 묵상집의 구절이며 퀠리 고든의 발라드 제목이기도 하다. 1960년대 록 그룹 홀리스Hollies가 동명의 곡을 노래해 전 세계적인 히트곡이 되었다.

고 대화를 나누고 나서야, 나는 퍼뜩 내가 어떻게 생각하고 있었는지를 깨달았다. 나는 존과 어머니가 '미친 자들의 모임'에 속해 있고, 나는 배제되었다고 여겼던 것이다. 그리고 그들이 나를 배제한 이유가 내가 정상이기를 원했기 때문이라 생각했고, 정상인 것이 잘못이라 여기지 않았기에 분통을 터트렸던 것이다.

그래서 나는 어머니와 형이 겪는 고통에서 등을 돌렸다. 단호하게 외면하고 모든 게 괜찮은 척하면서, 정상성을 붙든 채로 내 삶을 살아 나갔다. 그리고 내 삶은 대부분 자연, 그중에서도 특히 새에 관한 것이 되었다. 60여 년 전, 영국의 수많은 어린 학생들은 분명 수백 년은 되었을 전통을 따라서 새들에 즉시 매료되었다. 열심히 새알을 모으기도 했다(1954년에 불법으로 규정된 직후였는데도 말이다). 나 또한 그런 영혼이 저주받아 마땅한 행위에 참여했고, 아홉 살 때 친구들과 숲비둘기[가칭, *Columba palumbus*] 알을 꺼내왔다는 이야기를 나누던 것도 기억한다. 요즘이라면 상상조차 할 수 없는 일이다. 상당히 많은 아이들이 나비를, 심지어 나방까지 수집했다. 그래, 그 비쩍 마르고 새된 소리로 떠들어대는 꼬맹이들은 노랑뒷날개밤나방과 진홍나방과 다섯점알락나방[가칭, *Zygaena lonicerae*]을 친숙하게 여겼다(야생화는 여자애들이나 좋아하는 것으로 여겼지만). 그러나 당시 유소년 문화에서 오늘날 컴퓨터 게임의 지분을 차지하던 것은 새였다. 풍요로운 자연이 사방에 가득했던 그 시절에는 사방에 새들이 있었다. 심지어 교외 지역에도 그랬다. 정원이나 노버리클로즈 뒤편의 산사나무 덤불에는 언제나 집참새와 참새, 유럽바위종다리[*Prunella modularis*]와 흰점찌르레기, 푸른박새와 노랑배박새, 유럽검은지빠귀와 노래지빠귀, 꼬까울새와 굴뚝새가 들끓곤 했다. 따라서 그들에게 관심을 가지게 된 것은 자연스러운 일이었다. 그러나 진정한 열정을 깨우려면 명확한 발화점이 필요하다. 내 경우에는 홍차 카드가 그 역할을 수행했다.

홍차 카드란 담배 카드의 친척 같은 물건으로, 미성년자를 대상으로 했다. 처음에는 스포츠 스타의 초상화, 그러니까 영국이라면 크리켓, 미국이라면 야구 선수 얼굴이 들어가 있는 수집용 카드였다. 19세기 후반에 처음 만들어진 이래로, 담배 회사들은 판촉을 위해 이런 카드를 담뱃갑마다 끼워 넣곤 했다. 25장 또는 50장을 수집하도록 만들어져 있는 이런 카드는 어마어마하게 인기가 좋았고, 이내 수많은 수집 카드가 만들어지고 그 주제도 스포츠를 벗어나서 자동차와 대성당, 물고기와 세계의 국기 등으로 뻗어나갔다. 그리고 이런 홍보 방식도 담배를 벗어나서 미국에서는 풍선껌, 영국에서는 홍차로 번지게 되었다. 전후 영국의 모든 주요 홍차 회사들은 자기네 포장마다 카드를 넣기 시작했고, 그중 가장 열정적인 곳은 'PG Tips' 상표로 시

장을 휩쓴 브룩 본드 사였다(이후 인간 옷을 입은 침팬지들이 티
파티를 즐기는 홍보 캠페인으로 영국 최고의 홍차 회사가 되었다. 50
년 전에는 그런 것이 정말로 재밌다고 여겨졌다) '오, 그거 참 재미
난데!'

　브룩 본드의 카드는 매우 인기가 좋았다. 수집용 카드의 종
류가 다양했을 뿐 아니라, 각각의 카드를 보관할 수 있는 단순
하지만 매력적으로 생긴, 자세한 설명이 붙어 있는 앨범까지 공
급했기 때문이다. 앨범의 가격은 매력적이게도 6d밖에 하지 않
았다. 십진법 통화제도를 사용하지 않던 당시에는 '식스펜스',
또는 '태너tanner'라고 칭하던 단위였다. 우리 집은 PG Tips를
마셔 왔고, 내 눈길을 사로잡은 카드들은 1958년, 내가 열한 살
때부터 굴러나오기 시작했다. 〈새들의 초상화〉라고 부르는 시
리즈였는데, CF 터니클리프라는 사람이 그린 새 그림 카드였
다. 나는 첫 카드인 유럽검은딱새[Saxicola rubicola]를 보자마자
바로 흥미가 치솟았다. 눈이 부실 지경이었다. 밝고 선명한 그
림에 넘쳐 흐르는 생동감이 놀라웠다. 노란 꽃을 피운 가시금
작화 가지에 살짝 앉아서, 경계심 가득한 모습으로, 검은 머리
와 그에 대조되는 선명한 주황색 목덜미를 자랑스레 드러낸 모
습이었다. 노버리클로즈의 정원에 모여들던 비교적 무채색에
가까운 새들과 대비되는 것은 물론이고, 내가 열심히 훑어보던
『조류 관찰 도감』속 새들과도 대조되는 모습이었다.

나는 그 도감 때문에 자못 혼란에 빠지고 실망한 상태였다. 다른 무엇보다 어린 시절부터 『나비 관찰 도감』을 신봉해 왔기 때문이기도 했다. 양쪽 모두 비어트릭스 포터와 '피터 래빗'을 세상에 공개한 프레드릭 원 출판사에서 펴낸 〈관찰 도감〉 시리즈의 초기 판본이었다(조류도감이 1937년에 가장 먼저 출간되었고, 나비는 세 번째로 1938년이었으며, 야생화는 그 사이였다). 야생 동식물과 취미와 스포츠에 대한 포켓북 크기의 만족스러운 책들이었는데, 양치류와 균류, 동전과 크리켓 등 모든 것을 다루었고, 크기도 작은 데다 가격도 5실링밖에 하지 않았다(십진법 시대 이전에는 '파이브 밥bob'이라 불렸지만). 1982년에 98번째이자 마지막 책인 『오페라 관람 도감』을 펴낼 때까지, 3세대에 걸쳐 영국의 뭇 아이들과 어른들을 즐겁게 해 주었던 책이다.

1923년에 조류 애호가 연맹을 창설한 용맹무쌍한 활동가였던 미스 S. 비어 벤슨이 집필한 『조류 관찰 도감』은 소형 핸드북이자 필드 가이드의 원형으로서는 괜찮은 책이었다. 그러니까, 사실 정보의 전달 측면에서는 괜찮았다는 뜻이다. 문제는 삽화였다. 일부는 아주 훌륭해서 기억에 남을 정도였지만, 일부는 조금 괴상했고, 아무리 봐도 현실적이라는 느낌이 들지 않았다(그리고 삽화가 정보는 아예 없었다). 그 이유를 이해하게 된 것은 오랜 세월이 지난 후였다. 다른 자연을 사랑하는 책 수집가들과 교류하고, 여전히 대부분은 골동품상에서 쉽사리 얻을 수 있는

〈관찰 도감〉 시리즈를 수집하고 연구한 후에야, 나는 프레드릭 원 출판사가 빅토리아시대 이래의 수많은 야생 동식물 삽화의 판권을 소유하고 있었다는 사실을 깨닫게 되었다. 출판사에서는 그 삽화를 〈관찰 도감〉에 재사용한 것이었다.

『조류 관찰 도감』의 삽화는 1885년부터 1897년에 걸쳐 일곱 권으로 출판된, 400점 이상의 삽화가 수록된 유명하고 화려한 조류도감인 『브리튼 제도의 조류 채색 도감Coloured Figures of the Birds of the British Islands』에서 가져온 것이었다. 여전히 수집가들이 찾아다니는 물건으로, 탐조 취미를 가진 귀족이자 오랫동안 영국 조류협회의 회장으로 재직한 4대 릴포드 남작이 엮은 책이다(노샘프턴의 자기 영지에서, 아테나 여신의 새인 금눈쇠올빼미를 도입해 방사한 사람이기도 하다).* 릴포드 경은 『채색 도감』을 위해 세 명의 화가를 섭외했다. 그중 스코틀랜드 출신의 아치볼드 소번과 잉글랜드 출신의 조지 에드워드 로지는 둘 다 26세에 지나지 않았다(애초에 명성을 쌓기 위해 작업에 참여한 것이었다). 나머지 한 사람인 네덜란드 출신의 존 제러드 쾰러만스는 40대였다. 소번은 이후 최고의 조류 삽화가의 반열에 도

---

* 아테나 여신의 이름을 딴 Athene속의 조류 중 하나인 금눈쇠올빼미는 원래 브리튼 섬에 서식하지 않는 새였으나, 19세기에 방사한 이후 현재는 영국 전역에서 찾아볼 수 있게 되었다.

달했고, 지금은 존 제임스 오듀본*이 정상을 차지하는 그 거대한 산의 상층부에 위치하는 사람이 되었다. 로지 또한 동갑내기 스코틀랜드인 정도는 아니라도 상당한 명성을 쌓았다. 반면 퀼러만스의 경우는 조금 문제가 있었다. 현대의 어느 야생 동식물 회화의 권위자는 그의 작업물을 '옛 시대 장인의 물건'이라 평했고, 나는 이내 아홉 살이나 열 살 때 『조류 관찰 도감』에서 접했던 별로 만족스럽지 못했던 삽화가 그의 붓에서 나왔다는 사실을 알게 되었다. 가장 큰 문제는 그의 그림이 실제 새와 달랐다는 것이다. 유럽긴발톱할미새를 예로 들어보자. 실제 긴발톱할미새는 앙증맞음이라는 단어에 실체를 부여한 듯한 생김새다. 그러나 퀼러만스의 그림에서는 투실투실한 덩어리일 뿐이다. 알락할미새도 마찬가지다. 그러나 나를 진짜로 헷갈리게 만든 것은 연노랑솔새였다. 성인의 손목에서 엄지 끝 정도밖에 되지 않는 자그마한 새인데, 나는 존 제러드 퀼러만스의 해석 덕분에 유년기의 제법 오랜 기간을 2.5피트 크기는 된다고 생각하고 있었던 것이다.

---

* John James Audubon(1785-1851). 프랑스계 미국인 화가, 박물학자, 조류학자. 1826년 영국에서 출간한 『미국의 새 *Birds of America*』가 대성공을 거두며 명성과 왕립학회 회원의 지위를 얻었다. 미국에는 그의 이름을 딴 수많은 공원과 자연보호구역이 존재하며, 1905년 설립된 비영리 환경 단체인 오듀본 협회도 그의 이름을 기리고 있다.

터니클리프가 그린 연노랑솔새에는 전혀 혼란스러운 부분이 없었다. 홍차 포장에서 툭 떨어진 그의 그림은 실제 새처럼 깔끔하고 단아하고 매끈했다. 그는 연노랑솔새의 모습을 제대로 묘사했다. 꽃이 달린 버드나무 가지에 앉아서, 나무와 나뭇잎 사이에 숨은 작은 곤충을 잡으려고 몸을 비쭉 빼고 있는 모습이었다(게다가 위에서 본 모습이었다. 이제는 그 구도 자체가 영리하고 독창적이었다는 생각이 든다).* 영국의 다른 수많은 가족이 그랬듯이, 매카시 가족이 PG Tips를 마실 때도 그런 놀라움과 즐거움을 주는 (그리고 수집의 대상이 되는) 그림들이 계속해서 홍차 포장에서 굴러나왔다. 내게 충격을 준 것은 때로는 놀랍도록 세밀했던 그 생생한 색채가 아니라, 그림을 표현하는 방식이었다. 카드가 워낙 작으니 공간이 한정될 수밖에 없는데도, 터니클리프는 종종 극적인 방식으로 주어진 프레임을 가득 채웠다. 다이빙하는 가넷, 날아오르는 쇠오리, 먹이를 덮치는 가면올빼미, 노래하는 풀쇠개개비, 작은 곤충을 잡는 희열에 날개를 활짝 펼친 알락딱새. 일부 삽화는 고요한 대신 숨이 멎을 정도로 아름다웠다. 사과꽃에 둘러싸인 멋쟁이새나, 엉겅퀴꽃 속의 오색방울새, 동의나물꽃 옆의 풀숲에서 조심스레 걸어 나오는 회

---

* 구대륙솔새류의 동정에는 정수리 줄무늬의 확인이 필수적이므로, 분명 영리한 착상이었으리라 할 수 있다.

색가슴뜸부기 등이 그랬다. 하나하나가 매력적인 세밀화였다.

물론 지금의 나는 찰스 터니클리프라는 사람과 그의 업적에 대해 잘 알고 있다. 다른 많은 사람과 마찬가지로, 나는 그를 20세기 중반 영국의 걸출한 조류 화가로 여긴다. 그리고 그의 고향인 앵글시 섬의 야생 동식물을 그린 그림과 스케치로 가득한 『여름날 해안의 일기Shorelands Summer Diary』(1952)를 자연계가 창조한 가장 사랑스러운 책에 속한다고 생각한다. 그러나 당시 열한 살이었던 나는 그의 예술적 위업에는 신경조차 쓰지 않았다. C. F. 터니클리프가 누구인지 알지도 못했고, 별로 관심도 없었다. 내가 관심을 가졌던 것은 오직 그가 창조하고 내가 수집하는, 끊임없이 이어지는 경이로운 새들뿐이었다. 나는 제대로 새를 보고 싶어졌다. 실제로 내 눈으로 새를 보기를 원했고, 그래서 찾아다니기 시작했다. 걸어서, 또는 열한 살 생일선물로 받은 자전거를 타고, 나는 골목과 들판과 위럴 숲을 돌아다녔다.

내가 태어난 마을인 버컨헤드와 내가 자라난 교외 지역인 베빙턴은 머지 강을 사이에 두고 리버풀을 마주하고 있으며, 동시에 작은 반도에 위치해 있다. 길이가 15마일에 폭이 7마일 정도인 위럴 반도는 양옆에 강을 끼고 한쪽은 바다로 막혀 있는 지역이었다. 동쪽에는 머지 강, 서쪽에는 디 강, 북쪽은 아일랜드 해였다. 내가 어릴 적에는 기억할 수 없는 옛날부터 체셔의 일부였고, 반도의 남쪽 끝에는 체셔의 주도인 체스터가 있다. 내가 배운 자랑스러운 역사에 따르면 거의 2천 년 전에 멧돼지를 상징으로 사용했던 발레리아 빅트릭스, 즉 승리하는 발레리우스라는 이름의 로마 제20군단이 디 강의 오른편 강둑에 숙영지를 세우고 '데바'라는 이름을 붙인 것이 체스터의 시초였다고 한다(로마 군단은 350년이 넘는 세월 동안, 아마도 410년에 로마가 멸망하는 순간까지 그곳에 있었다. 그리고 헤밍웨이와 동시대에 살았던 미국 시인인 스티븐 빈센트 베넷*은 ─「나는 미국의 이름들과 사랑에 빠졌다네」라는 훌륭한 시를 남긴 바로 그 사람이다 ─ 로마 세계가 무너지는 와중에 체스터를 영영 떠나 남쪽으로 행군하는 20군단의 운명을 상상하여 오싹한 단편을 하나 남겼다).

로마 군단이 떠난 후에도 역사의 손길은 여러 번 위럴 반도를 어루만졌다. 가장 눈에 띄는 것은 937년에 잉글랜드 최초의 왕 애셜스탠이 바이킹과 스콧족의 연합군에 맞서서 앵글로색슨족이 영영 본 적이 없는(적어도 헤이스팅스 전투 전까지는) 무시무시한 전투에서 승리한 곳이 바로 여기라는 사실이다. 브루난버 전투가 벌어진 곳이 베빙턴의 일부인 브롬버러라는 점은 거의

---

*   Stephen Vincent Benet(1898-1943). 미국의 시인, 소설가. 본문에서 언급하는 작품은 「마지막 군단The Last of the Legions」이라는 단편으로, 20군단 선임백인대장의 시점으로 그려내는 일인칭 소설이다.

확실하다. 14세기의 『거웨인 경과 녹색의 기사』에서, 거웨인은 '위럴의 야생 지대'를 가로질러 말을 몰아간다. 18세기에는 넬슨의 정부情婦로 역사에 알려진 엠마 해밀턴이 위럴 반도에 있는 네스 마을 출신이었다. 그러나 위럴 반도에 가장 큰 흔적을 남긴 시대는 19세기였다. 머지 강에 인접한 동편에서 산업화가 시작되었고, 1800년대에 무너진 수도원이 있는 작은 마을이었던 버컨헤드는 대형 조선소를 품은 소도시로 성장해서 1900년대에는 11만 명의 인구를 자랑하게 되었다(그리고 반세기가 지나 내가 태어날 때쯤에는 14만 명 이상으로 불어났다).

이런 식의 개발 덕분에 위럴에는 독특한 특성이 생겨났다. 마치 키플링의 『킴』의 주인공의 머리처럼 분할된 양면을 지니게 된 것이다. 성질이 다른 두 강 때문에 존재하던 지리적 차이점이 강화되는 결과를 낳았다. 동쪽의 머지 강은 좁아지다가 리버풀과 버컨헤드 사이에서 병목을 이루어 리버풀을 세계적인 항구도시로 만들어준 깊은 항만을 형성한다. 반면 서쪽의 디 강은 널찍한 깔때기꼴의 염습지와 갯벌로 구성된 하구 지대로 흘러나간다. 19세기의 기업가들은 그런 차이를 강화시켰을 뿐이었다. 내가 살던 위럴 반도의 동쪽 지역은 지저분하고 북적이며 가난에 시달리는 도시가 되었고, 자연스럽게도 배가 오가는 머지 강의 깊은 물 너머로 그 유명한 리버풀의 풍경을, 항구와 공장과 테라스 건물이 가득한 거리를 바라보게 되었다. 그러나 디 강의 하구 너머로 웨일스의 산들이 보이는 서쪽 지역은 여전히 망가지지 않고 아름답고 풍요로운 시골 지방으로 남았고, 버튼 이나 파크게이트나 칼디 같은 예쁘장한 사암 마을들이 점점이 늘어서 있을 뿐이었다. 이런 구분은 여전히 사회지리학의 상징 처럼 그대로 남아 있으며, 나는 이런 위럴 지방을 소재로 소설 을 쓴 작가가 없다는 사실에 여전히 놀라고 있다. 이를테면 반 도의 머시 강 유역에서 온 노동자 계층의 테리라는 소년이, 디 강 유역의 상류층 소녀인 탐신과 사랑에 빠지는 것이다. 어쩌면 내가 놓친 것일지도 모르겠다. 그러나 실제 그곳의 십대였던 나 를 반대편 강둑으로 유혹한 것은 사회적이거나 낭만적인 이유 가 아니었다.

나를 그곳으로 이끈 것은 새에 대한 열정이었다. 디 강 하구 는 탐조가에게는 지복의 공간이었다. 길이 10마일에 너비 6마 일에 이르는 습지대에는, 특히 겨울이면 엄청난 수의 물새, 도 요물떼새, 들새들이 모여들었다. C. F. 터니클리프의 홍차 카드 에 자극을 받아 도보와 자전거로 위럴 반도를 돌아다니면서 내 지식도 차츰 성장하기 시작했고, 나는 스토어튼 숲에서 나무발 발이와 검은머리방울새를, 그 너머의 평원에서 노랑멧새와 붉 은가슴방울새를 찾아낼 수 있게 되었다. 평원을 달려가는 꿩과 메추리를, 여러 위럴 마을의 정원에서 회색딱새를 발견하면서, 그리고 비슷한 관심사를 가진 소년들과 대화를 나누면서, 나는 디 강의 새들이 더 크고 다양하고 흥미로우며, 언젠가는 반드시 그쪽을 탐험해야 한다는 결론에 이르게 되었다. 그러나 그 위업을 성취할 수 있을지의 여부는 우리 세대의 탐조 소년들이 모두 거쳐갈 수밖에 없었던 통과의례에 달려 있었다. 바로 쌍안경 구입 말이다. 당시 쌍안경이 얼마나 귀중한 물건이었는지는 굳이 설명할 필요도 없을 것이다. 13세 6개월이 되었던 1960년의 크리스마스에, 나는 그때까지 받던 선물 대신 쌍안경을 사기 위해 저축할 돈을 요구했다. 나는 받은 2파운드를 충실히 간직했다. 14번째 생일을 맞은 1961년 6월에 2파운드를 더 받았고, 그해 크리스마스에 세 번째 용돈이 들어왔다. 그리고 마침내, 이듬해 생일에 3파운드를 더 받음으로써, 나는 8파운드 10실링을 들여 8×32배율의 쌍안경을 살 수 있게 되었다. 유명한 메이커 제품은 아니라도 충분히 쓸 만한 물건이었다. 그리하여 1962년 여름, 열다섯 살이 된 나는 쌍안경을 목에 걸고 새를 찾아 디 강 하구로 걸어 나갔다. 그리고 내 눈앞에 야생이 펼쳐졌다.

인간의 손이 닿지 않은 미개척지를 단순한 황무지나 쓰레기 땅으로 여기지 않고, 우리에게 가치가 있다고 여기고, 심지어 소중히 여기고 지켜야 한다는 것은, 사실 역사적으로 상당히 최근에야 등장한 개념이다. 물론 처음에는 미개척지라는 개념 자체가 존재하지 않았을 것이다. 플라이스토세의 빙하기를 지나며 수렵채집인으로서 진화해 온 5만 세대 동안, 즉 우리가 자연계의 유기적인 일부였던 시대에는, 모든 장소가 말 그대로 야생이었다. 그러나 1만 2천 년 전 마지막 빙하가 물러날 때쯤, 인간은 농업이라는 가장 중요한 혁명을 이룩하게 되었다. 작물을 경작하고 동물을 길들이면서, 인간은 농업 덕분에 처음으로 정주 생활이 가능해졌다. 그리고 정착지와 마을이, 뒤이어 도시와 우리가 문명이라고 부르는 모든 것이 만들어졌다. 그러나 농업은 그 이상으로 우리와 자연의 관계를 기초부터 바꾸어 버렸다. 일종의 파트너십에서 — 물론 우리는 수렵채집인 시절에도 요구가 많은 파트너이기는 했다 — 정식으로 소유하고 지배하는 관계가 된 것이다. 이후 우리는 홀로세에 들어 500세대를 거치며, 풀밭을 쓸어내고 숲을 베어내며 그 모든 행위가 신께서 주신 권리라고 주장해 왔다. 구약성서에서는 말 그대로 농부가 땅의 지배권을 가진다고 선언하며, 원하는 일이라면 뭐든 해도 좋다고 허락해 버린다. 유명한 구절인 〈창세기〉 1장 28절을 보자. '하느님이 그들에게 복을 주시며 하느님이 그들에게 이르시되 생육하고 번성하여 땅에 충만하라, 땅을 정복하라, 바다의 물고기와 하늘의 새와 땅에 움직이는 모든 생물을 다스리라 하시니라.' 그리고 우리는 오랫동안 야생과 미개척지, 즉 우리가 아직

굴복시키거나 지배력을 행사하지 못한 장소에 대해, 거의 어디서나 반감을 표해 왔다. 심지어 때로는 공포에 근접한 혐오를 보일 때도 있었다. 사실 문명화라는 고행은 언제나 야생을 대적하는 과정이었다. 숲을 베고 그 자리에 곡물을 재배하는 일을 생각해 보자. 숲은 적이다. 위험한 야생 짐승이 거주하며, 때로는 사막이나 산악지대처럼 위험한 야만인이 있을 때도 있다. 반면 문명인은 도시에 거주한다. 야생이란 그저 삶을 가치 있게 하는 모든 것이 부재한 상태를 이르는 말이 아닌가? 오랜 세월 동안 야생은 증오와 공포와 멸시의 대상이었다.

이런 생각에 변화를 가져온 관점은 1700년대에 미학적인 이유로 시작되었다. 상당히 얄팍한 이유였으나 효과는 확실했다. 잉글랜드의 신사 계급이 '그랜드 투어'에 올라 유럽을 돌아보기 시작하면서, 아찔한 알프스 횡단에서 살아남은 이들은 그 무시무시한 경험을 즐기게 되었다. 이렇게 해서 경외를 불러오는 자연의 측면을 표현하는 '숭고함The Sublime'이라는 영향력 있는 개념이 생겨났다. 아름다움과는 다르지만, 그에 필적할 만큼 강렬한 동경을 일으키는 개념이었다. 숭고함이라는 개념은 문필과 예술에 영향력을 끼쳤고, 18세기 후반에는 여기에 다른 개념이 하나 추가되었다. 살짝 더 길들어 있는, 야생을 포함하는 모든 자연계를 예술적으로 긍정적으로 바라보는 유행, 즉 픽처레스크The Picturesque라는 개념이었다. 이런 두 가지 개념이 한데 합쳐진 1780년대에 위탁 유료 도로가 건설되고 대중교통이 개선되자, 한때 경멸의 대상이었던 브리튼 섬의 자연 풍경은 갈수록 많은 관광객을 끌어모으게 되었다. 특히 웨일스의 와이 강과 잉글랜드의 레이크 디스트릭트가 그랬다. 반면 유럽 대륙에서는 장 자크 루소가 알프스를 친미하는 노래를 부르고, 자연계와 인간의 내재적 선함을 주장했다. 이런 모든 사상적 흐름은 낭만주의라는 도도한 물결에 합류했고, 19세기의 시작과 함께 등장한 윌리엄 워즈워스는 자신이 충심을 다한 자연의 신도라고 선언하기에 이르렀다. 많은 이들이 그의 뒤를 따랐다.

그리하여 자연의 대변자들이 생겨났다. 그러나 이들은 야생 또는 온전히 인간의 손길이 닿지 않은 '비인간적인' 자연을 대변하는 이들은 아니었다. 워즈워스의 레이크 디스트릭트는 거친 산맥이 굽어보고 경외심을 일으키는 곳이기는 하지만, 기본적으로 경작지로 구성된 풍경이었다. 그 안에는 인간이 존재했다. 마이클과 루시가 있었다. 그런 곳을 미개척지라고 부를 수는 없었다. 진정으로 야생의 대변인이라 부를 수 있는 이들은 50년 후 미국 땅에서 등장하게 되었다.

사실 당연한 일이었다. 새로 발견된 신세계인 미합중국에는 인간의 손이 닿지 않은 지역이 어마어마하게 넓었고, 특히 정주하는 인간이 아예 없었던 중앙부와 서부는 더욱 그랬다. 미개척지라는 단어 자체가 미국이라는 나라의 풍경을 정의하는 셈이었다. 그러나 그 규모에도 불구하고 19세기가 흘러가며 미국의 미개척지는 심각한 위험에 처하게 되었고, 이 젊은 국가는 그때까지 전 세계에 유례가 없던 속도로 철저하게 자연을 정복해 나가기 시작했다. 서부를 향해 '개척지'를 확장해 나가면서, 수십 년 사이에 대륙 하나 규모의 평원을 파괴하고 숲을 베어 넘겼다. 미국인들은 이런 '개척'이라는 사업에 영웅적인 자부심을 품고, 개인주의와 자립심과 독립심을 함양하는 국가의 특성 중하나로 숭상하기에 이르렀다. 개척자들은 계속하여 서쪽으로 밀고 나가며 통나무집을 세웠다. 미개척 프레리 평원에 쟁기날이 닿고, 수천 년 묵은 나무들이 쓰러졌다. 아메리카 원주민은 조상들의 땅에서 쫓겨났다. 소떼가 버펄로 무리를 대신하고, 곰과 스라소니와 늑대는 사냥당했다. 이 모두가 시민들의 적극적인 찬성하에 벌어진 행위였다.

그런데도, 그런데도…… 이런 모든 일이 벌어지는 와중에도, 서구 사회에서 그 가치를 인정하기 시작한 야생의 땅을, 이렇게 강제적으로 길들이고 때로는 그로 인해 파괴하는 행위에 의문을 품는 이들이 등장했다. 심지어 미국의 야생은 유럽에서는 꿈꿀 수 없을 정도로 훌륭하지 않은가. 랄프 왈도 에머슨과 헨리 데이비드 소로를 위시한 미국의 젊은 자연주의 작가들의 마음속에는 그런 의문이 꾸준히 자라났다. 에머슨과 소로는 초월주의자로서, 망쳐지지 않은 자연계를 영적 진실에 도달하는 방법으로 간주했다. 소로는 그보다 한 걸음 더 나아가서 — 아마도 그렇게 접근한 최초의 사람이었을 것이다 — 야생과 미개척지라는 개념의 대변인을 자처했다. 그의 가장 유명한 저작은 숲속 통나무집에서 살았던 2년을 회고하는 『월든』이겠지만, 그가 야생에 대해 가지는 강고한 관점을 잘 보여주는 작품은 『걷기Walking』다. 생전에 여러 번 연설했던 내용을 정리하여 1862년에 작고한 후 출판된 작품인데, 유명한 단락인 '세계를 보존할 희망은 야생에 있다'가 이 책에 등장한다. 그는 인간을 자연의 일부로 간주했고, 그에 따라 미개척지를 인류의 복지에 필요할 뿐 아니라 원초적인 힘을 주는 근원으로 여겼다. 그는 로마를 건설한 로물루스와 레무스가 암늑대의 젖을 빨았다는 이야기가 단순히 '의미 없는 우화'가 아니라고 단언했다.

야생을 옹호하는 소로의 주장에 동조한 사람 중에서는 19세기 미국에서 가장 주목할 만한 공인公人, 조지 퍼킨스 마쉬*가 있었다. 영국에서는 거의 알려지지 않은 이름이니 주의를 환기할 필요가 있을 듯싶다. 마쉬는 법률가이자 정치가이자 외교관이며 훌륭한 언어학자였으며, 미국 특사로 오스만 제국과 이탈리아에 주재하다 결국 이탈리아에서 생을 마감했고, 당대의 박

---

* George Perkins Marsh(1801-1882). 미국의 외교관, 문헌학자. 미국 최초의 환경주의자로 평가받기도 한다.

식가이자 만능인으로 가히 빅토리아시대의 토머스 제퍼슨이라 부를 만한 인물이었다. 게다가 마쉬는 생태학자라는 단어가 만들어지기 이전 시대의 생태학자이기도 했다. 1864년에 그는 한 책에서 〈창세기〉의 권고대로 지구를 지배하고 복속시키면 어떤 생태학적 결과가 찾아올 수 있는지를 인류 최초로 고찰하기도 했다. 미국의 평론가 중에서 그의 주장을 5년 전에 출간된 다윈의 『종의 기원』과 연관 짓는 이는 거의 없었으며, 마쉬 본인도 종래의 인간 개념을 송두리째 뒤집지는 못했기에 다윈의 지적 쌍둥이로 평가하기에는 부족하지만, 인간과 주변 세계에 대한 중대한 가정에 도전했다는 점에서 적어도 창의성으로는 비견할 수 있는 정도에 이르렀다고 할 수 있을 것이다.

그 중대한 가정이란, 지구에 무슨 일을 저지르든 대가를 치르지 않아도 된다는 것이었다. 성경에서 이 행성의 모든 자원이 조물주가 우리에게 사용하라고 가져다 놓은 것이라 선언했으니 당연한 귀결이기는 했다. 그리고 그 관점에서는 자원은 무한한 것이 당연했다. 그리스도교인의 사고방식에 단단히 결합되어 있는 개념이었다. 여전히 그리스도교적이었던 세계에서 마쉬가 의문을 품었던 그 개념이 얼마나 근본적인 것이었는지는 아무리 강조해도 지나치지 않을 것이다. 그러나 『인간과 자연 (또는, 인간의 행위에 의해 변조된 지리적 요소)Man and Nature (Or, Physical Geography as Modified by Human Action)』에서, 그는 상당한

지면을 들여서 바로 그 일을 해낸다. 그는 여러 초기 지중해 사회가 숲을 훼손하여 수원을 파괴했기 때문에 멸망했다고 강조한다. 자신의 엄청난 여행 경험과 어마어마한 박식함으로 자신의 논점을 뒷받침하며 ―『인간과 자연』은 상당히 묵직한 책이다 ― 그는 가차 없이 결론에 도달한다. 변방의 '개척'을 향해 쉴 틈 없이 달려감으로써, 미국은 과거 여러 사회가 저질렀던 실수를 되풀이하여 스스로 파멸할 위험에 처했다는 것이다.

지금은 흔히 찾아볼 수 있는 관점이지만, 이런 직관을 널리 퍼트리고자 한 사람은 마쉬가 처음이었다. 그리고 그는 거기서 한 걸음 더 나아갔다. 방대한 학식과 심오한 통찰력에 근거하여, 그는 인간이라는 종이 자연에 끼치는 해악을 널리 알려야 한다고 생각했고, 그 결과로 애덤 스미스가 푸줏간, 양조장, 빵집 주인이 우리 저녁상을 제공해 주는 이유를 설명한 것과 같은 빈틈없고 우울하며 기억에 남는 비유를 만들어냈다. 마쉬는 이렇게 썼다. '인간은 어디서나 불협화음을 일으키는 존재다. 인간이 발 딛는 곳마다 자연의 조화가 부조화로 변한다.'

그는 이렇게 야생과 미개척지의 진정한 가치를 규정했다. 미개척지야말로 자연의 조화, 자연계의 균형과 아름다움이 남아 있는 곳이었다. 그의 저술은 신사 계급을 깜짝 놀라게 했을 뿐 아니라 자연의 가치에 대한 심오한 평가로 자리 잡았고, 그의 고찰은 갈수록 세를 불리는 미국의 자연주의 철학이 야생의 자연에 투신할 수 있는 지적 기반을 제공해 주었다. 그러나 그 모두를 하나로 조직한 사람은 마쉬가 아니었다. 횃불을 높이 쳐든 사람은 스코틀랜드 출신 문필가였던 존 뮤어John Muir로, 1849년에 11세의 나이로 미국으로 이민 온 사람이었다. 그는 위스콘신의 개척지에 있는 아버지의 농장에서 사춘기를 보냈고, 사고로 거의 시력을 잃을 뻔한 후 야생 속에서 남은 평생을 보내고 싶다고 생각하게 되었다. 1868년에 그는 캘리포니아로 이주해서 최상급 자연이라 할 수 있는 시에라네바다 산맥을 마주했고, 이후 40년 동안 점점 불어나는 청중 앞에서 그 산맥의 초월적 본질과 그것이 중요한 이유를, 때로는 시적으로, 다른 경우에는 신비주의적 용어로 설명했다. 그는 인간의 손이 닿지 않은 자연이야말로 '천상으로 열린 창문이자, 조물주를 비추는 거울'이라고 말했다.

그리하여 19세기 말에 이르자, 미국은 다른 거의 모든 사회에서는 아예 인식조차 되지 않은 야생의 가치를 공적으로 널리 인정하기에 이르렀다. 오랜 세월 폄훼하는 용도로 — 광야의 예수Jesus in the wilderness를 생각해보라 — 사용되어 온 야생이라는 단어는 마침내 긍정적인 의미를 담게 되었다. 소로, 마쉬, 뮤

어느 모두 미개척지에서 인간의 정신에 강력하게 호소하는 무언가를 목격했고, 그들의 관점을 공유하는 이들은 갈수록 불어났다. 뮤어는 저술만이 아니라 미개척지 활동가로서도 전국적인 유명 인사가 되었고, 마침내 1890년에 캘리포니아의 요세미티 국립공원의 설립에 기여하고 미합중국 최초의 주요 자연보호 단체, '시에라클럽'의 창립 회장이 되었다. 그가 사망한 1914년쯤에는 야생에 대한 사랑이 미국인의 정신 속에 영영 지워지지 않도록 새겨진 후였고, 새로운 세기가 깊어가며 그 사랑은 갈수록 커져가기만 했다. 시적인 산림학자이자 철학자였던 알도 레오폴드* 같은 사람은 생태학적 책임을 위한 새로운 '대지 윤리Land Ethic'가 필요하다고 주장하며 그를 뒷받침했다. 1964년 린든 존슨 대통령이 '야생보호법'을 제정하면서 이런 철학은 절정에 도달했다. 이 법안으로 인해 미국에는 '미국 야생 보호 체제'가 수립되었다. 인간의 손이 닿지 않은 야생 지역을 보호하기 위한 방대한 계획이었는데, 다른 나라에서는 유례조차 찾기 힘든 일이었다.

그러나 그건 미국에서나 가능한 일이었다. 그들이 야생을 사랑할 수 있었던 것은 야생이 남아 있었기 때문이다. 영국인들은

---

* Aldo Leopold(1887-1948). 미국의 문필가, 철학자, 자연주의자, 환경 운동가.

시골 풍경과 그 부드러운 아름다움을 찬미하고, 그만큼 보호하고자 애썼지만, 그 풍경은 기억할 수도 없는 옛날부터 이미 농토였던 곳이었다. 적어도 영국의 남쪽 절반, 그러니까 잉글랜드 저지대에서는 야생이라는 팻말을 붙일 만한 곳이 아예 남지 않았다. 아서 왕의 원탁을 떠나 정체 모를 녹색의 기사를 찾아 나선 거웨인 경은 '위럴의 야생 지대'를 ― '신이나 선한 심성을 가진 인간으로서는 사랑할 수 없었을'이라고 노래했던 ― 따라 말을 달렸을지도 모른다. 그러나 그조차도 600여 년 전에 쓰인 글일 뿐이고, 내가 태어났을 무렵에는 거웨인의 신조차 싫어하던 아서 왕 시대의 야생은 이미 산업도시와 교외 지역, 즉 서니뱅크와 노버리클로즈가 되어 있었다. 인간에 의해 길들여진 지 오래였다. 적어도 위럴 반도의 동쪽은 그랬다.

머지 강 연안은, 내가 자라난 곳은 그랬다.

그러나 서쪽, 디 강 연안은…… 그래, 우스운 이야기지만, 그렇게 딱 잘라 나눌 수 있는 것도 아니었다. 여기서 말하고자 하는 대상은 덤불과 적갈색의 사암 돌벽 사이로 오크나무가 드문드문 솟아 있는 부드러운 농촌 풍경이나, 칼디나 파크게이트나 버튼 같은 예쁘장한 시골 마을이 아니다. 나의 야생은 하구 지역이었다. 처음 그 광경을 눈에 담는 순간, 그러니까 파크게이트 해변 산책로의 길모퉁이를 돌아 나오는 순간, 당신은 눈앞의 모습에 엄청난 충격을 받을 수밖에 없다. 수 마일에 걸친 광활한 습지대가, 가까운 쪽으로는 웨일스의 산악지대에서, 먼 쪽으로는 바다에 닿을 때까지 끝없이 뻗어 있는 것이다…… 누구나 그 광경 앞에서는 멈칫하게 된다. 절대적인 광활함을, 인간의 손이 닿지 않은 거대한 자연을 마주치는 순간의 느낌은 그 누구도 무시할 수 없다.

그 여름날 새로 산 망원경을 목에 둘러메고 당당하게 디 강 유역으로 나갔던 나는 그 사실을 온전히 받아들이지 못했다. 내 정신은 여전히 찰스 터니클리프의 휘황찬란한 그림에 사로잡혀 있었기 때문이다. 나는 그곳을 단순히 하나의 탐조지로, 조류학적으로 위럴 반도의 연장선상인 장소로만 여겼다. 디 강 유역의 남쪽 절반은 염습지고, 하구가 바다로 이어지는 북쪽 절반은 조간대潮間帶로, 매일 바닷물에 덮였다 벗어나기를 반복하는 갯벌과 모래둑이었다. 처음에 나는 염습지 가장자리를 탐험하기 시작했다. 그쪽이 우리 집에서 가까웠기 때문이었다. 나는 댕기물떼새와 황조롱이, 종다리와 풀밭종다리, 왜가리와 검은머리쑥새를 발견했다. 그러나 나는 이내 하구가 펼쳐지는 웨스트커비와 호일레이크 지역에서 더 많은 일이 벌어지고 있다는 사실을 깨달았다. 오리떼가 날아다니고, 다른 무엇보다 흰죽지꼬마물떼새, 붉은발도요, 검은머리물떼새, 마도요 같은 도요물떼새들이 진흙과 모래바닥에서 먹이를 찾고 휴식을 취하다가, 밀물이 들어오면 파도를 따라 밀려나는 모습을, 그 생동감 있는 광경을 생생히 지켜볼 수 있었기 때문이다.

그런 새들이 수천 마리였다. 더 강은 생명이 흘러넘치는 곳이었다. 그들을 지켜보고 있자면 육지와 바다가 만나는 곳에 서식하는 새들이야말로 조물주의 모든 피조물 중에서도 가장 매력적이라고 여기게 되며, 나는 아직도 그렇게 생각하고 있다. 영국에서는 이들 섭금류涉禽類 또는 도요물떼새를 Wader라고 부르는데, 얕은 물을 헤집는 동작에서 나온 단어다. 미국에서는 그 서식지를 강조하여 Shorebird라 부르는데, 나도 그 유용성 때문에 종종 사용하기도 한다. 한편으로는 길고 가느다란 다리와 섬세하고 우아한 자태를 자랑하는 새지만, 그 반대편에는 순수한 야생이 자리한다. 도요물떼새는 정원을 찾아와서 울타리에 앉거나 안뜰을 뛰어다니거나 저녁거리를 찾으며 노래하는 새들이 아니다. 이들은 영원히 길들일 수 없으며, 언제나 길들지 않은 자연 속에 존재한다.

그러나 그들 존재의 본질과 우리가 그들에 대해 품는 마음은 언제나 모순으로 가득하다. 도요물떼새는 펄밭의 선물이다. 우리는 펄을 꺼려 하고, 거의 배설물에 가까운 물질로 여긴다. 그러나 바닷가 조간대의 진흙은 무척추동물이 가장 풍부한 서식지로, 1제곱미터 안에 수천 마리의 미소 연체동물, 갑각류, 갯민숭달팽이와 갯지렁이를 품을 수 있다. 이곳에서 먹이를 찾도록 진화한 다양한 도요물떼새는 갯벌과 떼어놓을 수 없는 존재이며, 자기네들끼리 그 안에서 먹이터를 나누어 가지는데, 생태학에서는 이를 '생태 지위 분할niche partitioning'이라고 부른다. 여러 종류의 도요물떼새가 저마다 다른 위치에서 다른 종류의 무척추동물을 사냥하는데, 여기서 사용하는 주된 분화 요소는 부리의 길이다. 꼬마물떼새처럼 부리가 짧은 새들은 표층의 유기체를 잡는다. 붉은발도요처럼 중간 길이의 부리를 가진 새들은 진흙을 쑤시며 작은 복족류를 찾기 시작한다. 그보다 더 부리가 긴 검은가슴물떼새는 그보다 깊이 들어가 새조개류를 찾을 수 있고, 가장 길고 휘어진 부리를 가진 마도요류는 굴속 바닥에 붙은 참갯지렁이나 바다지렁이를 끄집어낼 수 있다. 그러나 이들 모두는 공통적으로 인간에게는 불가능한 재주를 가지고 있다. 절대 우아함을 잃지 않은 채로 펄과 진흙 위를 움직일 수 있는 것이다.

이들에게는 자유로운 영혼을 유혹하는 요소가 한 가지 더 있다. 바로 온 세상을 떠돌아다니는 존재라는 것이다. 도요물떼새 중 많은 종류는 강한 이동성을 지니며, 봄철이 되면 북극권으로 이동한다. 유럽에서만이 아니라 아시아에서도, 오스트레일리아와 아메리카에서도, 모두가 세계 꼭대기에 있는 툰드라 지역으로 이동하여 그곳의 짧지만 풍요로운 여름을 이용한다. 도요물떼새는 긴 일광 시간, 창궐하는 곤충떼, 그리고 비교적 적은 포식자 등 최적의 환경에서 새끼를 키운다. 그리고 겨울을 날 때는 영국처럼 중위도 지역, 또는 더 남쪽의 열대지방, 심지어 훨씬 더 남쪽의 남반구까지 내려간다. 디 강 하구에서는 여름이 끝날 때마다 수많은 도요물떼새가 그곳의 갯벌, 진흙과 모래밭을 찾아 북쪽에서 날아왔다. 내가 가장 먼저 마주친 것은 극지방에서 번식을 마친 후 겨울깃으로 갈아입고 돌아오는 새들이었다. 세가락도요, 개꿩, 청다리도요, 꼬까도요, 마도요, 민물도요, 그리고 다른 무엇보다 붉은가슴도요가 있었다. 이 중간 크기의 도요는 수만 마리가 모여서 무리를 짓는다. 너무 거대해서 계속 모습을 바꾸는 도요 무리를 처음에 멀리서 봤을 때는 시커먼 연기구름인 줄 알고, 어디서 큰 화재가 난 모양이라 생각했다.

그러나 나는 천천히 새들 외의 다른 것에도 주의를 기울이게 되었다. 그 장소를, 강 하구 자체를 의식하기 시작했다. 그곳에서 시간을 보내다 보면 감화되지 않을 수 없다. 동떨어진 세계다. 산업 대도시의 교외인 우리 집에서 고작 6마일밖에 떨어져 있지 않은데도, 그곳은 온전하게 야생이고 길들지 않은 곳이었다. 그 넓이 자체가 압도하는 요소가 되었다. 특히 교외 지역에서는 흔히 익숙한 공터가 축구장 정도이거나, 아니면 그보다 살짝 크고 난간과 연주대, 쓰레기통과 개 출입 금지 안내판이 있는 지역 공원 정도이기 때문에 더욱 그랬다. 이곳 하구도 한계가 명확한 공터이기는 했으나 그 넓이가 13,000헥타르, 또는

35,000에이커(또는 축구장 1만 개 넓이)에 이르렀고, 한쪽 해변에서 반대쪽 해변까지 인간이 만든 것이라고는 아무것도 없었다. 그저 염습지와 모래둑과 갯벌이 펼쳐져 있을 뿐이었다.

물론 단순히 넓기만 한 곳은 아니었고, 나는 그 점에 더욱 매력을 느꼈다. 이곳 하구는 웨일스의 어깨에 걸터앉아 있었다. 체셔 쪽에서 보이는 플린트셔에는 아예 다른 나라, 자기 고유의 언어와 역사와 산악지대(체셔 평야의 수평적 평온함과 극명히 대조되는)를 갖춘 나라가 있었다. 그때 나는 이미 타자의 국가에 대해서 이후 평생 이어진 깊은 애착을 품고 있었고, 디 강 너머로 그 산등성이와 봉우리가 보인다는 사실만으로도 등골이 저릿할 정도였다. 시선을 아래로 내리면 플린트셔 힐의 성곽이 하구까지 이어지고, 그 너머로는 가장 가까운 산맥인 클뤼디언의 봉우리들이 보였다. 웨스트커비와 호일레이크 쪽의 하구로 나가면, 때론 스노도니아가 직접 보여서, 머나먼 땅의 흐릿한 그림자처럼 카르네다이 산맥이, 카르네드 루엘린과 카르네드 다비드의 봉우리가 떠오르곤 했다.

나는 반대편을 탐사하기 시작한 9월부터 그 모두를 만끽했다. 처음에는 하구 지역이 시작되는 사암 노출부인 버튼 포인트에서 출발했다. 그곳에서 별로 멀지 않은 쇼튼에는 중공업이 활발해서 존 서머스 앤드 선즈의 대단위 제철소가 있었지만, 어쩐지 그 공장들은 이 풍경에 별로 영향을 끼치지 않았다. 사실 제철소 주변의 인공 호수들은 쇼튼 풀이라 불리며 주요 탐조지로 여겨지기도 했다. 내가 존 서머스에게 편지를 썼더니 그쪽 호수 지역의 탐조가용 출입증을 보내 주기도 했는데, 그곳에 가려면 버튼 포인트까지 자전거를 타고 가서, 바위 사이에 자전거를 숨긴 다음 1마일 길이의 둑을 따라 걸어가야 했다.

강둑의 한쪽에는 육군 사격장이 있었다. 그리고 반대쪽은 디 강 하구였다. 그 시작점에 서서 바깥을 둘러보면 하구 지역 전체를 조망할 수 있었다. 왼쪽에는 웨일스의 산악지대, 오른쪽으로는 위럴 반도가 있었고, 그 사이의 광대한 하구 지역이 지평선까지 뻗은 모습은 마치 그 너머의 무한함을 암시하는 듯했다 ― 즉, 10마일 이상 떨어져 있는 바다와 활짝 열린 하늘을 말이다. 매우 고즈넉하고 고립된 환경이었다. 그곳에서 다른 사람은 본적도 없었으니까. 새를 찾으러 갔던 나는 야생을 마주쳤다. 잉글랜드 저지대에서 찾을 수 있는 최상의 야생을 말이다. 나는 그속에 숨은 특별함을 느끼기 시작했고, 그 감각은 차츰 다른 부분으로 번져나갔다. 그리고 절정의 방점을 찍은 것은 음악이었다.

도요물떼새들의 음악이었다. 나는 그들의 소리를 분간하고 사랑하게 되기에 이르렀다. 가장 흔한 것은 검은머리물떼새의 삑삑거리는 소리였다. 대부분은 살짝 불안한 느낌으로 힘 있는 삑! 소리를 낸다. 청다리도요가 3연속으로 풋풋풋 하고 우는 소리도 마음을 사로잡았다. 그보다 강렬했던 것은 마도요들의 두

가지 소리였는데, 날카롭고 멀리 울리는 삐유-잇 하는 울음과, 기묘하게 구슬픈 느낌이 감도는 흐르는 소리의 노래였다. 딜런 토머스*는 1952년 시집의 「서곡」에서 '마도요떼'의 노래를 이렇게 표현한 바 있다.

안녕하신가, 재잘거리는 일족이여
그 벌린 부리 속에는
비애를 품고서……

마도요의 흐르는 노랫소리를 듣고서 감동받지 않기는 힘들다. 특히 봄에는, 주변 풍경을 변화시키는 소리이기 때문이다. 그리고 마도요가 내게 특히 신비롭게 느껴지던 이유 중에는 훨씬 어릴 적에 읽고 매혹되었던 동화, 엘리너 파전Eleanor Farjeon의 『은빛 마도요*The Silver Curlew*』(1935)가 있기 때문이라 생각한다. 룸펠슈틸슈킨 전설을 다시 쓴 이야기로, 왕이 있던 시절의 노퍽을 배경으로 한다. 이후 나는 마도요를 어딘가 다른 차원의 생명처럼 여겼다. 그러나 내게 가장 감동을 준 도요새는

---

* Dylan Marlais Thomas(1914-1953). 웨일스의 시인, 문필가. 생전부터 대중 시인으로 인기를 끌었으며 39세의 젊은 나이로 사망한 후에도 웨일스의 주요 시인 중 하나로 평가받는다.

다른 종류였다.

그 새는 바로 붉은발도요였다. 그리고 흔치 않은 일이지만, 당시 탐조가들이 사용하던 휴대용 조류도감은 붉은발도요의 울음소리를 정확하게 묘사했다. 흔치 않은 일인 이유는, 사실 새의 울음을 인간의 소리로 옮겨 적는 일은 매우 부정확할 수밖에 없기 때문이다. 그러나 당시의 휴대용 조류도감(『브리튼 및 유럽의 조류 필드 가이드』, 로저 토리 피터슨, 가이 몽포르, P. A. D. 홀럼 저)은 붉은발도요의 울음소리를 상당히 정확하게 기록해 놓았다.

'일반 울음소리. 음악적이고 차츰 낮아지는 튜-휴-휴.'

나는 노골적으로 그렇게 써 놓다니 재미있다고 생각했다. 자음과 모음으로 튜휴휴라고 써 놓다니. 마치 이국의 언어에서 사용하는 동사 같았다. 그러나 그 단어는 붉은발도요가 날아오를 때 내는 경쾌하면서도 애절한 소리를 제대로 옮겨낸 것이었다. 멀리 습지대를 날아갈 때마다 바람을 타고 퍼지는, 다른 무엇보다도 감동적인 소리였다. 그 사실을 확신하게 된 것은 10월의 어느 날이었다. 정확한 날짜까지는 제대로 기록해 놓지 않았지만 말이다.

1962년 10월은 내 삶에 부수적인 영향을 끼친 여러 큰 사건이 일어난 달이었다. 그중에는 냉전 시기의 가장 위태로운 핵대립이었던 쿠바 사태도 있었다. 나는 화장실 바닥에 무릎을 꿇고 앉아서, 줄담배를 피우는 사람들처럼 묵주 기도를 끝없이 암송하며, 신께 우리 모두를 구해달라고 애원했다. 당시를 살던 사람이 아니라면 그 주에 우리를 덮쳤던 공포를 상상조차 할 수 없을 것이다. 2차 바티칸 공의회도 있었다. 로마에서 열린 공의회에서 요한 22세, 파파 지오반니는 내가 태어날 적부터 함께했던 교리들을 다시 생각해 보자고 말했고, 결국 나 또한 그 교리들을 다시 생각해 보게 되었다. 그래, 그리고 머시 강 건너편의 지역 록밴드가 첫 곡, 〈Love Me Do〉를 발표하기도 했다(당시에는 록밴드가 아니라 비트 그룹이라고 불렀지만 말이다). 그룹 이름이 비틀즈라고 했는데, 12월 즈음에는 그 음반이 전국 차트에서 17위까지 올라갔다. 학교 크리스마스 축제에서 다들 신이 나서 그 이야기를 떠들던 기억이 난다.

1962년 10월을 '60년대가 시작된 달', 거대한 변화의 문이 삐걱거리며 열리기 시작한 순간이라고 할 수 있을지도 모르겠다. 그때 내게 일어났던 중요한 사건은 다른 이들에게는 조금도 영향을 끼치지 못하겠지만, 그래도 여전히 내게는 강한 여운을 남기고 있다. 그날 자체도 충분히 기억에 남았다. 우선 흰뺨오리를 보았던 것이 기억난다. 버튼 포인트까지 자전거를 타고 가서, 쇼튼 풀로 향하는 강둑길을 절반쯤 가다가, 늪지대로 내려가서 걸으면 모습을 비추지 않고 숨은 채로 쇼튼 풀까지 갔다가 돌아올 수 있으리라 생각했다. 그렇게 늪지대로 내려가서 강둑길 쪽을 힐끔거리면서 걷다 보니 진정한 보상이 눈에 띄었다. 50야드도 떨어지지 않은 수면 위에 흰뺨오리가 앉아 있었던 것이다. 스칸디나비아에서 찾아온 잘생긴 오리인데, 그때까지는 도감에서만 보고 실제로 마주친 적은 없었다.

아마도 그곳 호수에서 한 시간쯤 보내다 돌아왔던 것 같다. 햇살이 내리쬐는데 제법 강풍이 부는, 영국에서는 비교적 드문 날씨였다. 디 강 하구 전체가 내 왼편에, 10월의 금빛 햇살 속에 평화롭게 내려앉아 있었다. 그때 어디선가 희미한 소리가 들려왔다. 붉은발도요의 울음소리였다. 튜-휴-휴. 내게는 보이지 않는 늪지대 어딘가에서 붉은발도요들이 울고 있었다. 그러나 하구 전체를 휩쓸고 내게 밀려드는 북서풍은 그 울음소리를 고스란히 전달해 주었다. 나는 그 모든 풍경 앞에서 걸음을 멈추고 강둑에 앉아 귀를 기울였고, 다른 울음소리가 다시 내 귓가로 흘러들어왔다. 갑작스럽게 모든 것이 한데 모이는 것만 같았다. 초현실적이고 애수를 띤 울음소리, 사람의 손길이 닿지 않은 하구와 활짝 펼쳐진 하늘과 멀리 보이는 산맥, 그 안의 모든 생명의 풍요로움이. 그리고 나는 처음으로 그 모두가 어디에서 유래하는지를 깨달았다. 야생의 심원에서 흘러나오는 것이었다.

19세기 미국에서 미개척지의 풍경을 바라보던 소로와 그 후계자들의 영혼을 사로잡았던 바로 그것이, 바로 그 순간 디 강 하구에서 내 영혼을 사로잡았다. 지구의 일부를 지금껏 해본 적

없는 방식으로 인지하게 되었다. 또는 어쩌면, 나의 다른 부분으로 인지하게 된 것일지도 모르겠다.

그전까지 내게 하구에 대해 물었다면, 나는 그곳이 널찍하다고 답했을 것이다. 길다고. 평평하다고. 녹색이라고. 또는, 때로는, 축축한 곳이라고.

이제 나는 다른 답을 내놓게 되었다. 경이로운 곳이라고.

나는 그곳에 대해 그때껏 경험하지 못한 격렬한 사랑을 품게 되었다. 그렇게 강둑에 앉아서, 햇살과 바람을 맞으며, 야생의 울음이 내 귓가에 흘러드는 속에서, 나는 자연의 세계를 마주했다. 그리고 나는 환희를 느꼈다.

3

유대와 손실

　수많은 위대한 정신의 소유자들이 온 지구에서 쉬지 않고 벌어지는 자연 파괴를 언급하고, 수많은 전문가들이 경제학과 생태학의 조화를 위해 애쓰고, 수천 가지의 세세한 정책이 입안되고 수행되며, 수많은 지적 노력과 수많은 이상적인 우려를 던지는 문제인데도, 해가 지날 때마다 이 문제는 쉬지 않고 반복해서 등장한다. 자연계를 수호하는 이론으로서, 50년 전 어느 가을날 오후에 하구를 바라보던 십대 소년이 갑자기 행복해졌다는 것보다 더 강력한 것이 존재할 수 있을까?

　서구에서 그리스도교가 쇠퇴하고, 현재 우리의 신조인 자유주의 세속 휴머니즘이 그 자리를 대체한 이후로, 우리는 스스로를 온전히 이성적인 존재로 생각한다. 따옴표를 사용한 '문제'를 대면할 때마다 따옴표를 사용한 '이성'을 들이대면, 자연스레 따옴표를 사용한 '해결책'이 등장하리라 자부심을 품는다. 우리는 모든 경우에 이런 방식이 성공하리라 여긴다. 수많은 이들의 사고방식에 이런 이성주의가 깃들어 있다. 그러나 세상이 언제나 그렇게 돌아가는 것은 아니다(혼돈과 악의 수렁에 빠져 두 번의 세계 대전을 겪었던 사람들은 너무도 잘 알고 있듯이 말이다). 그리고 우리 행성이 마주한 위협에 대처하는 방법은 한 가지가 더 있다. 우리가 무엇을 하느냐를 고심하지 말고, 우리가 누구인지를 고찰하는 것이다.

우리 대부분은 아마도 이미 알고 있다고 생각할 것이다. 재차 곱씹지조차 않는다. 그러나 지난 30여 년 동안, '인간으로서 존재하는 의미'에 대한 새로운 깨달음이 태동하기 시작했다. 아직 널리 퍼지거나 대중적이 되지는 못했지만, 단순하고 기념비적인 통찰에서 비롯된 것이었다. 수렵채집인으로서 진화해 온 5만 세대의 세월이, 농경과 문명이 시작된 후의 5백 세대의 세월보다 우리의 심리 구성에 더 중요하게 작용한다는 사실이었다. 우리는 자연을 굴복시킨 농부의 문명, 그리고 그 이후에 찾아온 정주와 문자와 율법과 건축과 화폐를 가진 시민의 문명을 보유하고 있다. 그 자체는 부인할 수 없는 사실이다. 그러나 이 새로운 고찰에 따르면, 우리는 내면 깊숙한 곳에서는, 문명의 외피 아래 본능의 영역에서는, 심리의 기저에서는, 여전히 수백만 년을 이어진 빙하기의, 플라이스토세의 아이들이라는 것이다. 굴복시킬 수 없는 자연의 일부로 살았던 우리의 조상들이 여전히 남아 있다는 것이다. 우리 내면의 유산은 아직 사라지지 않았으며, 도리어 여러 측면에서 우리를 조종하고 있다.

이런 직관은 진화생물학이 제공한 것이다. 최근 수십 년 동안 진화생물학은 다윈의 자연선택이 어떻게 공작의 화려한 꼬리깃을 만들었는지, 또는 앵무새의 튼튼한 부리를 만들었는지를 알아내는 데에서 시작하여, 같은 방법론으로 인간이 어떻게 인간답게 되었는지를 탐구하기 시작했다. 특히 비교적 새로운 학문인 진화심리학이 이런 직관에 큰 영향을 주었다. 진화심리학은 인간의 정신이 플라이스토세의 수렵채집인이 매일 마주치던 문제에 적응했는지, 그리고 수천 세대에 걸쳐 진화한 선천적인 특성과 본능적인 반응이 어떻게 우리 안에 남았는지를 탐구한다. 여기서 밝혀낸 인간 내면에 심리학적으로 '내장'된 요소, 즉 인간 본성이라 추정되는 항목의 목록은 길고 흥미로운데, 그중에는 단 음식을 선호하는 성향부터 뱀과 거미를 두려워하는 성향, 아이들이 숨기나 나무타기를 즐기는 경향, 물체를 목표에 정확하게 던지는 능력(다른 어떤 생물도 할 수 없는 일이다), 몸치장을 즐기는 성향, 남성이 허리가 잘록한 여성에 끌리는 경향(임신 중이 아니어서 짝짓기가 가능할 것이므로), 여성이 지위가 높은 남성에 끌리는 경향(더 나은 보호를 제공해 줄 수 있으므로) 등이 포함된다. 심지어 그중에는 우리가 특정 풍경을 좋아하는 이유도 있다.

풍경 이야기는 한층 흥미롭다. 설문조사 결과에 따르면, 사람들은 다양한 풍경 가운데서도 특정한 형태를 압도적으로 선호한다. 탁 트인 초지에 나무가 듬성듬성 흩어져 있고, 지평선이 보이며, 가능하다면 물도 존재하고, 짐승과 새들이 있는 풍경이었다. 그리고 이것이 실은 호모 사피엔스가 온 세상으로 흩어지기 전에 진화한 지역, 즉 열대 아프리카 사바나의 풍경이라는 추론이 등장했다(사바나 가설이라고 부른다). 오늘날까지 우리 유전자에 새겨질 정도로, 특정 풍경에 수천 년 전부터 집착했던 이유는 무엇일까. 설명하자면 간단하다. 생존에 필요했기 때문이다. 플라이스토세의 수렵채집인은 끊임없이 이동하는 이들이었다. 사바나 가설의 제창자인 고든 오라이언스*는 수렵채집인의 삶을 '평생 계속되는 캠핑 여행'이라고 생생하게 묘사하기도 했다. 어떤 풍경을 찾아가고 어떤 풍경을 피할지는 두말할 나위 없이 가장 중요한 결정이었을 것이다. 위험과 기회를 저울질하며, 포식자(그리고 적대적인 인간)의 존재와 새로운 식량 자원과 거처의 가능성 사이에서 균형을 잡는 행위가 끊임없이 이어졌

---

* Gordon Orians(1932-). 미국의 조류학자, 생태학자. 행동생태학과 환경 연관성 분야에서 많은 연구를 수행했다.

을 것이다. 따라서 생존에 도움이 되는 자연의 특정 요소— 땅에 가까운 가지가 있는 나무, 시야를 보장해 주는 평탄한 지형, 대형 포유동물의 존재 등 —는 아직도 우리에게 본능적으로 호의를 일으킨다. 그러나 이 이론의 한층 근본적인 함의를 보편적으로 풀이하자면, 인간의 내면 깊은 곳 유전자 속에 여전히 자연계를 향한 강렬하고 선천적인 유대감이 존재한다는 뜻이 된다.

우리가 자연의 일부이며 자연 또한 우리의 일부라는 개념은 물론 새로운 것이 아니다. 아메리카 원주민에서 오스트레일리아 선주민에 이르는 수많은 산업시대 이전 공동체는 세상을 그런 식으로 이해했다(그리고 현대의 녹색운동은 그들의 심상을 차용한다). 수많은 개인이 그런 감정을 품고 종종 자신의 방법으로 표현했다. 그러나 인간과 생물권의 합일이라는 개념 자체가 주류 사상이 된 적은 한 번도 없었다. 특히 정부와 기업을 경영하고 결정을 내리는 현대 사회의 주재자들과, 그들의 주장을 그대로 받아들이는 무수히 많은 사람에게는 언제나 그랬다. 도리어 그런 개념의 근본적인 가치를 외면하고 인류학이나 영적 분야의 독특한 수집품 취급을 하며 고립시켜 버리기만 했다. 우리와 자연계 사이에 유대 관계가 — 원한다면 5만 세대의 유대라고 불러도 좋을 것이다 — 존재한다는 진화심리학적 개념의 요지는, 내가 믿는 대로 그것이 진실이라면, 단순히 영적 진실을 넘어서 실증적인 진실이기까지도 하다는 것이다. 실제로 존재하는 유대 관계다. 명백한 사실이다.

그러나 그게 우리에게 무슨 의미가 있을까? 아무리 강하더라도 결국 그 유대란 단순한 흥미로운 사실, 그저 있었을 뿐인 진화의 불필요한 유산, 이를테면 남성의 젖꼭지 같은 게 아닐까? 그러나 이런 유대는 도리어 우리의 심리적, 정신적 건강에 실용적 중요성을 지니는 것으로 나타난다. 인간의 육체적 또는 정신적 건강과 자연의 관계는 현재 급성장 중인 연구 분야다. 이 방면의 연구는 1984년 4월, 저명한 저널 〈사이언스〉에 수록된 어떤 논문으로 시작되었다. 전 세계의 사람들이 즉시 주목한 그 논문의 제목은 〈창밖 풍경이 수술 후 환자의 회복에 끼치는 영향〉이었다. 그 저자인 로저 울리히는 병원 설계 전문 건축가로, 9년에 걸쳐 펜실베이니아 한 병원의 담낭 수술을 받은 환자들이 병상에서 자연 풍경을 바라볼 수 있을 때 훨씬 회복이 빠르고 경과도 좋았다는 사실을 발견했다. 병동의 창문 중 일부는 모여 선 나무들을 향해 있었고, 다른 일부는 갈색 벽돌 벽을 향해 있었다. 울리히는 운 좋게 나무 경관을 얻은 환자들이 벽만 보던 환자들에 비해 회복이 빠르고, 병원에서 짧은 시간을 보냈으며, 간호사들에게도 좋은 평가를 받고, 진통제가 덜 필요하고 수술 후 합병증도 적었다는 사실을 발견했다. 시각 자극뿐인데도 자연과 접한 사람의 신체적, 정신적 상태에 실증적이고 계측할 수 있는 효과를 준다는 사실이 밝혀진 것이다. 그때 이후로 인간과 자연계의 교류가 실질적으로 건강에 도움이 된다는 연구는 어마어마하게 확장되었다. 2005년 출간된 어느 논문의 리뷰는 '자연은 인간의 건강과 복지에 필수적인 역할을 담당한다'라고 말하며, 자연과의 접촉이 공공 보건 정책에 공식적으로 포함되어야 한다고 제안한다.* 500세대가 흘렀는데도 인간이 여전히 도시의 삶에 제대로 적응하지 못하고 있으며, 본능적으로 도시보다는 자연적인 환경을 선호한다는 연구 결과가 계속 쌓여 가고 있다.

나는 여기서 한 걸음 더 나아가고 싶다. 나는 그런 유대가 인간이라는 존재 의의의 핵심이라고 믿는다. 우리와 교류하는 자연계는 단순히 중립적인 배경이 아니라, 심층 심리에서는 우리의 고향으로 남아 있으며, 그 때문에 여러 감정적 애착을 보이게 된다는 것이다. 강렬한 소속감, 갈망, 사랑과 같은 감정 말이다. 나는 서두에서 인간이 함께 진화한 다른 생물들과는 달리, 단순히 자연계의 위험과 기회만을 인식하는 것이 아니라 사랑할 수도 있다는 사실이야말로 내게는 가장 독특한 현상으로 여

---

* 〈Healthy nature healthy people: 'contact with nature' as an up-stream health promotion intervention for populations〉, Cecily Maller et al, 2005.

겨진다고 말한 바 있다. 그러나 그를 가능케 한 것은 5만 세대에 걸친 유대였던 것이다. 일상생활에서 우리는 거의 그런 유대를 인식하지 않는다. 대부분 느끼지조차 못한다. 농부들이 자연을 정복한 이후 500세대에 걸쳐 쌓여 온 문명에 가로막혔을 뿐아니라, 마을과 도시에 거주하는 우리들은 — 2007년 이후 도시민은 전 세계에서 과반수를 차지하게 되었다 — 갈수록 활동과잉이 심해지는 시대를 살고 있기 때문이다. 자연과의 유대는 도시 생활에서 견고하게 쌓인 정신적 잡동사니에 파묻혀 있는 것이다. 그러나 그 아래에는 분명히 존재한다. 우리는 자연계를 떠났을지 몰라도, 자연계는 우리를 떠나지 않았다.

그리고 그런 감정은 갑자기 터져나올 수 있다. 우리를 놀라게 만들기도 한다. 때로는 그 정체를 명확히 깨닫지 못할 수도, 왜 그런 감정을 느끼는지 모를 수도, 어째서 그 감정이 그토록 강렬한지 모를 수도 있을 것이다.

> 그리하여 나는 느꼈으니
> 고양된 생각으로, 내면의 느낌으로
> 한층 심원한 곳에서 나와 하나인
> 그 환희로 나를 심란케 하는 존재를.
> 그의 거처는 해질녘 빛살이며
> 굽이치는 대양이며 생명을 품은 공기며

푸른 하늘이며 또 인간의 정신 속이니

그 움직임과 영혼은

모든 사유하는 존재와 모든 사유의 대상을 강제하며

만물 사이를 순유巡遊하게 마련이니.

〈틴턴 애비〉를 굽어보는 워즈워스가 되어야만 경험할 수 있는 일은 아니다. 우리 모두에게 열려 있는 경험이다. 자연의 아름다움이나 경이, 풍요로움, 자연이 제공하는 평온, 또는 우리가 봄철마다 새로이 태어나는 세상을 바라보며 느끼는 감정을 마주하는 많은 이들은 워즈워스의 환희를 느낀 적이 있다. 나또한 예외는 아니다. 나는 50년 전 디 강 하구에서 보낸 첫 오후 시간 이후로 수없이 자연과 환희를 느껴 왔으며, 나이를 먹을수록 한 가지를 더욱 확신하게 되었다. 환희, 즉 우리가 갑작스레 자연계에 대해 느끼게 되는 격렬한 사랑이야말로, 우리와 자연 사이의 내면의 합일을 다른 무엇보다도 훌륭하게 보여주는 증거라는 것이다.

내가 그동안 환희를 느꼈던 여러 방법을 이야기하려는 이유도 바로 그것이다. 내가 경험했던 자연과의 유대에 대한 증거를 제공하려는 것이다. 나는 과학자도, 진화생물학자나 심리학자도 아니다. 나는 증명하려 노력하거나, 정식으로 논쟁을 벌이거나, 차근차근 논리적으로 증거를 쌓아 나갈 생각은 없다. 그저 내가 경험한 것을 털어놓으며, 어쩌면 내 경험이 이해를 도울 수도 있으리라 기대해 보는 것뿐이다. 그런 격렬한 감정의 배후에는 자연계에 대한 끊임없는 갈망이 있는 것이 당연하지 않겠는가? 물론 아직 발견된 지 40여 년밖에 되지 않은, 이 인간으로서 느끼는 고상한 감정을, 더 많은 사람이 깨닫기를 바라는 소망 정도는 품고 있다.

당연하지만 이런 새로운 인식의 가장 중요한 측면이 그 문맥에 있기 때문이기도 하다. 자연이 진정으로 우리에게 무슨 의미인지, 그 가치가 무엇인지라는 질문을 새롭게 받아들이는 순간은 바로 그 인식이 철저히 파괴되는 순간에 찾아오기 때문이다. 우주에서 찍은 '어스라이즈'의 장면이 이 행성의 연약함과 아름다움, 고립과 유일성을 처음으로 일깨웠듯이, 심리학과 진화생물학은 처음으로 우리 인간이 영혼 차원에서 자연에 묶여 있음을 일깨웠다. 또한 우리가 자연을 파괴하면, 그저 우리의 고향을 부수는 정도가 아니라 절대 잃어서는 안 되는 우리 본질의 일부를 부수는 것임도 알려주었다.

그리고 마침내 새롭게 자연을 수호할 논리가, 지속 가능한 개발이라는 희망찬 이상주의나 생태계 용역에 대한 냉정한 계산보다 훨씬 강건하고 모든 요소를 아우르는 논리의 등장 가능성이 엿보인 것이다. 어쩌면 앞으로 다가올 잔혹한 세기에 맞서 자연계를 수호할 수 있는 신념과 논거의 시발점일지도 모른다.

자연계는 우리와 따로 떨어진 대상이 아니라 우리의 일부다. 우리의 언어 능력만큼이나 우리와 하나다. 우리가 여전히 자연에 종속되어 있다는 사실은 분명하다 하더라도, 현대 도시인의 질곡 많은 삶 속에서 느끼기 힘든 것 또한 사실이다. 그러나 자연이 우리 내면에 환희를 일으킬 때, 우리는 그런 자연과의 합일을 발견할 수 있다. 심지어 싸구려 쌍안경을 들고 바람에 실려오는 도요새들의 울음소리를 듣던 15세 소년의 환희 속에서도 말이다.

그러나 앞으로 닥칠 세기가 자연에 잔혹하리라는 것은 부정할 수 없는 사실이며, 그 과정은 이미 진행 중이다. 사실 이미 진행 중인 손실이 지나치게 빠르고 그 규모가 막대하다는 점만으로도 새로운 문제가 생겨날 정도다. 그 문제란 각각의 손실을 적절히 기술하고, 그 손실의 의미를 정확히 가늠하고, 가장 보편적인 용어 이외의 세분화된 방식으로 표현하기가 힘들어지고 있다는 것이다. 결국에는 통계에 의존할 수밖에 없다. 나 또한 여기서 그런 방식을 사용하고 있다. 모든 척추동물의 5분의 1이 멸종 위기에 처해 있다는 식으로…… 매일 일어나는 환경 손실이 이렇게 한층 이론적이고 추상적이고 학술적으로 논의되는 과정에서, 어쩌면 아주 중요한 것을 놓칠지도 모른다는 점도 염두에 두어야 할지도 모른다.

이를 잘 보여주는 예시로 현재 벌어지는 일을 묘사하려고 새롭게 만들어진 두 가지 비유를 들 수 있다. 하나는 '여섯 번째 대멸종'이다. 연구자들은 지질학 기록 속에서 지구의 선사시대에 다섯 번에 걸친 파멸적인 대멸종의 기록을 찾아냈다. 가장 처음은 4억 4천만 년 전 오르도비스기에 일어났으며, 이후 대멸종이 일어날 때마다 지구상의 생물 대다수가 사멸해 버렸다. 일부는 급격한 기후변화 때문에 일어났다. 다른 경우는 운석이나 혜성의 충돌로 발생했으며, 가장 최근의 대멸종 때는 그런 운석이 백악기가 끝나는 6천5백만 년 전에 멕시코의 유카탄반도에 떨어져서 공룡을 멸종시켜 버렸다. 그러나 여러 생물학자는 현재 생물종이 사라지는 속도가 그런 대멸종에 비견할 정도이며, 규모 면에서 여섯 번째 대멸종이라 부르기에 충분하다고 말한다. 차이점은 물론 이번에는 바로 우리가 원인이라는 것이다.

다른 하나의 비유 또한 지질학적 기록에서 유래한 것으로, 특히 지질학적 시간 규모라는 개념에서 온 것이다. 여기서는 우리가 살고 있는 시대를 지칭하는 새로운 (그리고 아직은 비공식적인) 시대명인 '인간세Anthropocene'를 제창한다. 물론 공식적인 명칭은 여전히 '가장 근래의'라는 의미의 그리스어에서 온 '홀로세Holocene'로서, 마지막 빙하기가 끝나고 농경이 시작되며 문명이 시발한 시대를 포함한다. 그러나 인간이 지구에 끼치는 충격이 너무나도 커지고, 다른 무엇보다 대기 조성이 급격하게 변화하여 재앙을 불러일으킬 가능성이 커진 지금, 갈수록 많은 과학자들이 이 시대만의 명확한 특성을 인지하고 그에 맞춰 바꿔 불러야 한다고 동의하고 있다. '인간세를 받아들입시다. 인간이 행성 자체를 바꾸어 버린 시대입니다'라고 말이다.

이런 큰 규모의 개념은 상당히 매력적이다. 인간세나 6차 대멸종처럼 영향력 있는 이미지들은 이 행성의 심각한 상황을, 그리고 우리의 멸망으로 이어질 수 있는 일련의 과정을 있는 그대로 이해하는 일에 큰 도움을 준다. 이런 개념의 가치는 실로 엄청나다. 일상에서 사람들 입에 오르내리기 때문이다. 실제로 그 자체만으로 하나의 학술 산업을 제창할 정도다. 그러나 이런 개념은 환경 손실의 긴급성이나 수렴적 성질을 제대로 전달해주지 못한다. 모든 손실에는 고통이 뒤따르기 마련인데도 말이다. 에세이 주제로 전락한 손실은 그런 고통을 전달해줄 수 없다. 그 슬픔과 고약함을, 날카롭고 쓰디쓴 뒷맛을, 그 자체가 하나의 심각한 상처라는 사실을 알아차리지 못하게 된다. 따라서 환희에 이르는 여정을 시작하기에 앞서, 나는 다시 새로운 방식으로 손실을 조명해 보려 한다. 일반적이거나 거시적인 입장이 아니라, 특정한 사례를 짚어서 말이다. 내가 경험한 세 건의 손실을 예시로 들 생각인데, 그중 첫째는 내 소년 시절 디 강 하구의 경험에서 직접적으로 이어지는 것이다.

나일 무어스와 나는 바다로 튀어나온 곳에 서서 평야를 바라보고 있다. 트럭이 덜컹거리며 지나가는 이 황막한 평야는 최근까지만 해도 매일 조수에 휩쓸리는, 생명이 넘치는 하구 지역이었다. 도저히 제대로 셀 수 없을 정도로 많은 도요물떼새가 이곳에 머물곤 했다. 2만, 5만, 7만, 때로는 9만 마리의 붉은어깨도요가 이곳을 찾았다.

　"망원경으로 보면 갯벌에 검은 선이 그어진 것 같았지요." 나일은 이렇게 말한다. "그러다 밀물이 들어오면 그대로 날아올라서, 지평선에서 한 무리씩 해안선을 따라 날아드는 겁니다. 파도가 연속으로 밀려드는 것처럼요. 구름 같은 무리였죠."

　나는 이미 죽어 버린 하구를 바라본다. 누렇게 뜬 풀밭은 텅 빈 무도회장처럼 지평선까지 이어지다가 안개 속으로 사라진다. 그 엄청난 규모를 믿을 수 없을 정도다. 이제는 과거의 일이지만. 왼쪽과 오른쪽을 번갈아 둘러본다. 지평선으로 사라지기 전까지 같은 풍경이 이어진다. 나일이 입을 연다. "그래요. 디 강은 여기에 비하면 귀여운 편이죠?"

　개개비사촌 몇 마리가 풀숲에서 재잘대고, 왜가리 한 마리가 멀리 하늘을 선회할 뿐이다. 그게 전부다. 지구에서 가장 밀도가 높은 생태 환경 중 하나였던 이곳, 때로는 40만에서 50만 마리의 도요물떼새가 머물렀던 이곳에는, 여러 종류의 마도요, 민물도요, 붉은어깨도요, 큰뒷부리도요, 개꿩, 흰물떼새, 왕눈물떼새, 청다리도요사촌, 넓적부리도요들이 마치 꿈속처럼 하늘에 가득 퍼지던 이곳에는, 이제 이 정도밖에 남지 않았다. 단색의 단조로운 풀밭에서 달리 눈에 띄는 것이라곤 널려 있는 콘크리트 덩어리와 녹슨 철제 골조뿐이다. 멀리 지나가는 트럭이 먼지구름을 피워올린다. "이런 걸 뭐라고 부르는지 압니까? 죽음의 풍경입니다." 나일이 말한다.

한국의 새만금. 현재까지 벌어진 가장 큰 하구 지역의 파괴 사례다. 서울에서 남쪽으로 160킬로미터 떨어진 전라북도에 있는, 만경강과 동진강이 만나며 생긴 이중 하구 지역으로, 그 넓이가 디 강 하구의 3배에 이르는 4만 헥타르에 달했다. 그중 2만 9천 헥타르가 갯벌로, 연중 내내 수많은 도요물떼새가 찾아오는 한국에서 가장 중요한 도요물떼새 도래지였다. 아마 아시아 전체를 통틀어서도 그랬을 것이다. 놀라운 곳이었다. 조류 세계의 기적 같은 곳이었다. 이제 그곳은 거대하고 무의미한 토목 계획에 휩쓸려 숨이 끊어져 버렸다. 세상에서 가장 긴 방조제가 생태계 전체를 철저하게 파괴했다. 이곳에 서서 그 말로를 바라보며, 사건 전체를 직접 경험한 사람의 설명을 듣는 동안, 나는 마음속에 익숙지 않은 감정이 일어나는 것을 깨닫고 충격을 받았다. 그 감정은 바로 분노였다.

영국인 탐조가에서 아시아 환경운동가로 전업한 나일 무어스가 새만금의 진정한 풍요로움을 발견한 것은 1998년의 일이었다. 여러 한국 환경운동 단체의 의뢰로 한국의 습지와 해안에 서식하는 물새와 도요물떼새를 최초로 전수조사하던 와중이었다. 실제로 탐험이니 다를 바 없는 일이었는데, 과거 군사제한구역으로 묶여 있어 해안선의 상당 부분이 접근 불가능했었기 때문이다(남한은 공식적으로는 여전히 북한과 전쟁 중이다). 그는 농가에서 숙식하고 김치와 해초와 밥으로 끼니를 해결하며 전국을 돌아다녔고, 택시기사 한 명과 지역 환경운동가 한 명과 함께 기록되지 않은 물가를 더듬거리며 헤치고 들어갔다. 그리고 도요물떼새의 개체수 측면에서 국제적 중요성을 지니는 19개소를 기록에 남겼다. 그리고 새만금에서, 그는 엘도라도를 마주했다. "조류 개체수 자체가 어마어마하다는 사실이 금세 명백해졌지요. 하구의 북쪽에 있는 옥구 염습지에서 휴식처를 발견했는데, 정말이지 기적 같았습니다. 5만에서 10만 마리의 새들이 있었어요. 말 그대로 기적이었죠."

그러나 당시 새만금은 이미 위험에 처해 있었다. 한국 정부는 1980년대에 이미 서해안을 따라 이어지는 갯벌의 3분의 2를 간척해서 산업 및 농업용지로 전용하겠다는 계획을 발표했다. 그리고 1991년에는 새만금의 이중 하구가 가장 큰 개간 사업의 시행처로 지목되었다. 북쪽 끝에서 남쪽 끝에 이르는 20

마일 길이의 방조제를 세워서 조수를 차단하고, 그대로 목을 졸라버리겠다는 것이었다. 이 결정은 정부와 환경운동 단체 사이의 15년에 걸친 힘겨운 전쟁으로 이어졌다. 환경운동가들은 패배했고, 그 결과는 이 비견할 수 없는 생태환경을 현대 세계가 만든 가장 지독한 환경 반달리즘의 사례로 바꾸어 놓았다. 이런 끔찍한 상황에도 불구하고, 이 또한 황해를 둘러싸고 현재 진행 중인 훨씬 거대하고 처참한 비극의 일부일 뿐이다.

　세계는 아직 이쪽에 주목하지 않고 있지만, 이 끔찍한 21세기에도 자연환경의 파괴 측면에서 이에 비견할 수 있는 사례는 찾기 힘들 것이다. 동아시아의 지도를 살펴보면, 왼쪽에 중국, 오른쪽에 한반도가 자리 잡은 거대한 만과 비슷한 지형을 찾아볼 수 있을 것이다. 남북으로 600마일에 동서로 400마일이라는 광대한 넓이지만, 이곳은 한때 완만한 경사를 가진 평원이었고, 마지막 빙하기가 끝나며 해수면이 상승하여 바닷물에 뒤덮였다. 황해라 부르는 이유는 중국에서 두 번째로 긴 강인 황하에서 상당한 양의 황갈색 토사가 흘러들어 바다를 누렇게 만들기 때문이다. 해안의 완만한 경사와 흘러드는 토사의 양, 그리고 높은 조수간만의 차이가 결합되어, 황해는 생물학적 측면에서 상당히 독특한 가치를 지니는 곳이 되었으며, 최근에서야 그 사실이 사람들에게 인지되기 시작했다.

　그 말은 곧 해안선을 따라 유례를 찾아보기 힘들 정도로 길게 갯벌이 이어진다는 뜻이며, 실제로 썰물 때는 수 마일의 갯벌이 펼쳐지게 된다. 디 강 하구에서와 마찬가지로 이 검은 펄밭은 무척추동물의 개체수 측면에서 가장 풍요로운 환경에 속하며, 수없이 많은 연체동물과 해양 환형동물과 작은 게와 갑각류가 밀집해 있다. 도요물떼새들에게 이 환경은 가치를 헤아릴 수 없는, 생사가 걸린 중요성을 지니며, 실제로 황해 갯벌은 세계의 주요 철새 이동경로 중 하나에 위치한 가장 중요한 도요물떼새 휴식처로서 기능한다.

철새 이동경로 또한 상당히 최근에 생겨난 개념인데, 철새, 특히 도요물떼새가 매년 따뜻한 남쪽에서 겨울을 나고 벌레가 많은 극지방에서 여름에 번식할 때 왕복하는 경로를 뜻한다. 말 그대로 '열대지방에서 툰드라까지'다. 국제 조류 보호기구 협약단체인 버드라이프 인터내셔널은 그중 여덟 군데를 확인하고 경로를 지도로 펴냈는데, 마치 거대한 대중교통 환승 시스템처럼 두툼한 세로선 여덟 개가 지구 위에 그려져 있다. 예를 들어 디 강 하구는 동대서양 이동경로의 한복판에 있는데, 사하라 이남 아프리카에서 월동하고 봄이면 대서양 연안이나 지중해를 통과해서 유럽과 그 이북에서 번식하는 철새들이 이용하는 경로다.

황해 또한 철새 이동경로의 한복판에 있는데, 이 경우에는 동아시아/오스트랄라시아 이동경로라고 부른다. 단숨에 말하기 힘들어서 EAAF라고 줄여 부르기도 한다. 이 경로 또한 자연계의 경이 중 하나이며, 인류 역사보다 오래되었고, 기후 시스템만큼이나 거대하며, 인간은 이제야 겨우 이해하고 그 모습을 그려볼 수 있게 된 현상이다. 아시아의 동쪽 절반의 모든 이동성 도요물떼새가, 오스트레일리아와 뉴질랜드의 모든 이동성 도요물떼새들과 만나서, 어마어마하게 거대한 봄철의 하늘길을 따라 툰드라와 시베리아 해안까지 북상해서 번식을 하는 것이다. 중국 지도를 가운데 놓고 한번 상상해 보자. 왼쪽 아래와 오른쪽 아래에서 각각 올라오는 거대한 흐름이, 절반쯤 올라와서 한가운데에서 합류한 다음, 하나의 도도한 흐름을 이루어 세상 꼭대기까지 흘러가는 것이다. 이 이동경로에 참여하는 새들은 5천만 마리에 이를 것이라 추산되고 있다.

황해는 이렇게 두 개의 흐름이 만나는 곳이며, 따라서 전체 여정의 성패를 결정하는 중요한 곳이다. 조간대에 위치하는, 즉 썰물마다 갯벌이 드러나 새들이 먹이를 섭취하여 에너지를 회복할 수 있는 지형은 사실 세계적으로 상당히 드문 편이다. 그리고 갯벌이 밀집된 황해는 미얀마에서 월동한 도요물떼새와 뉴질랜드에서 월동한 도요물떼새 모두에게, 봄이 되어 시베리아로 번식하러 날아갈 때 중요한 역할을 한다. 양쪽 모두 5천 마일 이상을 이동해야 하므로 도중에 에너지를 재충전해야 하기 때문이다. 황해의 갯벌은 바로 그런 재충전이 일어나는 곳이다. 이동경로 자체의 균형을 유지해 주는 받침점인 셈이다. 가장 희귀한 종까지 포함한 5천만 마리의 도요물떼새가 이 지역에 온전히 의존하고 있다. 그리고 갯벌은 현재 엄청난 속도로 파괴되는 중이다.

간척은 계속 진행되고 있으며, 황해의 한국 쪽에 위치한 새만금은 그중 가장 악명 높은 사례일 것이다. 그러나 현재 벌어지는 사태는 황해와 훨씬 긴 해안선을 접하는 중국을 언급하지 않고는 제대로 이해할 수 없다. 현대 중국은 21세기에 상당한 영향을 남길 테지만, 그중 가장 중요한 것은 자연에 끼치는 심각한 수준의 위협이다. 자연 파괴 행위를 중화인민공화국만큼 쉴 없이 체계적으로 수행하는 국가는 세계에 달리 없으며, 이 글을 쓰는 시점에서는 미국을 제치고 세계에서 가장 큰 경제권으로 등극하기 직전에 이르러 있다(적어도 구매력 측면에서는 그렇다). 1978년 덩샤오핑의 정책을 시발점으로 하는 이런 기록적인 성장은 두 가지 놀라운 결과를 낳았다. 하나는 수억의 인민을 빈곤의 수렁에서 구제한 것이고, 다른 하나는 세계에서 유례가 없을 정도로 집약적인 환경 파괴, 오염, 공해를 폭발시킨 것이다. 상하이 같은 곳에서는 부와 오물이 공존하는 모습을 확인할 수 있다. 우아한 해안거리인 더 번드the Bund에 서서 황푸강 건너편 푸동 금융지구의 고층 스카이라인을 바라보고 있으면 처음 맨해튼을 마주했을 때와 흡사한 감정이 일어난다(적어도 나는 얼이 빠질 정도였다). 그러나 황푸강 물에 발을 적시고 싶은 사람은 별로 없을 것이다. 예를 들어 2013년 3월, 지역 당국은 1만 4천 마리 이상의 돼지 사체가 강물에 버려졌다는 사실을 발견했다. 상하이의 공기 또한 항상 들이쉬고 싶은 느낌은 아니다. 같은 해 12월에는 기록적인 대기오염 때문에 강 건너 푸동의 풍경이 스모그에 가려 보이지 않을 지경에 이르렀고, 일부 지역은 통행금지령을 내릴 수밖에 없었다.

현재의 중국 같은 폭발적인 고도성장은 역사상 유례를 찾아볼 수 없다. 그 규모를 머릿속으로 받아들이기조차 쉬운 일이 아니다. 21세기의 첫 사반세기 동안, 세계의 모든 신축 건물 중 절반은 중국에 세워질 예정이며, 그중 5만 건이 고층건물이며, 이는 뉴욕의 열 배 분량에 달한다. 마찬가지로 이를 위해 지불해야 하는 끔찍한 환경적 가치 또한 추산하기 힘든데, 외부 세계는 10년 전쯤에야 그 전모를 파악하기 시작했다(결정적이었던 순간은 이산화탄소 배출량에서 중국이 미국을 앞질러서 공식적으로 세계의 가장 큰 오염원으로 등극한 2007년이었을 것이다). 그러나 갈수록 문서 기록이 늘어나는 추세이기 때문에, 우리는 입이 떡 벌어지는 수치들을 마음 내키는 대로 골라볼 수 있다. 2006년에 중공업이 밀집한 광둥성과 푸젠성은 83조 톤의 미처리 폐수를 해양에 방류했는데, 이는 2001년에 비해 60퍼센트 증가한 양이다. 2020년이 되면 중국의 도심 폐기물 용적은 4억 톤에 이를 것이고, 이는 1997년에 전 세계가 배출한 양과 같다. 이런 사례를 열거하기 시작하면 끝이 없을 테지만, 가장 상징적인 것은 유명한 민물돌고래 '바이지白鱀豚'의 사례일 것이다. 진정한 자연의 보물로서 '양쯔강의 여신'이라고 불리던 동물이지만, 양쯔강의 지독하게 심각한 산업화와 오염 때문에 2006년에 이르러 바이지는 완전히 멸종했다.

그러나 우리의 주된 관심은 중국의 광폭한 성장이 중국의 환경에 끼치는 영향보다는, 국경 너머의 환경에 끼치는 영향 쪽에 있다. 중국은 현재 세계 최고의 원목 수입국이며, 동시에 세계 최고의 불법 벌채 원목 수입국이고, 따라서 '삼림 파괴 수출국'이기도 하다. 중국의 멈출 줄 모르는 원목 수요는 전 세계 열대우림 파괴의 원인이 되고 있다. 중국의 상아 수요, 특히 2008년에 국제 상아 경매에 참여가 허락된 이후의 수요는, 아프리카코끼리 밀렵이 다시 급상승한 요인으로 꼽는다. 천산갑은 고기와 껍질 모두 한약재로 쓰이기 때문에 8종 모두가 멸종위기종이 되었다. 호랑이뼈 또한 약재로 사용되기 때문에 전 세계의 생존해 있는 야생 호랑이를 위협하고 있으며, 상어 지느러미 수요가 대폭 증가하여 지속 불가능할 정도의 상어 개체수 감소를 유발했다(추정에 따르면 연간 7천3백만 마리의 상어가 상어지느러미 수프 때문에 목숨을 잃는다고 한다. 갈수록 늘어나는 중국 중산층이 부를 과시하기 위해 주문하는 요리이기 때문이다). 그러나 국경 너머에 가장 큰 영향을 끼치는 행위는 황해의 파괴일 것이다. 22개국의 이동성 도요물떼새가 들르는 필수적인 휴식처 말이다.

　중국의 거리낌 없는 성장 정책 때문에, 그리고 전 세계 인구
의 10분의 1에 해당하는 6억 명이 황해로 흘러드는 강 유역에
거주한다는 사실 때문에, 황해 해안선을 따라 늘어선 갯벌을 간
척하려는 압력은 피할 수 없는 것이 되었고, 실제로도 갈수록
빠르게 진행되는 중이다. 간척이야 언제나 하던 일 아니냐고 항
변할 수도 있겠지만, 국제자연보전연맹의 2012년 보고서에서
찾아볼 수 있듯이 이제는 간척의 속도와 규모가 문제가 된다.
1980년 이래로 중국은 전체 해안 습지(여기에는 맹그로브숲이나
해안 초지도 포함된다)의 51퍼센트 이상을 간척했으며, 한국은
(총량은 적지만) 60퍼센트를 간척했다. 이동경로를 따르는 도요
물떼새가 휴식하는 황해의 주요 갯벌만 놓고 따지면 이미 35퍼
센트가 사라졌으며, 나머지 또한 머지않아 간척될 것이다. 이제
는 황해의 주요 갯벌마다 그에 따르는 개발계획이 붙어 있으리
라 생각해도 이상하지 않을 것이다.

　세계적으로는 아직 그리 알려지지 않은 이런 상황을 환경론
자들은 현재 진행 중인 생물계의 대재앙으로 여기고 있으며, 실
제로 이미 그 효과가 나타나고 있다. 조류 개체수가 감소하기
시작했기 때문이다. 국제자연보전연맹IUCN 보고서는 '5종의
물새 개체수가 매년 9퍼센트씩 감소하고 있으며, 이는 지구상
에서 가장 빠르게 파괴되고 있는 생태계 중 하나라는 근거'라고

말한다. 보고서는 해당 철새 이동경로에 대해서 이렇게 언급한다. 'EAAF는 머지않은 미래에 생물종 절멸과 그와 연관된 필수적이고 귀중한 생태계 용역의 파괴를 경험하게 될 것이다.' 5천만 마리의 도요물떼새의 미래, 그리고 수천 명이 생계를 의지하는 어장의 운명이 경각에 처해 있는 것이다.

실낱같은 희망이 존재한다면, 아마도 너무 늦기 전에 세계에 이곳의 현실을 알리는 일일 것이다. 동아시아/오스트랄라시아 비행경로에는 홍보 대표종이 존재한다. 넓적부리도요는 매력적이며 동시에 매우 희귀한 새에 속한다. 이 작은 도요는 작은 숟가락처럼 생긴 독특한 부리를 가지고 있는데, 덕분에 살짝 코믹한 분위기와 더불어 퍼핀puffin처럼 사랑스러운 느낌도 준다. 적갈색 번식깃 또한 눈에 띄게 아름답다. 동시에 넓적부리도요는 그 희귀성 때문에 많은 탐조가들의 관찰 희망종 목록 최상단에 올라 있는 새다(나일 무어스의 경우에는 분명 그랬고, 그가 아시아로 건너온 이유 중 하나이기도 했다). 넓적부리도요는 시베리아에서도 북동부 최상단에 있는 추코츠키 자치구에서만 번식하며, 겨울에는 5천 마일을 날아서 미얀마와 방글라데시 해안에서 월동한다. 따라서 이동경로의 다른 새들처럼 황해의 휴식처에 의존한다. 원래부터 그리 많은 새는 아니었지만, 21세기가 시작될 무렵에는 그 개체수가 파멸적으로 감소하고 있다는 사실이 확인되었다. 2008년에는 개체수가 200쌍 이하에 매년 26퍼센트씩 감소하는 것으로 추산되었으며, 따라서 절멸위급종Critically Endangered으로 등록되었다.

'넓부도'들의 멸종은 피할 수 없는 일로 여겨지게 되었지만, 어느 국제 조류학자 집단은 이들을 구하기 위한 필사적인 마지막 시도에 나섰다. 기존의 번식 장소에서 지구 반 바퀴 떨어진 곳, 즉 잉글랜드 남부 슬림브리지에서 포획 번식으로 개체군을 확보한다는 것이었다. 이곳 습지대는 화가이자 박물학자인 피터 스콧 경이 설립한 곳으로, 멸종 위기 물새종의 보존 번식 분야에서는 가장 경험이 많은 곳이다. 계획은 충직하게 실행에 옮겨졌다. 2011년에 추코츠키의 야생에서 채집된 알이 현지 포란기에서 부화되었고, 병아리들은 온갖 어려움을 무릅쓰고 무사히 글로스터셔로 운반되었다. 모험과 희망과 일정 정도의 논란(모든 이들이 포획 번식 계획에 찬성하는 것은 아니다)이 존재하는 훌륭한 야생동물 이야기며, 매력적이고 사진 잘 받는 최적의 주인공까지 보유하고 있으므로, 나를 비롯한 수많은 환경 분야 저널리스트들이 여기에 대해 글을 썼다. BBC에서도 수도 없이 보도했다.* 그러나 그 배경을 연구하던 나는 더 큰 그림을 볼 수 있게 되었고, 황해의 갯벌이 파괴됨에 따라 그에 의존하는 수천만 마리 철새들의 운명이 경각에 처해 있음을 깨닫게 되었다. 그리고 대규모 간척사업 중에서도 유례를 찾기 힘든 사례, 즉 새만금이라는 장소에 도달하기에 이르렀다.

그때까지는 그 장소의 이름조차 들어본 적이 없었다. 새만금을 구하려는 기나긴 투쟁 또한 내 귀에 들어온 적이 없었다. 그러나 그 이야기를 읽으면 읽을수록, 나는 자연계에 엄청난 피해를 입힌 거대한 방조제 이야기에 계속해서 사로잡혔다. 구글지도에서 그곳을 찾아서 위성 사진 항목을 누르면 갑자기 눈앞에 등장한다. 우주에서도 보이는 거대한 둑, 밝고 하얗고 가느다란 콘크리트 리본이 바다를 가로막고 있고, 그 뒤편으로는 죽어가는 하구의 말라버린 갯벌이 펼쳐져 있다. 더 이상 밀물에 휩쓸리지도 않고, 더 이상 조개와 수백만 마리의 다른 무척추동물이 번성하지도 못하고, 셀 수도 없는 도요물떼새들이 자연의 함성을 지르지도 못하는 곳이다. 다름 아닌 그 규모가 무엇보다 놀라웠다. 입힌 피해에서는 유례를 찾을 수 없을 정도였다. 그러나 다른 무엇보다도, 그곳은 내가 언젠가 더 강 하구가 맞이하리라 두려워했던 바로 그 형상을 하고 있었다.

---

* 이후 영국의 넓적부리도요 보존 번식 계획은 일진일퇴를 거듭했는데, 시설에서 부화한 넓적부리도요 성체 두 마리를 추코츠키에서 방사하는 등의 성과를 보였으나 2021년에는 진균류 감염으로 번식연령 개체군의 폐사가 일어나기도 했다. 그러나 우크라이나-러시아 전쟁이 발발하자 프로젝트는 무기한 답보 상태에 빠져들었다. 프로젝트의 반대쪽 축을 담당하는 모스크바동물원 및 러시아조류협회와의 협력이 난항에 빠졌기 때문이다. 안정적인 번식이 이루어지지 못하는 상황에서 추가 개체가 공급되지 못한다면, 프로젝트 전체가 실패로 끝날 가능성이 커졌다.

내가 운이 좋았다는 사실은 잘 알고 있다. 어린 시절 나는 인생의 가장 큰 축복이라 할 수 있는 장소와 사랑에 빠졌다. 그것만으로도 행복한 가정에 태어나는 것과 비견할 수 있을 정도로 행운의 연속이었다. 나는 그로 인해 충만한 삶과 전진할 수 있는 목적의식을 얻었다. 그 이후로 내 삶은 단순히 평탄하거나 지루하거나 무의미한 것이 될 수 없었다. 그 장소가 어디든, 사랑의 대상이 되는 자연물이 무엇이든, 이런 경험은 어린 시절부터 아름다움을, 고결한 가치를, 그리고 환희를 접하게 해 준다. 나는 열다섯 살에 근처 야생의 땅에서 그런 경험을 누렸다.

세상이 절멸전쟁을 코앞에 두고, 미소 띤 나이 지긋한 교황이 성당의 빗장을 내리고, 비틀즈가 아찔한 급상승을 시작한 1962년 10월의 햇살 속에서 그곳을 사랑하게 된 후로, 나는 그곳에 진심을 바쳤다. 친척을 사랑하듯, 이를테면 십대에 처음 만났는데 알고 보니 상당히 친절하고 지적이고 따스하고 현명한 삼촌을 사랑하듯 사랑했다. 갑작스레 내 인생 한쪽에 예기치 못한 축복받은 존재가 덧붙은 꼴이었다. 나는 그 삼촌의 방문을 열심히도 두드렸다. 사춘기 내내 수도 없이 디 강 하구와 그곳의 길들지 않은 습지로, 언제나 홀로 나서곤 했다. 다른 이들과 공유하기에는 너무 내밀한 감정이었으니까. 그곳 야생의 자연은 물론 모두에게 공개되어 있었지만, 당시 나는 거의 비밀처럼 여겼던 듯하다. 어쩌면 내가 생각한 비밀이란 그곳이 내게 일으킨 감정의 속성이었을지도 모르겠다. 그런 부류의 감정은 머나먼 땅의 극적인 풍경 앞에서나 일어나리라 생각하기 마련인데, 나는 교외의 우리 집에서 자전거로 도착할 수 있는 곳에서 그것을 느꼈기 때문이다.

이 지면에서 나는 야생이 가지는 의미를 깊이 이해했던 19세기 미국인들을 인용하여 이런 감정을 표현하려 시도했다. 다만 그 과정에서 시간축을 조금 비틀기는 했는데, 내가 소로와 그 후계자들의 글을 읽게 된 것은 한참 후의 일이었기 때문이다. 그러나 디 강 하구에 대한 나의 깊은 애착이 시작되고 얼마 지나지 않아서, 나는 그 장소의 의미를 자신의 방식으로 표현할 방법을 찾아냈다. 빅토리아시대 예수회 성직자였으며 사후 30년이 지나서야 시문이 발표된 제러드 맨리 홉킨스의 글을 읽다가 일어난 일이었다. 홉킨스의 글은 고통받는 우리 어머니에게 일말의 안식을 제공했으며, 홉킨스 본인 또한 자연계에 흘러넘치는 환희와 신을 대면할 때 느끼는 죄책감 사이에서 고통받던 이였다(아마도 인정하지 않은 동성애 성향 때문이었을 것이다). 나는 그의 모든 글을, 특히 「봄과 가을」, 「황조롱이」, 「얼룩무늬의 아름다움」처럼 유명한 시를 사랑했지만, 시집에서 빠져나와 내 마음으로 날아들고, 이후로 내 의식의 전면에 언제나 아로새겨지게 된 시는, 어쩌다 마주한 덜 유명한 4행시 한 편이었다.

습지와 야생이 사라진 세상은

과연 어떤 곳이 될까? 있으라 하라

그곳에 있으라 하라, 습지와 야생을

들풀과 길들지 않은 땅이여 그곳에 영원히 있으라 하라

나는 이렇게 디 강을 노래했다. 그곳에 있으라 하라…… 당시 나는 습지와 야생이 계속 있으리라 믿어 의심치 않았다. 젊은 시절을 결정짓는 경험이란 흔히 마음속에서 반쯤 신화적인 지위를 차지하고 평생을 함께하기 마련이며, 따라서 그 모두를 일으킨 장소와 상황이 비슷하게 유지되리라 가정하는 것도 당연한 일이었다. 그러나 세월이 흐르며 그런 확신도 사그라들었고, 나는 사랑하는 습지의 미래를 걱정하기 시작했다. 그곳이 파괴될까 두려워하게 되었다.

이유는 두 가지였다. 하나는 그곳을 파괴하려는 건설안이 등장했기 때문이었다. 1971년에 디 강 하구둑 및 저수지 건설 계획의 전면 검토가 시작되었는데, 디 강 하구를 두 개의 거대한 인공 호수로 바꾸고, 그 하구둑 위에 머지사이드에서 웨일스 북부에 이르는 신규 고속도로를 건설하는 계획이었다. 토목기사들이 영국 전역의 강 하구에 하구둑을 쌓아서 개간하는 일에 열광하던 시대였다. 가장 규모가 큰 몇몇 구역이 그들의 눈에 들어왔고, 그중에는 모어컴, 더 워시, 더 세번*도 포함되어 있었다. 이어지는 몇 해 동안 다양한 디 강 하구둑 설계가 제안되었는데, 그 모두가 그곳 사람의 손길이 닿지 않은 야생을, 염습지와 바람에 실려오는 도요의 울음소리를 사라지게 만들 것이었다. 모두 끝장날 것이었다. 저수지로 바뀔 것이다. 아니면 농장이나. 아니면 주택가나. 아니면 공장 부지나. 충분히 일어날 만한 일이었다. 안 될 이유가 있을까? 내가 초조함을 느낀 또 하나의 이유는 문득 찾아온 깨달음 때문이었다. 기본적으로 아무도 하구에 대해서는 신경 쓰지 않는다는 것이다. 나는 변칙적인 대상과 사랑에 빠져 버렸다. 대부분의 사람은 강어귀를 어느 쪽에도 속하지 않은 땅으로 본다. 자연의 풍경 중에도 인기가 없는 쪽이고, 대중문화에는 아예 등장조차 하지 않는다.

그렇게 생각하지 않는가?

그러니까, 강어귀에 대한 노래가 있는가? 산맥과 강과 바다를, 숲과 들판과 호수를 노래한 경우는 수도 없이 많다. 그러나

---

* 모어컴 만Morecambe Bay은 레이크디스트릭트 국립공원 남쪽에 위치한 영국 최대 규모의 갯벌 지역이다. 더 워시The Wash는 링컨셔와 노퍽 지역에서 북해로 흘러들어가는 여러 강이 합류하여 만들어진 하구 지대로, 유럽에서 가장 중요한 보존지역 중 하나다. 세번 하구The Severn는 세번 강이 브리스톨 해협으로 흘러들어가는 하구로, 현재는 조력 에너지 생산시설 건설을 둘러싸고 새로운 논쟁에 휩싸여 있다.

강어귀는? 전혀 없다. 우리 강어귀로 내려가요, 근심 걱정을 뒤로 하고. 아니, 없다. 강 하구 지역을 입에 담는 사람은 아무도 없다. 그곳이 사라져도 그 누구도 비가悲歌를 읊어주지 않을 것이다. 그저 이쪽에도 저쪽에도 속하지 않는 사이 공간between-areas으로 여겨지고, 그곳의 매력은 감추어져 있기 때문이다. 본능적으로 깎아내리는 풍경이다.

그래서 내 인생의 상당 기간 동안, 나는 십대 시절 사랑에 빠진 그 풍경이 시한부 신세라는, 그렇게 특별한 곳이 사라지고 말 것이라는, 언젠가는 사람들이 강어귀에 재갈을 물리듯 하구둑을 세우고 그대로 끝장날 것이라는 생각에 계속 괴로워했다. 예를 들어 1991년에 내 아내 조를 처음으로 디 강 하구로 데려갔을 때, 나는 서스타스턴 힐 정상의 사암 봉우리에서 그곳을 조망하며, 아직 그곳을 보여줄 수 있어 놀랍다고 말했다. 따라서 내가 그 옛날 우연히 발을 들였던 바로 그 야생의 장소가 여전히 남아 있다는 사실은, 내게 상당한 만족감을 안겨준다. 부분적으로는 실제로 하구둑 계획이 실현되지 않았기 때문이며, 부분적으로는 웨일스 북부로 통하는 고속도로가 한참 남쪽에 건설되었기 때문이고, 부분적으로는 왕립조류보호협회가 하구의 상당 부분을 매입해서 보호했기 때문이며, 부분적으로는 유럽연합의 환경법이라는 든든한 법적 보호가 등장했기 때문이다. 파크게이트 프롬나드로 이어지는 길모퉁이를 돌아서 강어귀가 펼쳐진 것을 볼 때마다 내 마음은 날아오르는 듯하다. 그 수많은 저수지와 도로 계획, 내 마음을 옭죄던 온갖 공포에도 불구하고, 디 강 하구는 50년이 흐른 후에도 그대로 살아남아 있는 것이다.

그러나 새만금은 그렇지 않다. 새만금은 사라졌다. 생명의 불이 꺼졌다. 문지르듯 지워졌다. 그 모든 생명이. 그 사실이 나를 괴롭게 한다. 나는 마법에 홀린 듯이 구글지도로, 그 위성사진으로 돌아가곤 한다. 너무도 간단해 보였다. 가느다란 흰색 선 하나가 바다를 가로질러 한쪽 점에서 반대쪽 점으로 이어져 있는 것이다. 저 선 하나가 그토록 끔찍한 파괴를 일으키다니. 신께서 돕지 않으셨다면 디 강의 모습 또한 저랬을 것이다.

그런데도 아무도 신경 쓰지 않는다.

끝났는데도.

망가졌는데도.

영원히 사라졌는데도.

고작 강어귀일 뿐이니까.

강어귀에 비가를 바치는 사람이 있을까?

그 생각을 3년 동안 계속하고, 영국에서 새만금을 알고 그곳을 방문한 사람들을 찾아다니고, 그들의 이야기를 계속 들어온 끝에, 나는 마침내 그곳을 직접 찾아가기로 마음먹었다. 바로 그 때문에 나는 2014년 4월 초에 나일 무어스와 함께 이제 수로로 변한 두 강, 만경강과 동진강 사이에 있는 작은 마을인 심포의 부둣가에 서서, 도저히 믿을 수 없는 죽음의 풍경을 바라보게 되었다.

나일 무어스는 50세로, 단단한 체격이었다. 그는 10년 전 창립한 〈새와 생명의 터Birds Korea〉라는 단체를 운영하며, 한국어와 영어로 된 홈페이지를 제공한다. 그는 한국어를 능숙하게 구사한다. 그의 반려자 또한 한국인 여성이다. 그 자신도 거의 한국인으로 변하고 있는 듯하지만, 온전히 그렇지는 못하다. 그의 본질은 여전히 영국인 탐조가다(그의 형제인 찰리 또한 영국에서 조류보호가로 활동하고 있다). 디 강에서 리버풀 반대편에 위치한 사우스포트에서 어린 시절을 보냈으며, 디 강 또한 알고 있고, 어린 시절부터 새들에 열정을 불태운 사람이었다. 그의 첫 기억 중에는 다섯 살 때 들었던 분홍발기러기 울음소리가 있다. 밤이 찾아오자 사우스포트 배후의 습지대에서 날아올라 리블 강 하구로 쉬러 가는 기러기들의 소리였다.("처음에는 천사들의 나팔 소리인 줄 알았지요.") 그는 1998년에 일본을 경유하여 한국에 도착했다. 그는 일본에 8년을 머무는 동안, 강사 일을 그만두고 전업 환경운동가로 변신했다. 일본어를 배우고 그곳 환경운동가들이 위협받는 일본 습지대를 구하려 발버둥치는 상황에 깊이 개입했다. 이내 한국 환경운동가들이 그의 탐조 실력으로 전수조사를 도와달라고 그를 초청했고, 새만금의 경이가 그 과정에서 드러났다. 그리고 그는 한국에 머물렀다.*

그는 새만금 하구를 구하려 애썼던 싸움의 역사를, 단호했지만 힘겨웠던 전쟁을 알려주었다. 기나긴 법정 투쟁과 수많은 시위가 이어졌고, 그중 가장 감동적인 것은 2003년의 삼보일배 시위였다. 삼보일배란 '세 걸음에 절 한 번'이라는 뜻으로, 당시 시위에 참여했던 사람들이 세 걸음을 옮길 때마다 머리와 팔꿈치가 땅에 닿도록 절을 한 다음, 다시 일어나는 일을 반복했기 때문에 붙은 이름이었다. 정신적으로만이 아니라 육체적으로도 지극히 힘든 일이지만, 하구가 파괴되면 죽음을 맞이할 수많은 생명에 대한 공감을 표하기 위해서, 2003년 봄에 두 명의 불교 승려와 두 명의 그리스도교 목사가 새만금에서 서울에 이르는 삼보일배의 시위를 이끌었다. 비바람을 무릅쓰며 장장 65일이 걸렸고, 수도에서는 8천 명의 사람들이 그들을 맞이했다. 그러나 이조차도 충분치 않았다. 2006년 4월에 방조제의 마지막 구역이 닫혔고, 하구의 운명도 봉인되었다. 그날 방조제 위에는

---

* 나일 무어스 박사는 예순에 이른 나이에도 여전히 한국의 조류 보호를 위해 왕성한 활동을 이어가고 있다. 2002년에는 군산 어청도를 국제조류보호협회에 소개해 현재 최고의 봄 섬 탐조지로 알려지게 되는 결정적인 역할을 했고, 2014년에는 생물다양성협약 총회에 한국 조류 현황 총서를 제출하기도 했다. 한국의 탐조가라면 누구나 봄가을에는 백령도에서 마라도까지, 겨울에는 고성 먼바다에서 해남 땅끝을 오가는 그의 여정에 익숙할 것이라 생각한다.

시위대가 몰려들었지만, 나일은 다른 곳으로 탐조하러 갔다. 그 광경을 지켜볼 수 없었기 때문이다.

그는 제2의 모국이 된 나라에 대한 사랑과, 그 나라가 자연계에 저지르는 만행 사이에서 오갈 데를 잃은 사람이다. 한국은 이미 갯벌의 4분의 3을 파괴했으며, 이제는 간척 그 자체를 위해서 실익 없는 공사를 계속하고 있다고 그는 말한다. "정말 슬픈 일이죠. 나는 한국을 사랑합니다. 한국의 일부가 되고 싶어요. 하지만 이건…… 이건 재앙입니다. 상상조차 힘들 정도로 어마어마한 규모예요. 이곳을 수백 번은 봤는데도, 아직도 도저히 이해할 수가 없습니다." 나도 그의 말에 동의한다. 내가 한국에서 받은 인상은 불쾌한 쪽에 가까웠다. 내가 만난 한국인들은 좋은 사람들이었고, 독특한 매운 음식도 마음에 들었지만, 이 나라는 경제 발전에 영혼이 팔려 스스로의 아름다움을 급속도로 파괴하고 있었다. 작은 중국과도 같았다. 이들도 중국처럼 국민을 빈곤에서 구해내는 데 성공했다. 1960년에는 국민소득이 100달러에도 못 미쳐서 일부 사하라 이남 아프리카 국가들과 동급이었으나, 50년 후에는 3만 3천 달러에 이르렀고, 세계 12번째의 경제 규모를 가지게 되었다. 그러나 중국과 마찬가지로, 그에 따르는 환경의 대가는 끔찍할 정도로 어마어마했다. 내가 가장 충격을 받은 부분은 건설의 광풍이었다. 이 나라는 강박적으로 온갖 것들을 건설하고 있었다. 사회기간시설을 계속 겹쳐 건설하고, 전국을 아우르는 고속도로 시스템이 오랫동안 존재해 왔는데도 필요치 않은 새 도로를 계속 만들어내고, 사방에 새 다리와 댐과 산업단지와 항구를 지어대고, 사무용 건물을 계속해서 찍어낸다. 심지어 그것조차 부족한지, 이미 존재하는 시설을 철거한 다음 새로 짓기까지 한다. 오래된 건물은 거의 찾아보기조차 힘들었다. 내가 목격한 건물들은, 심지어 관광명소까지도 복제품이었다. 역사풍광지구라는 곳마저도 10년 전에 건설한 곳이었다. 내가 서울에서 만난 한 영국인은 이렇게 말했다. "강이 흐르고 그 옆에 사람들이 산보를 즐길 만한 풀밭이 펼쳐져 있으면, 한국인들은 그걸 그대로 두고 보지 못합니다. 그걸 개발해서 생태공원으로 만들어 버리죠. 그게 한국인의 방식입니다." 나는 한국인의 건설 집착증이 땅을 망치는 단계에 이르렀다고 생각한다. 애초에 그리 넓지 않은 땅에 끝없는 타격이 이어지는데 상처가 보이지 않을 리 없다. 나는 한국에서 고작 일주일을 보내고 수백 마일을 이동했을 뿐이니, 분명 그 나라의 많은 부분을 놓치기는 했을 것이다. 그러나 나는 한국을 여행하는 동안 훼손되지 않았다고 말할 수 있는 풍경을 단 한 번도 본 적이 없다.

그 모든 것의 상징이 새만금이다. 경제 성장에만 매몰되면 빠르든 늦든 결국에는 바로 이런 모습의 죽음의 풍경에 도달하는 것이다. 여러 군데에서 여러 각도로 살펴보는 동안에도 경탄은 조금도 줄어들지 않았다. 건설의 규모가, 상실의 규모가, 나일이 내게 알려주는 생생한 역사가, 그리고 간척을 끝내고 8년이 지났는데도 4만 헥타르에 달하는 간척지를 여전히 사용하지 않고 있다는 사실이 경탄을 이끌어낸다. 그곳은 그저 잡초가 무성한 갈색의 평야일 뿐이다. 산업시설도, 농경지도, 주택지도 아니다. 아무것도 없다. 이 대규모 건설사업이 그토록 필수적인 것이었다면, 대체 왜 당국자들은 8년이 흐른 후까지도 어디에 쓸지 결정하지 못하고 있는 것일까? 그저 개발을 위한 개발로밖에는 보이지 않는다. 이 모든 상황의 중심인 과시하는 듯한 인공물을 보고 나니 그런 느낌은 한층 강해졌다.*

새만금 방조제가 무시무시한 규모라는 점에는 재론의 여지가 없다. 그 거대함이야말로 무시할 수 없는 가장 기초적인 속성이라 할 것이다. 그래, 아주 컸다. 한쪽 끝에서 반대쪽 끝까지 쉬지 않고 자동차로 달려가는 데만도 30분이 걸렸다. 한쪽에는 황해를, 반대쪽에는 이제 죽음의 풍경이 되어 버린 훌륭한 하구가 있던 장소의 사이로 말이다. 시작 지점에서는 끝이 보이지도 않는다. 그러나 그 모습을 지켜볼수록, 나는 지금껏 토목공학

---

* 잼버리 참사와 영화 〈수라〉의 개봉으로 새만금의 만행이 다시금 화두에 오른 이후로도, 지역 부동산과 개발을 둘러싼 이권이 얽힌 새만금 논쟁은 결국 추가 매립과 민간자본 유치를 통한 개발 가속화로 방향을 잡고 있다.

건축물에서 느껴본 적이 없는 독특한 특성을 느끼게 되었다. 여기에는 거짓이 스며들어 있었다.

우선 이곳에는 허세가 섞여 있다. 33킬로미터나 이어져서 우주에서도 보이는 건조물이라는 것은 사실이지만, 그게 전부가 아니다. 일부러 500미터를 늘여서, 네덜란드의 자위더르해 간조대를 담수호인 에이설메이르 호수로 바꾸는 아프슬라위트다이크보다 더 길어지도록, 따라서 기네스북에 가장 긴 방조제로 등록될 수 있도록 만들기까지 했다.(분명 이곳의 건축에 얼마만큼의 콘크리트가 사용되었는지를 자랑하는 보도자료도 존재할 테지만, 나는 찾아내지 못했다) 이곳의 개발 자체가 필요가 아니라 허영 때문에 이루어진 것처럼 보인다. 우리는 이런 것도 할 수 있다고! 지구에서 가장 긴 방조제! 그러나 그보다 더 끔찍한, 한층 혐오스러운 것은 그곳을 치장하고 있는 수많은 거짓말이었다. 방조제를 따라 서 있는 간판들은 가짜 열정을, 싸구려 유쾌함을 풍긴다. 교통 표지판이 시작이었다. 엄격한 안전 경고와 아시아풍 민담 속 지혜를 뒤섞어 놓은 것처럼 보였다.

도로 위 정차 금지

낚시 금지

새만금, 백 년의 행복

그리고 그를 뒷받침하듯 큼지막한 도로 광고판이 지독하게 공허한 슬로건을 담은 채로 길가에 줄지어 있었다.

새만금, 희망의 땅

새만금 — 미래의 꿈

I ♥ 새만금

그중 가장 치가 떨리는 것은 종종 보이는 이 사업을 '녹색'으로, 환경적인 의미에서의 녹색으로 치장하려는 시도였다. 콘크리트 주차장에 '돌고래쉼터'나 '해넘이쉼터' 같은 이름을 붙이는 것에서 시작해서, 만면에 미소를 띤 매력적인 젊은 가족이 '녹색 새만금'을 동경하듯 바라보는 홍보용 포스터에, 그 안에는 수로와 주택지구가 있고 도요물떼새와 어렴풋이 비슷하게 생겼으나 알아볼 수 없는 생물들이 날아다니는 모습 말이다.

도요물떼새 생태 환경에 역사상 유례를 찾아볼 수 없는 피해를 입힌 토목사업을 이런 식으로 포장한 것이다. 명확한 목적도 없이 경이로운 하구 생태계를 파괴해 버린 자기도취적 토목사업을 이런 식으로 포장한 것이다.

이런 홍보물을 만든 작자들이야말로 도덕적 나침반의 상당 부분을 상실한 이들일 것이다.

가장 저열한 부류의 홍보 활동이었다.

구역질이 날 정도로.

나일은 방조제가 숨통이 끊어지기 전 이곳의 조류 생태가 어땠는지 내게 보여주기를 원했다. 새만금의 비가를 쓰려면 적어도 무엇을 상실했는지 개인적으로 감을 잡아야 할 테니 말이다.

그는 나를 데리고 북쪽의 다음 강어귀, 금강 하구로 이동했다. 남측의 갯벌은 군산항의 확장에 삼켜져 버렸지만, 하구의 북측은 행정구역이 달라서 서천군에 속해 있다. 이쪽의 남은 갯벌은 환경친화적 정책을 펴는 서천군수 나소열 씨가 그때까지 지켜 왔지만, 남은 갯벌의 간척계획이 계속 제기되어 왔다. 그곳에 이르는 동안, 우리는 하구 쪽으로 직진하듯 뚫린 도로를 여럿 목격할 수 있었다. 마치 개발업자들이 자기네 공사를 마무리지어, 갯벌 간척이 제공할 개발의 노다지를 한몫 건질 순간만을 기다리는 듯한 모습이었다.

나일은 내게 하구의 외곽 지역인 장구만에 밀물이 밀려드는 모습을 보여주었다. 작은 콘크리트 부두에 연안 어선이 접항하여 꼬막처럼 보이는 짐을 잔뜩 부려 놓는 곳이었는데, 만 전체를 조망하기에 완벽한 관측소 역할을 해 주었다. 우리가 가장 먼저 본 새 중에는 알락꼬리마도요가 있었다. 세계에서 가장 큰 도요물떼새로, 사촌인 마도요보다도 긴 부리를 가진 새다. 디 강 하구에서 구슬픈 노래를 부르던 마도요들도 이곳에서 여럿 찾아볼 수 있었다.

우리는 알락꼬리마도요가 검은 펄밭에서 잽싸게 게를 잡는 모습을, 한쪽 다리들을 떼어내고 부리로 던져 반대 방향으로 문 다음, 반대쪽 다리들까지 떼어내고 꿀꺽 삼키는 모습을 지켜보았다. 나일의 말에 따르면 알락꼬리마도요는 러시아 극지방에서 번식하고 오스트레일리아에서 월동하며, 세계적으로 겨우 41,000마리만 남아서 IUCN 멸종위기종 분류로는 취약종Vulner-able에 속한다고 한다. 지금 한국의 갯벌에서 번식하거나 휴식하는 새들 중에서는 8종이 멸종우려종으로, 그중 검은머리갈매기와 고대갈매기, 노랑부리백로와 붉은어깨도요는 취약종으로 분류된다. 저어새와 청다리도요사촌은 멸종위기종Endangered이다. 그리고 넓적부리도요는 절멸위급종Critically Endangered이다. 이들의 생존은 지금 이 순간에도 빠르게 파괴되고 있는 황해의 갯벌에 달려 있다. "순식간에 멸종으로 치닫고 있는 한 무리의 생물종이 있는데, 아무도 관심을 가지지 않습니다."

바닷물이 먼 쪽의 갯벌을 뒤덮는 동안, 도요물떼새들은 계속해서 장구만 안쪽으로 날아들었다. 일렁이는 구름처럼 보이는 새들의 무리가 밀물의 끝을 따라 내려앉았다. 집계 전문가인 나일은 그곳에 13,000마리 이상의 새들이 있다는 결론을 내렸다. 개꿩이 500마리, 붉은어깨도요가 2,000마리, 알락꼬리마도요가 2,500마리, 민물도요가 3,000마리, 큰뒷부리도요가 5,000마리 이상이었다. 큰뒷부리도요는 오스트레일리아와 뉴질랜드에서 출발하여 시베리아에 이르는 여정에서 이곳에 막 도착한 참이었다. 도요물떼새들은 야생의 유혹이자 수수께끼다. 펄밭이 우리에게 주는 선물이다. 앞으로 얼마 버티지 못할 펄밭이 말이다. 경각에 처한 도요물떼새의 운명을 생각하면서도, 한때 생동하던 새만금이, 도요물떼새의 성지가 품었던 것의 몇 분의 일도 안 되는 수많은 새를 바라보면서도, 나는 기쁨을 느꼈다. 새만금의 죽음을 애도하면서. 부디 그 기억이 영원하기를.

우리는 햇살 속에서 초조하게 모여들었다 흩어지기를 반복하는 새들을 한 시간이 넘도록 바라보고 있었다. 이윽고 물때가 바뀌고, 새들은 다시 수많은 속삭임을 울리며 날아올라 하구 바깥쪽의 먹이터로 향했다. 그리고 그 소리 속에서, 나는 우렁차게 울리는 금속성 소음 하나를 알아들을 수 있었다. 근처 어디선가 공사장에서 항타기가 말뚝을 박아 넣는 소리였다. 어쩌면 도로 공사장일지도 모른다. 금강 하구와 그곳의 갯벌로 향하는, 개발 허가가 떨어지기만을 기다리며 반쯤 완성된 도로를 착공하는 소리일지도 모른다. 그리고 나는 이내 다른 소리 하나를 알아들었다. 마도요 한 마리가 공사장 소음과 함께 구슬픈 봄철 노래를 부르고 있었다. 반 세기 전에 내가 디 강 하구에서 사랑하게 되었던 바로 그 노래를 말이다.

> 안녕하신가, 재잘거리는 일족이여
> 그 벌린 부리 속에는
> 비애를 품고서……

내 귓가에서 하나로 합쳐진 두 소리는 마치 새만금의 비극을 한데 응축한 것처럼 들렸다. 자연계의 가장 경이로운 생명의 터전조차도 개발에, 막을 수 없는 광폭한 성장 논리에 깔아뭉개지는 중이며, 인간의 산업은 도저히 통제할 수 없는 규모에 이르렀다는 사실 말이다. 이곳은 마도요가 부르는 봄의 구슬픈 노래에, 종말을 알리며 땅을 두드리는 해머의 소음이 반주를 맞추는 곳이었다.*

---

* 서천 갯벌은 2021년에 신안 갯벌, 고창 갯벌, 순천만 갯벌과 함께 '한국의 갯벌' 유네스코 세계자연유산으로 등록되어 보전의 희망을 이어갈 수 있게 되었다. 다만 이번 자연유산 등록이 2025년까지 9개 갯벌 지역의 추가등록을 전제로 한 임시등록이며, 넓은 갯벌을 보유한 경기도 및 인천에서 등록을 적극 거부하고 있음을 고려할 때, 불안 요소는 여전히 남아 있는 상황이다.

4

생물량 격감

그렇게 한국은 거의 상상조차 힘들 정도로 풍요로운 도요물떼새들의 하구 환경인 새만금을 파괴했다. 중국은 양쯔강의 보물이자 여신이었던 양쯔강돌고래 '바이지'를 잃었다. 자연계를 뉘우침 없이 더럽히고 훼손함으로써…… 그러나 나의 조국인 영국도 그리 나을 바 없다. 내 생애 동안 영국은 야생 동식물의 절반을 쓸어내 버렸기 때문이다.

상당히 대단한 역사적 사건인데도, 이제야 환경보전 전문가들이 간신히 인식하기 시작했을 뿐, 대중의 의식에는 전혀 파고들지 못했다는 점에서 독특하다 할 수 있다. 사람들이 생각하는 지난 반세기 동안의 영국이란, 제국을 잃었으나 그 반대급부로 더 부유해지고, 다문화 국가로 변하고, 더 포용적이며 계급에 덜 얽매이게 된 국가일 것이다. 그러나 그 비교적 짧은 기간 동안에 생물의 절반을 소멸시킨 국가라는 사실을 즉각적으로 떠올리는 사람은 없을 것이다. 뭐? 절반이라고? 그게 말이 돼? 그러나 사실이다. 문제는 그 사실을 너무 최근에 이르러서야 깨달았다는 것이다. 교양 있는 대중, 이를테면 〈뉴욕타임즈〉나 〈르몽드〉나 〈코리에레 델라세라〉의 필진에 현대 영국의 초상화를 그려달라고 청한다면, 그들 중에서 이런 변화를 제대로 짚어내는 사람은 아무도 없을 것이다. 내게는 이 또한 이민이나 사회계층의 종언이나 성평등의 도래만큼이나 조국 땅을 근본적으로 바꾼 사건인데도 말이다.

야생 동식물 측면에서 말하자면, 나는 과거 존재했으나 이제는 완전히 사라진 한 가지 경이로움을 가진 나라에서 태어났다고 할 수 있다. 그 경이로움이란 바로 풍요로운 자연이다. 우리 주변에는 어디에나 그렇게 풍요로운 생물상이 존재했다. 심지어 교외 지역에도 집파리에서 집참새에 이르는 수많은 생물이 있었다. 잡초도 가득했고, 해충도 가득했고, 아름다운 생명체 또한 가득했다. 교외 지역인 서니뱅크를 가득 메우던 부들레아는 분명 놀랍도록 아름다웠다고 할 수 있을 것이다. 그리고 당연하게도 시골로 나가면 이 모든 풍요로움은 수천 배로 증가했다. 이런 풍요로움은 우리 일상의 삶에 기쁨의 요소를 선사해 주었고, 우리는 그 모두를 그저 당연하게 받아들였다. 자연의 순리처럼 여겼다. 물론 헤아릴 수 없도록 오랜 세월 동안 그리해 왔을 것이다. 내가 자연과 사랑에 빠진 이유 중 하나도, 깡마른 소년이었던 50년대에 처음 위럴의 시골 지방으로 나가서 새알을 모으고 나비를 잡고 유리병에 도롱뇽을 가득 채우던 (그리고 우리 정원의 개수대에 넣어두었다가 전부 죽이고 말았다. 신께서 나를 용서하시기를) 바로 그 시절의 풍요로움에 있었다. 그리고 위럴은 다른 곳, 이를테면 도싯 지방의 풍요로움에는 전혀 미치지 못하는 곳이었다. 그러나 내게는 충분히 풍요로웠고, 그런 풍요로운 자연을 사랑하기는 손쉬운 일이었다. 이제 그 풍요로움은 사라졌고, 영국의 일상에서, 그리고 그 너머 시골 풍경의 일부로 우리 주변을 둘러싸고 있던 야생 동식물은, 일부 예외를 제외하면 빈약해지고, 종류와 밀도 모두가 줄어들었다. 여전히 가치 있는 야생 동식물을 볼 수는 있으나, 그러려면 노력을 들여 찾아내야 한다. 축복받은 무심한 풍요로움은 파괴되어 버렸다.

반세기가 조금 넘는 기간에 한 나라의 야생 동식물 절반이 소멸한다는 사건은 상상하기 힘들다. 거의 믿을 수 없을 정도다. 역사적으로 유례를 찾을 수 있을까? 그러나 적어도 변화 양상의 포괄적인 자료를 수집하는 세 종류의 생물군, 즉 조류, 야생화, 나비에서는 수치상으로 명백한 상황이다. 이들의 영국 개체수는 모두 심각하게 줄어들었다. 가장 큰 손실이 일어난 시대는 아마도 1960년에서 1990년 사이일 테지만, 그 전부터 시작된 것이 분명하고, 이후로도 계속 강한 경향성을 보이고 있다. 그러나 이런 손실의 규모를 제대로 어림짐작하게 된 것은 밀레니엄에 접어든 이후의 일이다. 내 세대, 즉 베이비붐 세대의 일부는 실제로 체감했다. 일부는 근본적인 변화가 일어났다는 것을 깨닫고 있었다. 그러나 그들 대부분의 삶은 너무도 충만하고 영예롭고 즐거웠기 때문에 멈춰 서서 자세히 살펴볼 생각을 하지 못했고, 파괴된 자연의 실상이 드러날 즈음에는 전부 은퇴에 가까워진 나이가 되었다.

드러난 파괴의 원동력은 영국 사회를 깜짝 놀라게 만들었다. 범인은 농업이었다. 영국, 특히 잉글랜드 저지대의 야생 동식물은 너무 자명해서 종종 간과되는 특성 하나를 가진다. 바로 농토에 서식한다는 것이다. 애초에 농토 외에는 갈 곳도 없다. 다른 나라, 이를테면 열대지방 국가나 미국 같은 곳에서는 상상할 수 없는 일이다. 미국에서 자연과 마주하는 휴일을 즐기려고 캔자스의 곡물 경작지를 찾지는 않을 것이다. 옐로스톤과 같은 국립공원으로 가면 되기 때문이다. 미국은 너무 넓어서 대단위 농경과 야생 자연의 구획을 분할하는 일이 가능하다. 그러나 영국은 그럴 수 없다. 영국은 작은 나라이며, 그 시골은 오랜 옛날부터 야생 동식물과 농경지가 가까이 공존하는 생태 환경을 구축해 왔다. 그 풍경의 사랑스러움과 매력을 찬미하는 전통 또한 바로 여기서 유래한 것이다. 밀밭에는 그저 밀 이삭만 가득한 것이 아니었다. 피처럼 붉은 개양귀비와 푸르게 빛나는 수레국화가 자라고, 옅은노랑나비[가칭, *Colias croceus*]가 그 사이를 날아다니고 하늘에서는 종다리가 노래를 불렀다. 많은 이들의 마음에 기쁨을 안겨 주는 광경이었다.

내 어린 시절에도 사람들은 시골에 다가오는 위협을 경계했지만, 그들의 우려는 개발에만 국한되어 있었다. 새로운 공장과 새로운 도시의 개발, 지방 도로를 따라 길게 뻗은 '리본형 개발' 주택지, 그리고 특히 미국풍의 비쭉 솟아난 거대 광고판이나 줄지어 늘어선 송전탑이 경관을 망칠지도 모른다는 우려 등이었다. 그리고 1947년에 제정된 도시농촌계획법은 이런 모든 요소를 통제하고, 개인 또는 기업이 사회 전체의 소망에 반하는 개발을 하지 못하도록 막았다. 누구도, 그 누구도, 농업 그 자체가 파괴자가 되리라고는 예상하지 못했다. 대중은 농부를 시골과 그곳의 야생 동식물의 영원한 수호자로 여기고 존중했으며, 따라서 그 어떤 계획 체계에서도 예외로 여겨지며 어떤 제약도 받지 않았다. 슈왈츠제네거 씨라면 이렇게 말했을 것이다. '큰 실수였어Big Mistake.'*

그 이유는 2차 대전 이후에 영국의 농업에 두 가지 주요한

---

* 〈라스트 액션 히어로〉(1993)에 나오는 대사.

변화가 일어났기 때문이다. 하나는 신기술이었다. 어마어마하게 강력한 새로운 농기계와 화학물질과 농법이 도입되었다. 그러나 그보다 더 중요했던 다른 하나는, 이 모든 요소를 한계치까지 몰아 사용해서, 땅에서 짜낼 수 있는 모든 이득을 짜내도록 만드는 경제적 압력이었다. 이런 과정 전체를 '집약화 intensi-fication'라고 부르며, 집약적 농업으로의 전환은 다름 아닌 영국 정부, 특히 독일의 유보트가 영국의 식량 수입 경로를 차단할 뻔했다는 점에 집착한 전후의 애틀리 정부가 추진했다. 그들은 영국에 식량 자급이 필요하다고 여겼고, 그를 위해서는 생산량을 급격히 증가시킬 필요가 있었다. 따라서 영국 농민들이 원하는 농산물이면 뭐든 보증가격이 설정되었고, 시장가격이 보증가격의 최소치 이하로 떨어지면 그 차액을 보상금으로 받게 되었다.

이런 지원 정책은 가능한 모든 토지를 경작해도 이윤이 남는 결과로 이어졌다. 이렇게 개간된 경사진 비탈이나 황야나 풀밭이나 습한 목초지는 과거에는 작물을 생산할 수는 없었지만 야생 동식물 측면에서는 풍요로운 곳이었다. 이제 넉넉한 지원금이 그런 개간을 가능하게 만들었다. 덤불, 잡목림, 숲, 연못, 도랑 등 귀찮은 장애물을 치우기 위한 대형 신식 농기계가 도입되었다. 물론 이 또한 야생 동식물이 번성하던 생태 환경이었다. 보조금의 힘을 빌려 불도저가 사방을 헤집기 시작했고, 특히 수천 마일에 달하는 산울타리가 모습을 감추었다. 그중 일부는 수백 년의 역사를 지닌 곳이었다. 특히 잉글랜드 동부에서는 누더기를 깁듯 놓인 전통적인 중소규모 농지 사이사이를 산울타리와 숲과 빈 땅이 줄무늬처럼 가로지르던 모습이 사라지고, 캔자스처럼 밀과 보리로 가득한 넓은 평야만이 남았다. 과수원도 잊어서는 안 될 것이다. 맞다, 기억할 수조차 없는 먼 옛날부터 열매를 맺어오던, 이끼로 뒤덮인 과실수들이 늘어선 오래된 과수원 말이다. 그런 나무들이 한 번에 수백 그루씩 뽑혀 나갔다.

영국 농업성은 의욕적으로 이 모든 일을 권장했고, 이런 사태는 당연하게도 야생 동식물에 영향을 끼치기 시작했다. 그리고 두 가지 새로운 농법이 피해를 가중시키기 시작했는데, 일반 대중은 여전히 그 점을 제대로 받아들이지 못하고 있다. 하나는 봄 파종 작물에서 가을 파종 작물로의 전환이었고, 다른 하나는 사료로 건초더미 대신 라이그래스 사일리지를 사용하기 시작했다는 것이다. 가을에 파종하는 새로운 종류의 작물은 생산성이 높으며 전통적인 봄 파종 곡물보다 이르게 수확할 수 있다고, 즉 9월이 아니라 8월에 수확할 수 있다고 알려졌다. 그러나 이는 야생 동식물, 특히 새들에게는 두 배의 타격으로 다가왔다. 가을에 파종하려면 지난번에 추수하고 남은 밑둥을 전부 갈아 엎어야 하는데, 되새류와 같은 중소형 조류들은 씨앗이 풍부한 이런 남은 경작지에서 가을과 겨울을 지내야 한다. 되새류로서는 갑자기 식량 공급원을 잃어버린 것이다. 그리고 봄이 찾아오면 가을에 파종한 작물이 높이 자라 들판을 메운다. 따라서 종다리나 댕기물떼새 같은 다른 농경지 새들이 그곳에 둥지를 틀 수 없게 된다.

먼 옛날부터 농가의 달력에 있었던 건초더미 쌓기가 사라지고, 그로 인해 목초지가 사라지고 인공비료를 사용하는 라이그래스 초지로 바뀐 사태는 훨씬 심각한 변화를 불러왔다. 건초는 그냥 늦여름에 한 번만 베어서, 외양간에 쌓아도 썩지 않도록 잘 말린 다음 나중에 말 사료로 사용하면 된다. 그리고 1950년까지 영국의 농경지에서는 여전히 30만 마리의 말이 농업에 종사하고 있었다. 그러나 30년이 흐르자 농업용 말은 거의 모두 사라지고 농기계가 그 자리를 대체했으며, 그에 따라 건초의 수요 또한 사라졌다. 소에게는 다른 먹이로도 충분했다. 소들은 푸른 풀을 베어서 곤죽이 될 때까지 발효시킨 사일리지도 무난하게 먹어치우기 때문이다. 여기에 적합한 풀인 다년생 라이그래스가 발견되었고, 이 풀을 최대한 빨리 키우기 위해서 인공비료가 도입되었다. 그러면 6월이나 그 이전에 한 번 벤 다음, 6주가 흐른 후에 다시 한 번 벨 수 있다. 그리고 여름이 끝나기 전에 세 번째, 심지어 네 번째의 수확이 가능하다.

잉글랜드 전역에서 라이그래스 풀밭이 전통적인 초지와 소들이 풀을 뜯는 목초지를 대체하기 시작했다. 그런 목초지 자체도 시골의 가장 큰 즐거움 중 하나였다. 식물학적으로 보물창고나 다름없으며, 버터컵, 붉은토끼풀, 옐로래틀, 큰솔나물, 수레국화, 그린윙드오키드, 옥스아이데이지, 키드니베치 등 온갖 종류의 야생화로 가득하여, 눈이 어지러울 정도로 오색이 현란하게 움직이는 혼돈을 만들어냈다. 가장 화려한 부류의 풍요로움이었다. 지금은 그중 97퍼센트가 사라졌으리라 추측된다. 그를 대체한 라이그래스 초지에는 단 한 종의 식물, 라이그래스만이 존재한다. 말 그대로 녹색 콘크리트인 셈이다. 독하게 쓴 비료 덕분에 다른 모든 식물을 경쟁에서 압도한다. 다른 무엇도 살아남을 수 없다. 이런 과정을 우리는 '개량'이라고 불렀다. 언어란 참으로 흥미로운 존재 아닌가? 개량이라니.(그리고 살아남은 전통적 초지는 이제 '개량되지 않은'이라고 불린다) 그러나 이런 개량은 단순히 야생화에만 피해를 입힌 것이 아니다. 전통적인 초지에서 둥지를 틀거나 먹이를 찾던 다양한 새들, 예를 들어 밭멧새[가칭, *Emberiza calandra*], 유럽자고새, 가시검은딱새, (먼 옛날에는) 메추라기뜸부기 등은 과거에는 언제나 7월 하순에 건초를 베기 전까지 충분히 번식할 시간이 있었다. 그러나 사일리지를 만들기 위해 훨씬 먼저, 그것도 여러 번에 걸쳐 풀을 베기 시작하며, 이런 새들의 둥지와 알과 새끼는 기계에 의해 짓이겨지게 되었다. 반복해서. 반짝이는 야생화들과 마찬가지로 파멸의 운명에 처한 것이다.

이것만으로도 충분히 고약해 보일지 모른다. 산울타리를 불도저로 밀어 버리고, 연못을 메우고, 과수원의 나무를 뽑아 버리고, 가을 밀밭의 대궁을 파괴하고, 건초 초지를 없애 버렸으니 말이다. 그러나 우리의 농부들은, 누구나 시골 풍경의 신실한 수호자로 어겨 온 이들은, 해묵은 지혜 덕분에 시골을 어떻게 가꾸어야 하는지 도시 사람들보다 훨씬 잘 알고 있는 이들은, 또는 적어도 환상에 빠진 브리튼 섬의 어리석은 대중이 그렇게 믿어 온 이들은, 독극물을 사용하여 그 모두를 망쳐 버렸다. 농업용 독극물 말이다. 여기에도 독, 저기에도 독. 곤충도 죽이고. 달팽이도 죽이고. 야생화도 죽이고. 환금용 작물이 아닌 것들은 뭐든 죽여 버렸다. 제초제, 살충제, 살진균제, 살연체동물제…… 우리의 현명한 농부들은 그 모두를 사랑했다. 수도꼭지를 활짝 열어서 독성물질의 홍수가 땅을 뒤덮도록 만들었고, 지금까지도 우리 땅은 그런 온갖 독극물에 푹 절어 있다. 전후에는 신세대 합성살충제의 첫 상품이었던 유기염소 살충제, 즉 DDT로 시작했다. 자연물질이 아니라 실험실에서 만들어진 합성물질이 밭에 등장하기 시작했고, 뒤이어 알드린이나 다이드린처럼 훨씬 강력한 유기염소 살충제들이 거침없이 사방에 흩뿌려졌다. 문제는 이런 물질이 벌레만 죽이지 않는다는 것이다. 살충제는 어마어마한 수의 새들까지 죽여 없앤다는 사실이 드러났다(그리고 잉글랜드 남부의 수달 또한 전부 죽여 없앴다. 수달이 좋아하는 먹이인 뱀장어의 지방 속에 살충제가 축적되기 때문이다).
잉글랜드의 수달이 사라졌다는 사실을 깨닫게 된 것은 몇 년이
지난 후였지만, 수천 마리의 죽은 새들은 지나치게 눈에 잘 띄
었고, 특히 미국에서 이런 현상은 대중의 분노를 일으켰다. 레
이첼 카슨이 농화학 산업의 모든 악행을 폭로하고 비난한 권위
있는 저작 『침묵의 봄』은 1962년에 출간되었는데, 이 사건을
현대 환경 운동의 시초로 간주할 수도 있을 것이다.

　미합중국의 화학업계가 아무리 레이첼 카슨을 '히스테리가
심한 여자'라고(여기서는 형용사와 명사 모두가 비난의 용도로 사
용되었다) 시끄럽게 깎아내려도, 교외 정원을 뒤덮은 미국지빠
귀 사체를 무시할 수는 없는 노릇이었다. 그리하여 DDT와 알
드린과 다이드린과 기타 모든 유기염소 살충제는 미국과 영국
양쪽에서 금지되기에 이르렀다. 그리고 그 자리를 차지한 것들
은 대개 새를 직접적으로 죽이지는 않는 물질들이었다. 카바메
이트계, 유기인산염계, 피레드로이드계, 그리고 비교적 최근 등
장한 네오니코티노이드계 살충제처럼 말이다. '대개'라고 말하
기는 했지만, 이런 화합물 중에도 새들에게 치명적인 것들이 남
아 있다. 영국에서 사냥터 관리인들이 (불법이지만) 맹금猛禽을
독살할 때 즐겨 사용하는 카보퓨란이나, 아프리카에서 유해 조
수鳥獸인 퀄레아*를 죽일 때 사용하는 유기인산염인 파라티온
처럼 말이다. 그러나 다른 약품들도 곤충만은 확실히 죽여 없앴

고, 당연하게도 '목표' 곤충만 죽이는 것이 아니라 거의 모든 곤충을 죽여 버렸다. 마찬가지로 제초제 또한 거의 모든 잡초를 말려 죽였고, 여기에는 밀밭의 아름다움에 공헌하는 대부분의 야생화들이 포함되었다(그리고 곤충과 비작물 식물을 죽여 없애자 새들의 먹이 공급원도 끊겨 버렸다). 살충제와 제초제의 대규모 사용은 농업의 일상이 되었다. 우리의 현명한 농부에게는 제2의 천성이 되었다고까지 할 수 있을 것이다. 문제의 근원은 여기에 있었다. 농업에서 치명적인 독극물을 널리 사용하게 된 것이야말로 내 조국의 풍요로운 야생 생태계를 파괴한 주범이었으며, 나는 그 사실을 저주한다. 식량 증산을 위해서는 어쩔 수 없는 일이라고 하는 사람도 있을지 모른다. 나는 그렇지 않다고, 그 정도 규모로 저지를 필요는 없었다고 답하겠다. 내가 자라난 땅에서 모든 생명의 절반 이상을 죽여 없앨 필요까지는 없었다.

이런 모든 사실이 대중에 알려지기까지는 정말 오랜 세월이 필요했다. 실제로 집약적 농업이 자연계를 어떤 식으로 파괴하는지가 사람들에게 제대로 알려지기까지는 30년 이상이 걸렸다. 현명한 농부라는 허상은 그토록 강력했던 것이다. 그러는

동안에도, 수많은 지방 공동체는 더 많은 이윤을 추구하는 농부들의 손에 의해 오래도록 사랑해 온 시골 풍경이 한 조각씩 사라지거나, 망가지거나, 알아볼 수 없을 정도로 바뀌는 모습을 지켜보아야 했다. 그런 행동에 저항하거나 멈추게 하려는 열정적인 부탁은 경멸과 함께 거부당했으며, 관청에도 도움을 청할 수 없었다. 처음에 말했듯이 농부들은 도시농촌계획법에서 예외였으며, 자기 땅을 내키는 대로 사용할 수 있었기 때문이다. 〈창세기〉 1장 28절에서 인간들에게 종용하듯이 말이다.

그들의 행위로 인한 분노가 결집되어 폭발한 것은 1980년에 이르러서였다. 환경운동가이자 학자인 매리언 쇼어드의 획기적인 책이 출판되었기 때문이다. 『도둑맞은 시골*The Theft of the Countryside*』은 영국 농부들이 전통적이고 사랑받는 시골 풍경을 제물로 삼아 끊임없이 이윤을 추구하는 행태를 세세하고 적나라하게 묘사했으며, 이미 재앙에 가까웠던 상황이 1973년 영국이 유럽경제공동체에 가입하면서 한층 가혹하게 가속화되었음을 지적했다. 유럽경제공동체의 '공통농업정책'은 프랑스에서는 자기네 수천 명의 소규모 농업인을 보호하기 위해서 밀어붙였고, 독일은 2차 대전 이후 다시 인간 취급을 받으려고 동의한 기괴한 정책이었는데, 다른 무엇보다 수요공급의 법칙을 무시하는 것이었다. 누구나 능력의 한도 내에서 최대한의 작물을 생산하면, 그에 대한 수요가 존재하지 않더라도 가격이 하락하지 않게 보장해 준다는 것이다! 수요자가 살 필요가 없다. 공동체가 매입해 줄 테니까! 그런 다음에는 아무도 원치 않는 수백만 톤의 식량을 창고에 쌓아두면 그만이다. 버터가 산을 이루고 와인이 호수를 채워도, 신경 쓸 것 없이 계속 생산하기만 하면 된다. 현명한 농부여, 모든 산울타리를 잡아뜯고 모든 연못을 메우라. 그대와 경쟁할지도 모르는 모든 곤충과 야생화를 몰살하고, 마지막 한 뼘의 땅까지도 냉엄한 식량 생산 공장으로 바꾸어라. 브뤼셀이 보상해 줄 테니.

매리언 쇼어드는 이런 현명한 농부와 그 동조자들을 향해 처음으로 모두에게 들리도록 '나는 고발한다!'라고 소리쳤다. 그녀는 그때까지 상황에 무지했던 일반 대중에게, 농부가 모두에게 사랑받는 풍경을 파괴할 때마다 보조금을 받는 것이나 다름없다는 사실을, 타당성 검증이나 자산 조사도 필요치 않으며, 잉여생산품인지 여부조차 중요치 않다는 사실을 설명했다. 무조건 돈이 들어오며 매년 받는 보조금의 횟수조차 제한되지 않는다. 농업 집약화 계획에서는 개발 부문처럼 공식적인 환경 평가는 아예 존재하지 않았다. 농업성은 아예 신경조차 쓰지 않았다. 그들의 DNA에는 그런 것이 아예 존재하지 않으며, 오직 생산성만 염두에 두고 있기 때문이었다. 그녀는 아름다운 시골 풍경, 이를테면 서식스의 그라팜다운 같은 곳이 지역 주민들의 강고하고 진심 어린 반대에도 불구하고 곡물의 사막으로 변한 사례를 연이어 가져왔다. 소풍객이 앵초 구근을 캔다면 1975년 제정된 야생 동식물 보존법안에 의거해 처벌받을 것이다. 그러나 농부가 앵초로 가득한 들판을 갈아엎을 때는 그 누구도 손댈 수 없다. 쇼어드는 이 점을 지적했다.

『도둑맞은 시골』은 열정적인 비판이자 생생한 다큐멘터리이며, 농부를 시골의 수호자로 여기는 대중의 미신을 시기적절하게 파훼해 버렸다. 많은 이들이 그 책에 주목했다. 조각가 헨리 무어가 서문을 써 주기까지 했다. 그러나 집약적 농업이 영국에 끼친 피해를 제대로 조사한 첫 시도였음에도 불구하고, 이 책은 근본적으로 야생 동식물이 아닌 풍경을 다루는 것이었다. 전체272쪽의 분량 중에서 '사라지는 야생 동식물'만을 다룬 부분은 8쪽에 지나지 않는다. 충분히 이해할 만한 일이다. 파괴된 풍경은 즉각 알아차릴 수 있지만, 야생 동식물의 개체수 감소는 그 일이 벌어지는 동안에는 훨씬 깨닫기 힘들게 마련이다. 종수의 감소가 아니라 개체수의 감소이기 때문이다. 일반 대중이 야생 동식물의 손실에 즉각적으로 반응하는 척도는 멸종이다. 국가적인 (그리고 당연하지만, 전 세계적인) 멸종 사태는 언제나 관찰되고 의견 표출이 이루어진다. 그런 일이 벌어진다면 누구나 문제가 생겼다는 사실을 알 수 있다. 그러나 영국에서는 파괴된 풍경처럼 멸종하는 동식물이 산더미를 이루는 일은 벌어지지 않았다. 그보다 알아차리기 힘든 변화가 일어났기 때문이다. 바로 모든 생물종의 개체수가 격감하기 시작한 것이다.

한때 더럽혀지지 않았으나 이제는 불도저에 밀리고 독극물에 적셔진 땅에서는, 매년 단순히 모든 생물이 줄어들었다. 새도 적어지고, 야생화도 적어지고, 나비도 적어졌다. A라는 종은 여전히 존재하기는 한다. 단지 보기 힘들어졌을 뿐이다. 그리고 이런 과정은 당연히 누적되기 마련이다. 저널리스트로서 이 사태를 글로 옮기고 상당한 양의 독자 반응을 살펴본 경험에 의하면, 이런 상황을 직감적으로 알아챈 사람은 한둘이 아니었으나 실제로 딱 짚어 말하기는 힘들었던 듯하다. 실제로 벌어지는 일일까? 단순한 상상은 아닐까? 불안했지만 확신할 수는 없었다. 35년이 흐른 오늘날에 모두가 그 사실을 확신하는 이유는, 1960년대에 시작된 한 가지 운 좋은 전개 덕분이다. 장기간에 걸친 야생 동식물 기록 계획이 실시되어 왔던 것이다. 영국 전역의 수많은 동식물 연구자 공동체가, 프로와 아마추어를 막론하고 이 계획에 기여했다. 처음에는 야생화 기록으로 시작했고, 나중에는 새, 그리고 나비로 이어졌다. 이 계획은 현명한 농부가 원래라면 보호해야 마땅할 생물 다양성을 어떤 식으로 무자비하게 도륙했는지를 잘 보여준다. 다만 기록을 시작했을 당시이미 파괴가 진행 중이었기 때문에, 기준선이 이미 쇠락한 상태이며 원래, 이를테면 1947년의 상태를 반영하지 못한다는 점은 염두에 두어야 할 것이다. 따라서 실제 손실은 우리 손에 있는 수치보다 훨씬 심각할 것이다. 그렇다 해도 이런 기록에서는 도저히 무시할 수 없는 기록적인 감소를 확인할 수 있다. 대서특필되어 전 국민의 관심을 끌었을 국가적인 멸종이 아니라, 전반적인 개체수 감소를 말이다.

새의 경우를 예로 들어 보자. 전후 영국이라는 국가에서 멸종한 조류는 두 종, 붉은등때까치와 개미잡이뿐이다. 애석하게도 양쪽 모두 카리스마 있는 종이었다(간헐적으로 번식하러 돌아오는 개체가 눈에 띄기는 했지만 말이다). 그러나 개체수가 심각하게 감소하여 넓은 지역에서 국지적으로 멸종된 것으로 여겨지는 새의 수는 그보다 훨씬 많다. 1967년에서 2011년까지의 공동조류조사Common Bird Census와 그 후신격인 번식조류조사 Breeding Bird Survey의 결과에 따르면, 영국의 유럽멧비둘기는 95퍼센트, 유럽자고새는 91퍼센트, 회색딱새는 89퍼센트, 밭멧새는 88퍼센트, 서양긴발톱할미새는 73퍼센트가 감소했다. 심지어 참새는 잉글랜드에서만 95퍼센트가 감소했다. 이런 목록은 계속 이어진다. 대부분의 지역에서, 이런 새들은 단순히 사라져 버렸다. 야생화의 경우에도 정확히 똑같은 상황이 발생했다. 20세기 전체를 통틀어서, 영국에 분포하는 1,500여 종의 자생종 식물 중에서 멸종한 것은 12종뿐이었다(자생종의 정의에 따라 이 수치는 바뀔 수 있다). 여기에는 소로우왁스[*Bupleurum lancifolium*], 스와인스서커리[*Arnoseris minima*], 내로우리브커드위드

[*Logfia gallica*], 서머레이디스트레스[*Spiranthes aestivalis*] 같은 화려한 이름의 식물도 포함된다. 그리고 그동안 일어난 온갖 사건을 고려하면 이 정도면 나쁘지 않다고 생각할 법하다.

그러나 2000년에 박물학자 피터 매런은 자선단체 플랜트라이프의 의뢰로 카운티 단위의 식물 현황을 조사했다. 여기에 사용된 자료는 카운티 식물지植物誌였다. 식물지란 영국 원예의 성과물 중 하나인 복합 야생화 목록으로, 케임브리지셔 식물지, 켄트 식물지 등으로 출간된다. 그리고 국가 단위가 아닌 지역 단위로 확인하자 급격하고 심각한 결과물이 모습을 드러냈다. 한 세기 동안 영국 전체에서 사라진 종은 12종에 지나지 않았지만, 매런의 계산에 따르면 노샘프턴셔에서는 1930년에서 1995년 사이 93종의 식물이 사라졌다. 글로스터셔에서는 1900년에서 1986년 사이 78종이 사라졌다. 링컨셔는 1900년과 1985년 사이 77종, 미들식스는 1900년에서 1990년 사이 76종, 더럼은 1900년에서 1988년 사이 68종, 케임브리지셔는 1900년에서 1990년 사이 66종을 잃었다.(훗날 식물학자 케빈 워커가 이 자료를 검토하여 수치를 낮추기는 했지만, 그렇게 검토한 수치조차도 충격적인 수준이다) 나비의 경우에도 정확히 같은 상황이 반복되었다. 전후 시기에 전국적으로 멸종한 나비는 3종뿐이었다. 큰쐐기풀나비[가칭, *Nymphalis polychloros*], 큰주홍부전나비(이전에 한 번 멸종해서 재도입된 종이었다), 큰푸른부전나비

[가칭, *Phengaris arion*](이쪽은 재도입되어 상당한 성공을 거두었다). 그러나 나비 기록 계획이 실행된 이후, 영국에 남은 58종 중에서 거의 4분의 3가량이 수가 줄어 대부분의 지방에서 사라져 버렸다. 예를 들어 1970년에서 2006년 사이에 긴은점표범나비의 분포는 79퍼센트가 감소했으며, 북방기생나비는 65퍼센트, 은점선표범나비는 61퍼센트, 까마귀부전나비는 53퍼센트, 듀크오브버건디는 52퍼센트가 감소했다. 이들 중 일부는 원래부터 드물었고 아주 적은 숫자에서 감소가 진행되었기 때문에 실제로 멸종의 위기에 놓이고 말았다. 긴은점표범나비는 이제 영국에서 절멸위급종으로 분류되며, 언급한 나머지 4종을 비롯한 여러 나비가 멸종위기종이 되었다.

이 땅 전역에서 새와 야생화와 나비의 숫자는 급격하게 감소했고, 이제는 2차 대전 종전 당시에 존재했던 영국 야생 동식물의 절반 이상이 사라졌다는 것이 명백해졌다. 단 하나의 통계자료만 들고 오자면, 1970년 이래로 계속 작성되었으며 이제 정부에서 발행하고 있는 농경지 조류 색인표를 가져오는 편이 좋을 것이다. 가장 최근 색인표인 2013년 자료에 따르면, 종다리에서 댕기물떼새, 유럽자고새에서 노랑멧새에 이르는 19종의 농경지 조류의 총 개체수는 1970년에 비해 56퍼센트가 감소했다. 따라서 영국 정부의 추산에 따르더라도, 우리는 비틀즈가 해산한 이후 시골의 정겨운 방문자이던 새들의 절반 이상을 잃은 것이다. 그리고 조류 개체수가 조사를 시작하기 20년 전부터 감소하기 시작했음을 생각하면, 실제 수치는 그보다 훨씬 클 것이 분명하다. 곤충도 그렇다. 야생화도 그렇다.

이것이 생물량 격감이다. 이 나라가 누리던 야생 동식물의 풍요가 농부들의 손에 무참히 파괴된 것이다. 나는 보조금이 처음 책정되어 집약화의 시발점이 된 법안, 즉 1947년 농경법이 입안되던 해에 태어났다. 이 과정은 말 그대로 내 삶과 동시에 이루어진 것이다. 어린 시절에 수많은 야생의 생물을 마주하고 그런 모습이 절대 바뀌지 않으리라는 인상을 받았던 것은, 단순히 내가 운이 좋았기 때문일 뿐이었다. 그 풍성함은 이내 눈 녹듯 스러졌고 내 다음 세대는 결코 그런 풍요로움을 알지 못했지만 말이다. 개별 종이 찾기 힘들어진 것도 충분히 고약한 일이었다. 예를 들어, 곤충 사이의 보석이라 부를 만한 은점선표범나비는 J. W. 터트가 1896년에 출간한 ('학생과 수집가를 위한 휴대용 도감'이라는 부제의) 『영국의 나비』에서 이렇게 기록되어 있다. '영국의 산림지대에 매우 흔한 나비로, 거의 모든 크기와 종류의 수목의 꽃이나 줄기 근처에서 날아다니는 모습을 목격할 수 있다.' 이제 은점선표범나비를 찾으려면 한참을 여행해야 한다. 다부지고 열쇠 꾸러미를 떨어트리는 느낌의 묘한 울음소리를 지닌 밭멧새를 찾으려 한다고 해 보자. 아니면 옛 밀밭의 야생화를, 경작지의 꽃들을, 한때 작물 사이에서 색색의 꽃을 피웠던 수레국화, 공작국화, 콘버터컵[*Ranunculus arvensis*], 서양복수초[*Adonis annua*]를 찾으려 한다고 해 보자…… 모두가 외진 구석에 간신히 생존해 있을 뿐이다. 그러나 내가 특정 종의 소멸보다 더욱 슬퍼하는 것은 그 풍요로움의 소멸이다. 동시대에 그 풍요로움을 잃은 베이비붐 세대의 동년배들 중에도 그사실을 애도하는 사람들이 있다. 나이가 쉰을 넘은 사람들은 들판 위로 낮게 날며 울어대는 봄철 댕기물떼새 소리를, 산울타리나 전깃줄에 앉아 경계하던 밭멧새들의 모습을, 농경지마다 곡예비행을 하는 제비떼나 가을걷이가 끝난 들판에 구름처럼 모여들던 되새류의 모습을 기억한다. 쐐기풀나비와 공작나비 애벌레가 들끓던 쐐기풀 덤불도, 점묘법으로 그린 것처럼 색색의꽃이 가득하던 초지도, 도랑에서 꾸륵거리는 개구리와 두꺼비들도, 교외의 정원에 가득하던 작은 새들과 감색의 세련된 몸매를 자랑하던 흰털발제비 무리를 기억한다…… 그리고 그중 가장 생생했던, 나방의 눈보라를 기억하는 사람도 있다.

나방은 오래도록 사랑받지 못하는 존재였다. 성경에 나방은 열두어 번 정도 언급될 뿐이며, 그조차도 전부 좋지 못한 쪽이다. 성경을 믿는다면 나방이란 금속의 녹과 비슷한 갈색의 고약한 존재이며, 옷감과 책과 태피스트리를 쏠아댈 뿐인 생물이다. 이런 편견은 오래도록 지속되어 왔다. 사람들은 수백 년 동안 나방을 밤의 존재로 생각했다. 올빼미와 박쥐처럼, 유령과 고블린과 악한 존재들처럼. 따라서 나방은 사악하고 으스스한 생물이었다. 반면 그 친척인 나비는 먼 옛날부터 햇살을 상징하여 사랑받는 존재였다. 그러나 내 나라인 영국에서는 이런 인식이 변하는 중이다. 자연 애호가들은 갈수록 나방에 끌리고 있다. 그중 많은 수가 배색에 있어 나비만큼이나 크고 대담한데, 특히 검은색과 크림색과 주황색 배색의 저지불나방[가칭, *Euplagia quadripunctaria*]이나, 분홍색과 녹색의 주홍박각시가 그렇다. 심지어 나방의 세계에서 그 이외에는 찾아볼 수 없는 색상인 연보라색 무늬를 속날개에 머금은 음지의 대형 나방, 푸른띠뒷날개나방[*Catocala fraxini*] 같은 종도 있다. 밤이라 보기 힘들다는 문제는 나방 채집통을 사용하면 쉽게 우회할 수 있다. 나방 채집통이란 기본적으로 상자에다 강력한 광원을 매단 물건일 뿐인데, 다양한 디자인이 존재하지만 언제나 같은 원칙을 이용한다. 빛에 이끌려서 상자 안으로 떨어진 나방들이 그 안에서 진정하고 잠들면, 아침에 충분히 관찰하고 종을 식별한 다음에 아무 상처 없이 풀어줄 수 있는 것이다. 상당히 괴짜 놀음처럼 보이고, 사실 그럴지도 모르지만, 오늘날 그런 괴짜의 숫자는 폭증하는 중이다. 나비보호협회에 따르면, 여름밤마다 정원에 나방 채집통을 내다놓는 애호가는 영국 전역에 1만 명에 이를 것이라고 한다. 그리고 나도 그런 사람 중 하나다.

일단 채집통을 설치한 사람들은 자연계의 근본 법칙 중 하나를 처음으로 깨닫게 된다. 날개에 비늘을 가진 곤충류, 즉 인시목에서 주가 되는 쪽은 나비가 아닌 나방이라는 것이다. 설령 우리 문화에서는 다르게 여기더라도 말이다. 세계에는 어림잡아 20만 종의 나방이 존재하지만, 나비는 2만여 종밖에 되지 않는다. 나비는 그저 나방의 진화 계통수에서 한쪽 곁가지에 지나지 않는다. 분화해 나온 한 무리의 나방이 대낮에도 날 수 있도록 진화했고, 서로를 식별하려고 밝은 색조를 만들어낸 것이다. 영국에서는 이런 종수의 불균형이 더욱 두드러지는데, 영국에서 번식하는 나비가 58종에 지나지 않는 데 반해 대형 나방은 900여 종이며(모두 영어 고유명을 지니고 있다), 소형 이하의 나방은 1,600종(대부분 라틴어 학명만 지니고 있다)에 이르러, 전부 합하면 2,500여 종이 된다. 따라서 전 세계로 따지면 나방의 종 수가 나비보다 열 배 많지만, 영국만 따진다면 50배 많은 것이다.

이것은 당연하게도 한낮의 나비보다 훨씬 많은 수의 나방이 어둠 속을 돌아다닌다는 뜻이 된다. 그저 우리가 볼 수 없을 뿐이다. 또는 적어도 자동차의 발명 전까지는 볼 수 없었다. 시골의 후덥지근한 여름밤 속으로 차를 달리고 있으면, 전조등에 비치는 나방이 마치 눈송이처럼 보인다. 망원렌즈의 원리 때문에 속도를 올릴수록 한층 가까이 붙어 보이게 되어, 갑자기 그 어마어마한 규모가 눈에 드러나는 것이다. 이내 전조등과 앞유리에 달라붙은 나방 때문에 더 이상 운전이 불가능하게 되어, 차를 멈추고 우선 유리를 깨끗이 닦아내야 할 지경에 이른다.(밤에 활동하는 곤충이 한두 종류가 아니라는 사실은 알지만, 일단은 나방을 대표로 사용해 보자) 영국의 자연계에 존재하는 온갖 풍요로움의 표현 중에서도, '나방의 눈보라'는 가장 독특한 부류에 속했다. 내연기관의 시대에 이르러서야 눈에 띄게 되었기 때문이다. 그러나 짧은 시간 동안 그 존재를 드러내 보인 후, 나방의 눈보라는 완전히 사라져 버렸다.

최근 나는 종종 그 이야기를 하는 사람들을 만나고 깜짝 놀라게 된다. 50세를 넘은 (그리고 특히 60세를 넘은) 사람의 상당수가 그 사실을 기억할 뿐 아니라, 일단 떠올린 기억은 놀랍도록 생생해지기 때문이다. 마치 마음 한구석에 봉인되어 있었다가, 일단 다시 떠올리고 사라졌다는 사실을 깨닫고 나면, 그 현상이 얼마나 놀라웠는지를 인지하게 되는 듯했다. 당시에는 그저 평범한 현상처럼 느껴졌지만 말이다. 예를 들어, 나는 영국의 가장 유명한 환경보호론자인 피터 멜쳇에게 나방의 눈보라 이야기를 한 적이 있었다. 그는 그린피스 UK의 전 대표이자 지금은 유기농법 압력단체인 영국토양협회의 정책국장으로 있다. 내가 이 주제를 꺼내자마자 그는 이렇게 말했다. "미리엄 로스차일드(저명한 과학자), 크리스 베인스와 회의를 가졌던 적이 있지요. 크리스는 텔레비전 출연 생물학자이자 버밍엄 야생 동식물재단을 처음 만든 사람인데, 우리는 곤충 개체수의 전반적인 감소, 특히 나방의 감소를 주제로 이야기를 했습니다. 미리엄이 나방 전문가였으니까요. 그러다 문득 제가 50년대에 아버지 차를 타고 노픽에서 런던까지 달려가다가 도중에 두세 번 차를 멈추고 앞유리와 전조등을 닦아내야 했다는 이야기를 꺼냈지요. 앞이 안 보여서요." 그는 웃음을 터트렸다. "그랬더니 크리스 베인스는 번쩍이는 승용차를 타고 다녀서 좋았겠다고 말하는 겁니다. 자전거를 타면 입을 벌릴 수도 없었다고요. 온갖 곤충을 삼키게 되니까."

나는 크리스 베인스에게 이 이야기를 꺼냈고, 그는 웃음을 터트리며 사실이라고 인정했다. "그래요, 아주 똑똑히 기억합니다. 앞유리와 전조등에서 곤충을 닦아내야 했던 것도 맞지만, 자전거를 타고도 그런 일을 경험했어요. 유년 스카우트나 성가대 연습을 하러 갈 때 자전거를 탔는데, 눈에도 들어가고 입을 벌리면 입에도 들어갔지요. 저녁이면 공중을 가득 메워서 매번 나방 날개 조각을 뱉어내야 했습니다." 그는 잠시 더 생각하다 이렇게 덧붙였다. "주변보다 낮은 길, 이를테면 양편에 산울타리가 있는 시골길을 지나갈 때면, 거의 곤충 덩어리 안으로 들어가는 것이나 다름없었지요. 이제는 그런 일은 절대 일어나지 않아요. 이십대까지는 그랬던 것이 기억납니다. 명확하게 짚을 수는 없지만, 제가 켄트 주 와이 칼리지를 다니던 시절에는 여전히 그랬던 것 같아요. 그게 1960년대 후반이지요. 그 후로는 본 적이 없습니다. 이제는 절대 안 일어나고요. 웨일스 시골에서 시간을 많이 보내는데, 밤에 북웨일스를 차를 몰고 지나다니면 가끔 나방을 하나 봤다고 말하곤 합니다. 말 그대로, 여정 한 번에 나방 한두 마리죠. 제가 자라날 때와는 완전히 상황이 달라진 겁니다."

나 자신이 나방의 눈보라가 사라졌다는 사실을 깨달은 것은 밀레니엄의 해인 2000년이 되어서였다. 나는 전반적인 곤충 수의 감소를 언급하면서 그 내용을 글로 옮기기 시작했다. 당시 나는 곤충 수의 감소가 아주 심각하지만 별로 주목을 못 받는 사건이라고 생각했다. 꿀벌과 호박벌 수의 감소, 딱정벌레의 소멸, 강가의 하루살이 수가 급감하는 것까지도. 아무도 거기에 관심을 기울이지 않았다. 그러나 내가 나방의 눈보라에 대해 쓸 때마다, 사람들은 반응을 보였다. 그 일을 얼마나 생생하게 기억하는지, 이제는 결코 보이지 않는지를. 칠팔 월의 여름 휴가철에 해안을 달릴 때의 기억이 종종 등장했다(50년대에는 스페인 해변은 아직 먼 훗날의 일이었다). 자동차 앞유리에 곤충이 덕지덕지 붙던 시절이었는데, 갑자기 모두 사라졌다는 것이다. 전문가들도 일반 대중만큼이나 생생하게 기억한다. 나비보호협회의 나방 전문가인 마크 파슨스는 이삼십 년 전의 일을 생생하게 기억하면서도 이렇게 덧붙였다. "지난 10년 동안에도 한두 번쯤은 본 것 같군요."

물론 이 모든 증언은 그저 입증되지 않은 일화일 뿐이다. 나방 숫자의 감소를 다루는 정확한 과학적 통계는 존재하지 않는다. 영국의 생물 애호가들이 열정적이기는 하지만, 나방의 경우에는 새나 야생화나 나비처럼 체계적인 관찰 조사 시스템을 수립하지는 못했기 때문이다. 그저 기억에 지나지 않았다. 그러나 그런 어느 날, 갑자기 통계 자료가 등장해 버렸다.

통계를 제공한 곳은 예상외의 장소였다. 바로 하트포드셔의 저명한 농업 연구 기관인 로섬스테드였다.(세계에서 가장 오래된 농업 연구 기관으로, 비료 사용이 작물에 미치는 영향을 연구한 1843년까지 그 역사가 거슬러 올라간다) 1968년부터 로섬스테드는 자원봉사자를 통해 전국 규모의 나방 채집통 자료를 수집했고, 여기서 수집된 자료는 연구소 내부에서 다양한 곤충 개체수 역학을 조사하는 데 사용되었다. 그러나 2001년에 흔하고 널리 분포하는 잘 알려진 종, 놀랍도록 아름다운 불나방의 수가 급감한다는 사실이 알려졌다. 그 결과 로섬스테드의 과학자들은 나방 채집통에서 흔히 잡히는 337종의 대형 나방류의 장기간 개체수 變化를 분석하기 시작했다. 1968년에서 2002년까지 35년간의 전국 네트워크에서 수집한 자료였다. 나비보호협회와 공동으로 2006년 2월 20일에 발표한 이 연구 결과는 충격적이었다. 영국의 나방류 개체수는 말 그대로 급전직하 중이었다. 새나 야생화나 나비보다 훨씬 심각했고, 아무도 그 사실을 예상치 못했다. 검토한 337종 가운데 3분의 2가량이 하락세를 보이고 있었다. 80종은 70퍼센트 이상 감소했고, 그중 20종은 90퍼센트가 줄어들었다. 브리튼 섬 남부에서는 나방 종의 4분의 3이 심각한 감소 추세를 보였다. 1968년 이래의 총체적 감소는 44퍼센트에 이르렀고, 도시 지역에서는 50퍼센트에 달했다. 눈보라를 이루던 눈송이들이 그저 더 이상 존재하지 않게 되었던 것이다.

자동차 전조등에 비치는 곤충의 눈보라야말로 풍요로움의 발현 중에서도 가장 강력한 것이었다. 기술의 부산물이자, 자동차의 발명이 없었더라면 드러나지 않았을 자연의 일면이었다. 놀라운 현상이었다. 그러나 더 놀라운 것은 그 현상이 이제 존재하지 않게 되었다는 것이다. 나방 눈보라의 소멸은 영국에서 다른 모든 생물의 근간이 되는 무척추동물의 생태계가 파국을 맞았음을 상징한다. 한국은 새만금을 파괴했고, 중국은 강돌고래를 없앴지만, 나의 조국도 그만큼 끔찍한 일을 자행한 것이다. 내 일생에 걸쳐서, 바로 내가 태어난 그해에 시작된 과정을 통해, 영국은 대단위의 무자비한 생물량 격감을 일으켜 이 땅의 생명의 절반을 도륙했다. 국민 의식은 아직 그 사실을 인지하지 못하지만 말이다. 베이비붐 세대로 태어난 나의 숙명이었을 것이다. 우리 세대는 지구상에서 가장 축복받은 세대에 속했을 뿐 아니라, 이제야 드러나듯이 내 어린 시절까지도 그대로 남아 있던 자연의 풍요로움이 파괴되는 시대를 살았다. 그 생명력의 강렬함에서 다른 무엇과도 비견할 수 없으며, 온갖 방식으로 목격될 수 있으나 그중에서도 여름밤 전조등 불빛 앞에서 가장 극적으로 드러나던 바로 그 풍요로움 말이다. 그 나방의 눈보라는 이제 존재하지 않는다.

그러나 우리 야생 동식물의 절반이 사라진 이유는 너무도 잘 알고 있는데 반해 — 당신 얘기다, 현명한 농부여. 그 끔찍한 온갖 독극물을 들고 당당히 서라 — 그중 특정 부분이 사라진 이유는 완전히 수수께끼로 남아 있다. 바로 런던의 집참새 이야기다.

'코크니 스패러'에게 대체 무슨 황당한 일이 벌어졌기에! 집참새야말로 도시 환경의 가장 뛰어난 생존자가 아닌가! 집참새는 1만 2천 년 전에 인간의 정주가 시작된 이후로 언제나 인간 곁에서 살아왔다…… 도시를 온전히 제집으로 삼는 새다. 그런데 대체 무슨 이유에서, 한때 자기네가 번성했던 세계 최고의 도시 중 하나에서 갑자기 그 모습이 완전히 사라진 것일까? 그 사건이 일어나고 20년 이상이 흘렀는데도 아무도 그 이유를 찾지 못하고 있다.

이 현상이 정말로 황당한 이유는, 그 사회기반이나 분위기에서 런던과 매우 흡사한 다른 대도시, 이를테면 파리나 뉴욕이나 워싱턴에서는 여전히 집참새가 번성하고 있기 때문이다. 작은 참새 무리가 관광객들의 발치를 날아다니며 빵부스러기나 아이스크림 콘 조각을 찾는 모습을 여전히 찾아볼 수 있다. 그러나 영국의 수도에서는, 1990년 이후 10년 동안 집참새의 개체 수가 급락했으며 이제는 거의 완전히 사라져버렸다. 런던의 집참새 생태계 내에서 정체불명의 파국이 일어난 것이다. 그러나 오늘날까지도 아무도 그 이유를 밝혀내지 못하고 있다.

우리가 여기서 언급하는 집참새, 즉 *Passer domesticus*는 세계에서 가장 성공적인 생물종 중 하나다. 원래는 유럽 전역, 아시아와 북아프리카의 상당 지역에 서식했으며, 인간의 손으로 남아프리카, 아메리카 대륙, 오스트랄라시아에 유입되었다. 집참새가 존재하지 않는 대륙은 남극뿐이다. 히말라야산맥의 해발 1만 4천 피트 지역에서도 번식하며, 돈커스터 인근의 프리클리 탄광에서는 지하 2천 피트에서 번식하는 것이 발견되었다(진짜다. 1979년의 일이었다).* 세계에서 가장 흔한 새이며, 가장 널리 퍼진 새임이 거의 분명하다. 뿐만 아니라 세계에서 가장 친숙한 새이기도 했다. 오랜 세월에 걸쳐 집참새는 우리에게 특별한 애착을 일으키는 새였다. 사람과 도시 근처에 서식하며, 질박하지만 강인한 성정을 지녔다고 여겼기 때문이었다. 재치 하나로 생존하는 부랑아 같은 느낌이랄까. 햄릿이 호레이쇼에게 '참새 한 마리가 떨어지는 데도 특별한 섭리가 있다'라고 말했을 때 그는 집참새를 하찮은 존재의 대명사로 삼았지만, 1,600년 전의 로마에서도 그 새는 이미 그런 지위를 차지하고 있었다. 카툴루스가 레스비아의 참새의 죽음을 노래한 매력적이고 유명한 시는 가짜 비가悲歌로서, 연인이 사랑하던 애완동물의 죽음을 애도하도록 비너스와 큐피드를 소환해 온다.** 그래, 집참새는 물론 하찮은 존재다. 그러나 동시에 하층민의 약삭빠름을 가진 존재이기도 하다. 파리가 가장 사랑하는 가수, 작고 활력 넘치는 한 여성이 스스로 참새를 뜻하는 속어, 피아프Piaf를 이름으로 삼은 것처럼 말이다.

집참새에게는 생존 기술이 필요할 수밖에 없었다. 새, 특히

---

* 세 마리의 집참새가 광부들에게 먹이를 받아먹으며 3년 동안 생존했다고 알려져 있다. 한 쌍이 번식해서 세 마리의 새끼를 키웠으나 애석하게도 살아남지 못했.

** '가짜 비가'라고 칭하는 이유는 카툴루스가 가상의 인물인 '레스비아'를 칭송하기 위한 수단으로 새를 사용하기 때문이다.

참새류의 세계적 전문가인 데니스 서머스–스미스*에게 집참새의 가장 마음에 드는 특성이 무엇이냐고 물었더니, 그는 이렇게 대답해서 나를 깜짝 놀라게 했다. "적과 함께 살아남는 능력을 정말로 존경한다오." 그 적이 뭡니까? 나는 물었다. "인간 말이오." 그는 대답했다. 나는 집참새와 인간이 항상 잘 어울려 살았다고 생각했다고 말했지만, 그는 내 생각을 바로잡아 주었다. 특히 농부들은 곡물을 쪼아먹는다는 이유로 집참새를 싫어하는데도, 그 새들은 계속 농가에 둥지를 틀고 살았다. 종종 죽임당하면서도, 같은 장소를 공유하는 유인원들을 극도로 경계하는 방법을 익힘으로써 세대를 거치며 살아남았다. 1940년대 후반에 햄프셔 자택의 정원에서 처음으로 집참새를 관찰하기 시작했던 때를 회상하며, 데니스는 이렇게 말했다. "내가 정원일을 하는 동안에는 내 쪽을 처다보지도 않았지. 그러다 그쪽으로 시선을 돌리면, 녀석들도 나를 보기 시작하는 거요. 나를 극도로 의식하고 있었지. 내 할 일을 하는 동안에는 신경 쓰지 않지만, 그쪽을 보기 시작하면 바로 마주 보는 게 아니겠소."

스코틀랜드인 기술전문가이자 전직 ICI 선임과학고문이었던

---

* James Denis Summers-Smith(1920-2020). 스코틀랜드의 조류학자, 기계공학자. 방대한 연구와 저술 활동으로 참새류의 세계적 권위자로 이름을 알렸다. 집참새가 세상에서 가장 체계적으로 연구된 조류로 꼽히게 된 데에는 서머스–스미스의 공이 크다. 오늘날에도 여러 조류 백과사전의 집참새 항목에서 그의 이름이 언급되는 것을 찾아볼 수 있다.

데니스는 이 글을 쓰고 있는 지금 93세이며 여전히 건강하다.*

그는 *Passer*속의 27종의 새, 그중에서도 특히 *Passer domesticus*를 거의 70년 동안 연구했다. 일생에 걸친 관심 덕분에 그는 20세기 후반기에 영국에서 가장 저명한 아마추어 조류학자가 되었으며, 자기 이름으로 참새에 관한 책을 다섯 권 출간했고, 그중 공신력 있는 지침서라 부를 만한 『집참새』는 1963년에 콜린스의 저명한 〈뉴 내추럴리스트〉 시리즈로 출간되었다. 자신의 저술 속에서, 데니스는 수수께끼의 런던 개체수 감소의 원인이 될 법한 집참새의 여러 생활상을 자세히 묘사했다. 특히 두 가지가 눈길을 끄는데, 하나는 집참새는 정주성이 극도로 강하다는 것이고, 다른 하나는 매우 사회적이라는 것이다. 사실 집참새는 모든 명금류鳴禽類 중에서 가장 정주성이 강해서 대부분 반경 1킬로미터 안에서 일생을 살아가며, 가능하면 둥지에서 50미터 이내에서 먹이활동을 한다. 또한 집참새는 사회성의 표본 같은 새로서, 군집을 이루며 서로를 필요로 하고 깊이 의존한다. 데니스가 '사회성 노래'라고 명명한 습성에서 그 점을 확인할 수 있다. 먹이활동을 끝내고 모이주머니에 소화시킬 씨앗이 가득 차게 되면, 집참새들은 열 마리 정도씩 무리를 지어 무성한 덤불 등에 몸을 숨기고 느긋하게 앉아 서로에게 지저귀

---

* 2020년 99세의 나이로 사망했다.

기 시작한다. 이때의 울음소리는 단음절로 칩! 하고 우는 것처럼 들리지만, 천천히 재생하면 두 음절의 치럽! 이라는 것을 확인할 수 있다. 번갈아 가며 한 번씩 쩍쩍거리는데, 대화를 나누듯 서로 분절되는 것을 명확하게 확인할 수 있다.

야!

왜?

너!

왜?

너!

어?

누구?

쟤.

쟤?

아니.

쟤?

아니.

나?

아니.

쟤?

응.

진짜?

어.

나?

응.

아.

응.

왜?

뭐?

나.

그래.

뭐?

너.

어?

이것은 내 어린 시절에는 교외에서 가장 친숙한 소리였다. 집참새가 말 그대로 사방에 있었으니까. 오늘날 런던에서는 그 소리를 거의 들을 수 없다. 그에 준하는 다른 작은 명금, 이를테면 꼬까울새와 굴뚝새에서 푸른박새와 유럽검은지빠귀에 이르는 새들은 우리 수도의 공원에서 열심히 노래한다. 그리고 도시를 대표하는 다른 새인 집비둘기는 여전히 런던의 거리에서 번성한다(그리고 이제 런던 심장부에서 여러 쌍이 번식하는 매들의 주요 사냥감이 되어 준다). 그렇다면 딱 짚어서 오직 집참새만이 사라진 이유는 대체 무엇이란 말인가? 무엇이 달랐기에?

물론 집참새의 개체수 감소는 20세기 내내 꾸준히 벌어진 일이다. 1925년 11월, 21세의 어떤 젊은이가 런던 중심부의 대형 공원 중 하나인 켄징턴가든으로 나가서, 동생의 도움을 받아 집참새의 개체수를 헤아린 적이 있다. 모두 2,603마리였다. 그 남자는 다름아닌 맥스 니콜슨으로, 열정적인 조류학자이자 영국 환경 기관의 아버지로 불리는 사람이었다. 그는 고위직 공무원이었던 1949년에 세계 최초의 법정 명시 보전 기관인 '자연보호협회'를 창설하고 이후 15년 동안 운영했다. 훗날 그는 영국 자연계의 대부가 되어, 영국조류학재단의 창립 서기장을 역임하고 왕립조류보호협회의 의장을 맡았고, 1961년에는 세계의 대형 환경 압력집단 중 최초라 할 수 있는 세계야생동물기금(WWF, 현재는 세계자연기금)의 창설에도 기여했다. 그러나 이런 찬란한 공적 행보에도 불구하고, 맥스 니콜슨의 본질은 새를 찾아다니는 조류학자였으며, 1948년 12월에는 켄징턴가든의 집참새 개체수 조사를 다시 시도했다. 그때는 885마리가 있었다. 1966년 11월에는 642마리였고, 1975년 11월에는 544마리였다. 그러나 그가 91세의 나이로 참여한 1995년 2월의 조사에서는 고작 46마리밖에 확인되지 않았다. 2000년 11월 5일, 나는 96세가 된 그와 함께 왕립공원 야생동물탐사단이 그의 처음 조사로부터 75주년을 맞아 조사를 수행하는 모습을 지켜보았다. 집참새는 고작 8마리뿐이었다.

대체 무슨 일이 벌어진 것일까? 니콜슨의 조사 초기, 그러니까 1925년과 1948년 사이의 감소는 런던의 거리에서 말이 사라졌기 때문에, 작은 새들의 주된 먹이 공급원인 사료 푸대에서 흘러나온 곡식이나 대변에 섞인 소화되지 않은 곡물이 감소했기 때문으로 여겨졌다. 이후 40여 년 동안, 집참새 개체수는 흔히 쓰는 표현대로 완만한 경사를 따라 감소했다. 그러나 1990년부터 그 감소세는 벼랑처럼 급전직하했다. 바로 이 부분이 수수께끼였다. 버킹엄팰리스가든에는 1960년대에 20쌍 정도의 집참새가 서식했지만, 1994년 이후로는 한 쌍도 남지 않았다. 그리고 한때 수백 마리의 집참새가 날아다니고, 새모이를 들고 있는 관광객들의 어깨와 팔과 손바닥에 내려앉는 모습을 볼 수 있던 ― 나 자신도 그 광경이 기억난다 ― 세인트제임스파크에서는, 1998년에는 단 한 쌍만이 둥지를 틀었다. 그리고 1999년에는 처음으로 집참새의 번식이 확인되지 않았다.

상황을 알아차린 사람들은 바짝 경각심을 품었다. 가장 처음 깨달은 사람 중에는, 당시 런던자연사학회의 조류연구학부장이었던 헬렌 베이커가 있었다. 그녀는 화이트홀의 농업성으로 출근할 때 세인트제임스파크를 가로질러 다녔는데, 문득 호수를 건너는 다리 끝 덤불에서 집참새가 사라졌다는 사실을 깨달았다. 한때 수백 마리가 있었고 손에서 먹이를 받아먹은 적도 있었는데 말이다. 1996년에 그녀는 런던자연사학회 집참새 개체수 조사 위원회를 발족하여 현 상황을 제대로 파악하고자 했다. 집참새 개체수 감소는 런던의 석간신문인 〈이브닝 스탠다드〉로 흘러나갔다. 나 자신이 깨닫게 된 것은 1999년에 이르러서였다. 내 통근열차 종착역인 워털루역에, 한때 가득했던 집참새들이 모습을 감추었다는 사실을 깨달은 것이었다. 참새를 찾아다니기 시작했지만 도저히 발견할 수 없었다. 그러나 사태의 진정한 규모를 제대로 깨닫게 된 것은 2000년 3월에 아내와 아이들과 함께 파리를 여행하고 난 후였다. 프랑스의 수도에는 '르 피아프'가 사방에 가득했다. 이제 집참새가 어디에도 없는 런던과는 극명한 대조를 이루었다. 나는 이에 관한 기사를 썼고, 내가 근무하던 신문사인 〈인디펜던트〉는 집참새를 주요 기사로 다루어 주었다. 계속 기사를 써내다 보니 2000년 5월에는 '참새를 지키자' 캠페인을 발족하게 되었는데, 가장 중요한 항목은 런던과 기타 도심에서 집참새가 소멸한 원인을 과학 논문으로 작성하여 피어리뷰가 있는 저널에 최초로 등재하는 사람에게 5천 파운드의 상금을 수여하는 것이었다. 심사는 왕립조류보호협회, 영국조류학재단, 그리고 데니스 서머스-스미스 박사가 많았다.

〈인디펜던트〉 지의 캠페인, 특히 5천 파운드 상금은 런던 집 참새의 소멸을 국내외 언론에 널리 알렸다. 말 그대로 전 세계에 보도된 것이다. 그리고 독자 반응도 상당했는데, 처음 몇 주동안 거의 250통의 편지(그중 이메일은 20통뿐이었다. 이메일 혁명의 초창기라 격식 있는 편지는 여전히 손이나 타자기로 작성하던 때였다)가 도착했다. 나는 여기에서 두 가지 중요한 측면을 확인할 수 있다. 하나는 사람들이 작은 갈색 새의 소멸처럼 하찮은 일을 놀랍도록 열정적으로 애도한다는 것이다. 마치 감정의 수문이 열린 것처럼, 자신 외에도 그 사실을 깨닫고 중요하다고 여기는 사람이 존재한다는 것에 감사하는 감정이 보편적으로 느껴졌다.('저만 그런 줄 알았는데……')

반응의 다른 중요한 측면은, 당연하지만 독자들의 집참새 소멸에 관한 온갖 이론이었다. 캠페인을 시작하고 2주가 지난 후, 우리는 그중 열 가지를 추려냈다. 빈도순으로 나열하자면 다음과 같았다. 까치의 포식. 새매의 포식. 고양이의 포식. 살충제의 영향. 주택 및 정원 정리로 인한 둥지터 부족. 다락방 단열재로 인한 둥지터 부족. 기후변화. 체르노빌 사건으로 인한 방사능의 영향. 1990년대에 영국에 도입된 무연휘발유. 그리고 마지막으로, 땅콩이 있었다(여기서는 새모이통에 넣은 땅콩이 집참새에게 소화불량을 일으켜 폐사하게 했다는 추측을 제기했다). 이 반응에는 새들에게 먹이를 주는 영국인 계층이 까치에 대해 품는 혐오감이 반영되어 있다. 까치는 1970년대 이후 과거의 시골 서식지에서 교외와 도심의 정원으로 옮겨왔고 ─ 새매 또한 1990년대에 비슷한 서식지 이동을 보였다 ─ 종종 작은 명금류, 특히 그 둥지와 알과 새끼를 포식하는 모습을 보였다. 거의 모든 편지가 강한 느낌을 받았다고 말했지만, 단 한 통은 조금 지나치게 확신하고 있기는 했다('고양이요. 아래 주소로 돈을 보내시오.').

그러나 강한 느낌만으로는 전문가의 평가를 반영하기 힘든 법이라, 나는 전문가를 찾아 나섰다. 나는 연로한 맥스 니콜슨을 만나러 첼시의 후미에 있는 그의 자택을 찾았다. 독특하게 높은, 그러나 머지않아 96세 생일을 맞이하는데도 조금도 명징함을 잃지 않은 목소리로, 그는 처음 들었을 때는 상당히 당혹스러웠던 주장을 제기했다. 그의 말을 그대로 옮기자면, 집참새는 강한 자살 충동을 보이는 종이라는 것이다. 풀어 해석하자면 집참새의 번식 집단에서 개체수가 일정 이하로 떨어지면 ─ 이를테면 먹이 부족 등의 이유로 ─ 집단이 갑자기 번식을 멈추고 와해되어 버린다는 것이다. 그는 이 문제가 궁극적으로 심리적인 것이라고 생각했다. 그토록 강한 사회성을 보이는 새들은, 그토록 적은 수의 삶은 더 이상 살아갈 가치가 없다고 여긴다는 것이다. 사실 이 착상은 잘 알려진 생물학 이론인 앨리 효과Allee Effect에 근본을 두고 있다. 이 이론에서는 사회적 번식을 하는 종의 개체수가 줄어들면 그 사실 자체가 몰락을 가속화시킨다고 말한다. 그러나 순간 나를 멈칫하게 한 것은 맥스 니콜슨이 그 이론을 생생하게 표현한 방식이었다. "내 생각에는 집참새들이 '그냥 포기하자'라고 말하게 된 임계점에 도달한 것 같소. 안정적인 생존이 가능한 개체수와는 무관하게 말이오. 그저 심리적인 문제인 게지." 그는 최초의 개체수 감소는 분명히 물질적 요소, 이를테면 먹이 부족 등과 연관되어 있으리라고 생각했다. 그런 문제로 인해 개체수가 일정 수준 이하로 떨어지자 그가 말한 심리적 공황의 방아쇠가 당겨진 것이다. 그리고 그는 이것이 순전히 추측일 뿐이라고 강조하며, 실험적으로 증명하기는 매우 어려울 것이라 인정했다. "계측할 수 없는 요소라는 것은 알고 있소. 심리적인 문제라니. 과학적으로 그걸 측정할 방법은 없겠지."

그는 웃음 지었다.

"하지만 계측할 수 없는 수많은 일들이 실제로 일어난다오."

당시에도 지금도, 나는 맥스 니콜슨의 말이 옳았을지도 모른다고, 집참새 무리가 일정 개체수 이하로 줄어들면 갑자기 와해될 수도 있다고 생각한다. 그러나 이 경우에 남은 수수께끼는 개체수 감소를 유발한 원인이 무엇인지가 될 것이다. 잉글랜드 북동부 기즈버러 자택에서 만난 데니스 서머스-스미스는 독특한 시각을 제시했다. 참새의 생태에 대해서 잘 알고 있는 데니스는, 참새가 주로 씨앗을 섭취하는 새지만 태어나고 며칠 정도는 곤충, 이를테면 진딧물(정원사들이 끔찍하게 싫어하는 작은 녹색 벌레들 말이다), 작은 애벌레, 파리, 거미 등을 먹어야 한다는 사실을 잘 알고 있었다. 그는 곤충의 수가 감소해서 새끼 참새가 굶주리고 번식 성공률이 떨어졌을 수 있다는 추측을 했다. 겨울의 자연적인 폐사를 벌충하고 개체수를 유지하려면, 집참새는 매년 여름 2~3회 번식에 성공해야 하기 때문이다.

그리고 데니스는 런던 같은 대도시나 기타 인구밀집지에서 곤충의 수가 감소하는 이유도 추측했다. 자동차 매연이었다. 그 중에서도 특히 1988년, 영국에 도입된 무연휘발유였다. 무연휘발유 도입은 자동차 배기가스 성분의 변화를 나타낼 뿐만 아니라, 시간적으로도 집참새 개체수 감소와 연관이 있어 보인다(일부 독자들은 깨달았겠지만, 조사에 참여한 사람들의 발상 중에도 무연휘발유가 있었다). 처음에는 조금씩 팔릴 뿐이었지만 90년대에 들어 판매량이 급증했고, 결국 1999년 연말에는 무연휘발유로의 완전한 전환이 이루어졌다. 그리고 이는 명백하게 런던 집참새의 몰락과 동시에 일어난 일이다. 데니스는 납을 대체하고 옥탄가를 높이려는 의도로 첨가한 화학물질이 문제를 일으킬 수 있다고 믿었고, 특히 두 종류의 첨가제에 주목했다. 벤젠과 MTBE(Methyl Tertialry Butyl Ether)로, 양쪽 모두 건강 및 안전에 의문 요소가 존재했다. 그는 MTBE나 벤젠을 직접적으로 집참새와 연결짓는 과학적 근거가 없다는 사실은 인정했으나 강력한 정황 증거가 존재한다고 생각했고, 따라서 이런 관점을 받아들였다. "이게 내 가설이오. 당신은 어떻게 생각하오?"

흥미로운 가설이고, 어쩌면 의도치 않은 결과 법칙의 강력하고 파멸적인 사례가 될 수도 있을 법했다. 그러나 애석하게도 이 가설은 상당히 검증하기 힘들다. 로섬스테드처럼 극도로 특화된 농업연구소는 농지의 바이오매스를 측정할 능력과 설비를 갖추고 있지만, 적어도 내가 아는 한에서는 도시의 바이오매스를 측정 중인 기관은 존재하지 않기 때문이다. 거의 불가능한 일이기도 하고, 애초에 그런 사업을 지원할 이유가 어디에 있겠는가? 따라서 세인트제임스파크의 진딧물 개체수가 급락했다고 해도 누구도 모를 수밖에 없다. 게다가 나는 이 이론에 치명적인 허점이 있다고 생각했다. 뉴욕과 워싱턴에서도 무연휘발유를 사용하며, 파리에서도 '상 플롱sans plomb[무연]'을 사용한다. 그런데 왜 그런 도시에서는 집참새가 사라지지 않는 것일까?

그러나 데니스가 제기한 개체수 감소의 원인이 새끼들의 굶주림일지도 모른다는 직관은 이내 레스터 드몽포르 대학의 젊은 연구대학원생 케이트 빈센트에 의해 입증되었다. 케이트는 박사 학위 논문에서 레스터 교외와 인근 시골에 600개가 넘는 집참새 둥지를 설치하고 3년 동안 관찰하며 새들의 번식 성공률을 확인했다. (내가 방문했을 때에도 그녀는 열정적으로 사다리를 오르내리는 중이었다.) 그녀가 2005년에 찾아낸 결과는 놀라 웠다. 여름마다 바깥세상에서는 볼 수 없는 곳에서, 수많은 집 참새 새끼들이 굶어죽어가고 있었던 것이다. 게다가 도시 중심 부에 가까울수록 폐사율도 더 높았다. 추가로 식물질 — 씨앗과 빵조각 따위 — 을 주로 섭취한 새끼들의 폐사율은 무척추동물 을 많이 섭취한 새끼들보다 훨씬 높았다. (케이트는 새끼들의 분 변을 검사하여 이 사실을 확인했다. 가히 조류학 분야의 헤라클레스의 사역이라 부를 만한데, 둥지 속 새끼들의 크기와 체중을 기록할 때마 다 손에 떨어지는 분변을 수집한 다음, 현미경으로 아주 작은 곤충 조 각들을 — 진딧물 다리나 딱정벌레 큰턱 따위를 — 확인하고 그 빈도 를 추산했다.) 폐사하는 새끼들은 상당수 2차번식을 시도한 둥 지에서 나왔다. 1차번식의 생존률은 80퍼센트에 이르렀으나, 2 차번식에서는 65퍼센트에 지나지 않았다. 그리고 일 년에 두세 번 번식해야 개체수를 유지할 수 있는 새들의 경우, 이런 상황 은 개체수 감소를 촉발하게 된다.

이내 케이트는 왕립조류보호협회와 영국자연분과English Nature(당시에는 정부기관이었다)의 동료 과학자들과 함께 학술지에 자신의 발견을 수록했고, 2008년 11월에는 그 논문이 〈인디펜 던트〉의 5천 파운드 상금 후보에 올랐다. 그러나 심사자들의 의 견은 엇갈렸다. 문제는 케이트의 연구가 새끼들의 굶주림은 밝 혀냈지만, 새들이 곤충을 찾기 힘들어진 이유는 밝혀내지 못했다는 것이다. 어떤 심사자는 상금을 주자고 했고, 다른 심사자는 주지 말자고 했다. 또 다른 심사자는 절반의 상금만 수여하자고 했다. 이런 상황에서는 상금이 제대로 나갈 수가 없었고, 따라서 이 문제는 오늘날까지도 보류 중이다.

2014년 초, 나는 기즈버러로 올라가서 데니스 서머스-스미스를 만나 이 문제 전체를 다시 검토했다. 우리가 처음 세상의 관심을 끈 지도 14년이 흐른 후였다. 나는 그와 즐거운 이틀을 보내며 5천 건 이상이 있는 그의 훌륭한 참새 기록을 열람하고, 중국제 참새 깃털 부채부터 일본제 참새 모양 단추에 이르는 수많은 참새 관련 수집품을 구경하고, 밤늦도록 참새와 관련된 다양한 토론을 나누었다. 하나 예를 들자면, 레스비아의 참새는 무슨 종이었을까? (데니스는 이탈리아 반도에서 집참새의 지위를 차지하는 이탈리아참새[*Passer italiae*]였으리라 생각하지만, 스페인참새[*Passer hispaniolensis*] 또한 이탈리아 남부에서 찾아볼 수 있다. 내 친구인 조류학자 팀 버크헤드는 참새의 소리에 기반한 추측을 내놓았는데, 카툴루스가 사용한 라틴어 'pipiabat', 즉 '삡삡거렸다'라는 동사를 고려하면 멋쟁이새였을 수도 있다는 것이다.) 그리고 데니스는 자신이 처음 참새와 얽혔던 경험을 내게 들려주었다. 1944년 8월 6일, 23세의 대위였던 그가 제9스코틀랜드 보병중대를 이끌고 노르망디에 상륙해 팔레즈 포위망을 완성하려던 도중에, 근처에 독일군 포탄이 떨어졌다. 그는 거의 다리를 잃을 뻔했으나, 여덟 차례의 수술 끝에 간신히 다리를 보전할 수 있었다. 우스터셔의 어느 병원에 누워 있는 동안, 병실 창문을 통해 들어온 참새들이 그의 마음을 사로잡았고, 무사히 회복한 후에 (다리에는 공항 검문대를 통과하기 힘들 정도로 파편이 잔뜩 박힌 채였지만) 평생에 걸친 연구를 시작했다는 것이었다.

그는 무연휘발유와 MTBE에 대해서는 생각을 바꾸었으나, 여전히 자동차 공해가 런던과 기타 도시 중심부의 집참새 개체수 급감의 원인이라 여기고 있었다. 그러나 이제 그는 개체수 급감의 주요 원인이 디젤 엔진 배기가스의 '미립자' 오염이라 생각했다(즉 비강에서 걸러지지 않는 미소한 검댕 입자를 의미하는 것이다). 그는 이 문제가 어린 새들의 폐사율에 직접적인 영향을 끼쳤으리라 생각했다.

나는 그보다는 계속 나를 괴롭히던 문제 하나를 그와 의논하고 싶었다. 어떻게 오직 집참새만이 그런 식으로 사라질 수 있다는 말인가? 이를테면 세인트제임스파크에서, 꼬까울새나 푸른박새, 유럽검은지빠귀나 굴뚝새 같은 비슷한 명금류가 여전히 만족하며 살아가는 가운데, 어떻게 집참새만 모습을 감출 수 있다는 말인가?

데니스는 집참새가 쉽게 흩어지지 않는 새라는 점이 문제라고 말했다.

나는 그 의미를 물었다.

그는 이렇게 답했다. "집참새는 서로를 잘 알 수 있는 좁은 지역에서 살잖소. 1킬로미터 안쪽에서 평생을 살아가지. 모든 참새류 중에서도 가장 정주성이 강한 새라오. 그러나 다른 새들, 이를테면 푸른박새나 푸른머리되새는 그럴 수가 없지. 그런 새들은 둥지를 떠나면 다른 곳으로 퍼져나간다오. 먹이나 새로운 배우자를 찾아서 훨씬 먼 곳까지 날아가지."

그게 세인트제임스파크의 상황과 무슨 연관이 있을까?

"세인트제임스파크의 집참새 개체군이 소멸한다면 다시 채워질 수가 없다는 거요. 집참새가 새로 유입되지 않으니까. 그러나 푸른박새 개체군이 소멸해도, 주변으로 퍼져가는 다른 어린 새들이 도착하게 되지."

나는 그 말에 숨겨진 의미를 천천히 깨닫기 시작했다.

"그러니까 생태계에 뭔가 문제가 생겨서…… 그 때문에 사라진 것은 집참새뿐이라 해도…… 실제로는 모든 종에 영향을 끼치고 있을 수도 있다는 건가요? 그러나 다른 새들은 흩어지는 성질을 가지고 있어서 군집 개체수를 복구할 수 있고?"

"그렇소."

"하지만 우리가 관찰할 수 있는 것은, 개체수 복구가 안 되는 집참새뿐이라는 말이지요?"

"그게 내 가설이오."

"그렇다면 우리가 지금 그 모든 흔한 새들의 개체군이 파멸하는 과정을, 제대로 몰라보고 있을 수도 있다는 겁니까?"

"그렇소."

나는 말문이 막혔다. "이건 정말 새로운 발견입니다, 데니스. 누구도 그런 말은 안 해줬어요."

"나는 꽤 많은 사람한테 말하고 다녔는데."

그게 가능한 일일까? 매년 세인트제임스파크의 모든 새들이 죽어가고 있다고, 또는 번식에 실패하고 있다고? 그러나 집참새를 제외한 모든 새들이 외부 유입으로 개체수를 유지하고 있을 뿐이라고?

단순히 *Passer domesticus*만이 아니라 훨씬 넓은 범주의 파멸을 목격하고 있는 것이라고?

나로서는 확언할 수 없다.

집참새를 그렇게 효율적으로 파괴한 그 정체 모를 존재가, 우리가 모르는 사이에 런던 중심부의 모든 명금류에게, 어쩌면 그보다 훨씬 많은 생물, 어쩌면 우리에게까지 그런 일을 벌이고 있는지는, 여전히 미지의 영역에 남아 있다.

아직 우리는 그 존재의 정체를 모른다.*

나는 잉글랜드 북부 출신이기는 해도 이후 런던에서 40년 동안 거주하며 그곳을 잘 알고 사랑하게 되었고, 처음 집참새가 런던 심장부에서 사라졌다는 사실을 깨달은 순간에는 다른 사람들처럼 사무치는 상실감을 느꼈다. 데니스를 방문하고 6개월이 지나고 이 책을 집필하는 동안에, 나는 갑자기 런던 중심부로 나가서 집참새를 찾아보고픈 욕망에 사로잡혔다. 집참새가 사라지고 20년이 지난 지금에도 그들의 흔적이 남아 있을지 확인하고 싶었다.

나는 거의 처음으로 집참새 소멸을 눈치챈 사람인 헬렌 베이커에게 접근했다. 그동안 그녀는 런던 자연사협회의 회장으로 승격했지만, 예전과 마찬가지로 집참새들의 운명에 사로잡혀 있었다. 드물게 등장하는 모든 관찰 보고는 물론이고, 이곳저곳 조용한 구석에 살아남아 있는 개체군도 전부 꿰고 있었다. 헬

---

* 집참새의 수수께끼에는 이후 두 가지 새로운 단서가 등장했다. 하나는 2019년에 병원체 감염의 가능성이 제기되고 조류 말라리아가 그 유력한 후보로 대두한 것이었다. 영국에서 집참새의 개체수가 감소하는 지역에서 조사를 진행한 결과 유의미한 수의 조류 말라리아 보균 개체가 확인되었으며, 이로 인한 소화기 장애가 개체수 감소의 주요 원인 중 하나로 생각되고 있다. 다른 하나는 세계 각지의 대도시에서 런던과 유사한 집참새의 개체수 감소가 보고되기 시작한 것이다. 특히 인도의 일부 대도시와 필라델피아 등에서는 개체군에 위협이 될 정도로 심각한 감소세가 관찰된다. 다만 다행스러운 사실은 다시 런던에서 집참새를 찾아볼 수 있게 되었다는 것이다. 예전처럼 많은 수는 아니지만, 세인트제임스파크와 하이드파크를 비롯한 런던 중심부의 여러 공원에서 집참새의 모습이 종종 확인되고 있으며, 영국 전역의 집참새 개체수 또한 2010년부터 느린 회복세에 들어섰다.

렌은 런던 중심부 세 곳에 소규모 개체군이 존재하리라 생각한다고 말해 주었다. 그중 둘은 사우스뱅크에 있었기에, 우리는 7월 어느 무더운 날에 그들을 찾아 떠났다. 합류한 지점은 옛 시티 한가운데의 길드홀야드였다. 헬렌은 길드홀 교회에서 점심 콘서트에 참석하고 나올 예정이었기에, 나는 콘서트가 끝나기를 기다리며 샌드위치를 손에 든 사무직원들이 심드렁하니 빵 부스러기를 요구하는 비둘기떼에 시달리는 모습을 지켜보았다. 내가 처음 런던으로 상경했을 당시에는, 먹이를 가장 열심히 조르는 새는 다름 아닌 집참새였다.

우리의 사우스뱅크 탐사는 버러마켓, 그것도 서더크 성당의 그림자 속에서 시작되었다. 셰익스피어도 눈여겨보았을 성당의 뾰족탑이 우뚝 솟아 있었다(당연한 소리지만 강 북쪽의 교회들은 모두 1666년의 런던 대화재로 소실되어 버렸다). 버러마켓은 지난 수십 년 동안 일어난 '런던의 지중해화'를 잘 보여주는 실례라고 할 수 있다. 우리의 수도에 온갖 새로운 먹을거리와, 노천에서 그 먹을거리를 해치우는 군중의 열정이 도입된 것이다. 날씨가 좋은 날에는 거의 바르셀로나처럼 보일 지경이다. 집참새가 번성할 만한 장소로서 이보다 더 적합한 곳은 찾기 힘들 것이다. 동네 새들도 그 사실을 잘 알고 있었다. 그러나 이곳의 동네 새란 비둘기와 검은등갈매기였다. 흰점찌르레기 무리를 만난 것은 상당히 반갑기는 했다. 그러나 *Passer domesticus*는 흔적조차 찾을 수 없었다. 세인트메리오버리 독에 정박한 프랜시스 드레이크의 '골든하인드호' 복제품을 빙 둘러서, 클린크 스트리트를 따라 중세시대 윈체스터 주교궁 유적을 지나 강둑으로 나가서 앵커 펍에 도착할 때까지도 마찬가지였다. 헬렌의 말로는 이 오래된 펍 너머의 정원에서 작년에 종종 집참새가 목격되었다고 했다. 우리는 한참 동안 주변을 둘러보고 귀를 기울였다. 집참새란 종종 보이기에 앞서 지저귀는 소리가 들려오는 새이기 때문이다. 그러나 들리는 것이라고는 술꾼들의 웃음소리뿐이었다. 그날 우리는 그곳에서 집참새를 발견하지 못했다.

헬렌의 두 번째 사우스뱅크 집참새 포인트는 다른 정원으로, 상류로 한참 올라간 가브리엘워프에 있었다. 그곳으로 걸어가는 동안 나는 어마어마한 비둘기의 수에 충격을 받았다. 특히 과거 발전소였으나 현대미술의 신전으로 변모한 건물, 테이트 모던 근처가 가장 심했다. 그곳의 높이 치솟은 아르데코 벽돌탑에는 매들이 둥지를 틀고 있다. 비둘기를 즐겨 사냥하기로 이름 높은 새다. "매가 비둘기를 사냥한다는 사실을 반기는 사람이 아주 많아요." 헬렌은 이렇게 말했다. 그녀는 공휴일마다 벽돌탑에 왕립조류보호협회 망원경을 고정시켜 놓는 사람 중 하나다. 일반 대중이 '미스티'와 '버트'라고 이름 붙인 매 한 쌍을 관찰할 수 있도록 말이다. 나는 지금껏 지켜본 비둘기 중 얼마나 많은 수가 매들의 만찬거리가 될지 생각해 보았다. 한때는 집참새도 이렇게 수백 마리씩 무리 지어 다니는 모습이 보였는데. 그러나 집참새는 모습을 드러내지 않았다. 이곳에도, 강둑 근처의 그 어디에도, 가브리엘워프에도. 우리는 그곳 정원을 샅샅이 헤집었지만, 한때 헬렌이 40마리의 집참새를 헤아린 적이 있던 그곳에는 이제 16마리의 비둘기만 정원을 돌아다닐 뿐이었다. "이건 좀 안타깝네요." 헬렌이 말했다. "상당히 괜찮은 개체군이었는데요. 식량 공급원이 사라졌기 때문일 수도 있겠죠. 이 근처 주택과 아파트에 둥지를 틀었거든요. 소리도 들리고 모습도 보였죠. 이곳 집들 사이를 이리저리 오가곤 했어요." 이젠 아니지만.

내 눈에는 런던에서 집참새가 완전히 사라진 것처럼 보였다. 사우스뱅크는 관광객으로 들끓는 곳이고, 야외에서 음식을 먹는 사람들이 흘리는 부스러기는 그 어떤 유럽 도시에서도 최고의 집참새 식량 공급원이 되었을 것이다. 그러나 집참새는 눈에 띄지 않는다. 이해가 안 되는 일이다. 거의 오싹할 지경이다. 집참새가 완전히 사라진 것만 같았다.

헬렌에게는 마지막 탐조지 하나가 남아 있었다. 템스 강 북쪽이었기 때문에 우리는 워털루브리지를 건너 웨스트엔드로 들어섰다. 유명하고 유서 깊은 지역으로 들어서면서, 헬렌은 주의해서 주변을 살피라고 일러 주었다. 우리가 지금 있는 거리의 창가에서 집참새가 목격되었다는 것이었다. "계속 위를 보면서 가죠." 그녀는 이렇게 말했지만, 나는 아무것도 찾을 수 없었다. 우리는 다른 유명한 거리 하나로 걸음을 옮겼고, 그녀는 계속 같은 말을 반복했다. 여전히 내게는 아무것도 보이지 않았다. 그러다 문득, 어느 유명한 이탈리안 레스토랑을 지나치던 순간, 내 귓가에 소리가 들려왔다.

야.

너!

뭐?

너!

어?

누구?

쟤.

쟤?

아니.

쟤?

아니.

나?

아니.

쟤?

응.

진짜?

응.

희열이 온몸을 휩쓸고 지나갔다. 나는 소리쳤다. "들려요! 참새 소리가 들립니다!" 헬렌도 소리쳤다. "저기 보이네요!"

"어디요?"

"여기 이쪽 벽에 잘 보시면······"

"아 세상에 진짜! 갑자기! 두 마리가!" ― 전부 내 녹음기에서 바로 옮겨 온 것이다 ― "이야 진짜 있어요! 세 마리째! 연립에, 낡은 빅토리아풍 연립에!"

이 땅에서 가장 희귀한 새를 만났을 때 보일 법한 반응이었다. 붉은등때까치나 장다리물떼새를, 아니면 진홍가슴을. 내 기쁨은 그 정도였다. 나는 헬렌에게 말했다. "집참새를 보고 이런 감정을 느낄 줄은 꿈에도 몰랐습니다."

이제 집참새들의 지저귐이 끊이지 않고 울렸다. 우리는 덤불로 가득한 작은 공원, 아니 정원이라 할 만한 곳의 맞은편에 있었다. 지저귐은 공원 안쪽에서 들려왔다. 안으로 들어가 보니 새들이 있었다. 덤불 깊숙이 숨겨놓은 모이통 주변을 날아다니고 있었다. 유명한 거리의 아주 고요한 구석, 관광객으로 가득한 런던 심장부의 후미 같은 곳이었다. 새들은 공원에서 먹이를 찾고, 길 건너 낡은 연립주택에 둥지를 틀고 있었다.

한 줌뿐이지만.

아주 수줍게, 수풀 속에 몸을 숨기고 있지만.

그래도 집참새가 있었다.

런던 중심부에서 집참새 개체군을 발견했다고 해서 사라진 모든 집참새를 벌충할 수는 없다. 그래도 아예 의미가 없는 것은 아니다. 아주 흐릿한 빛 정도는 되지 않았을까. 때로는 아예 암흑 속에 빠졌다는 생각이 들다가도, 가끔은 그래도 빛이 있으리라는 생각이 든다. 엄청난 손실을 겪었고, 그 손실이 워낙 총체적이고 파괴적이라 자연계를 수식하는 단어로 사용될 정도가 되어도, 우리가 지구와 생명권에 입히는 손실이 상상할 수 없을 지경이라도, 그 손실 때문에 우리 인간이라는 종이 저주처럼 느껴지더라도, 우리의 유일한 고향인 연약하고 세련되고 고립된 행성에 내려온 재앙처럼 느껴지더라도, 우리에게는 여전히 유대가 있기 때문이다.

우리와 자연계의 유대는 거의 대부분 숨겨져 있을지도 모른다. 소음에 잡아먹힌 신호 하나일지도, 도시에 거주한 500세대의 무게 아래 짓눌려 있을지도 모른다. 그러나 자연과의 유대는 고작 500세대의 경험보다 훨씬 강할 것이다. 농부가 땅을 파고 숲을 베고 새로운 질서를 인류에게 강요하기 이전, 자연 속에서 살아온 5만 세대의 삶으로 벼려낸 것이기 때문이다. 그 모든 무게 아래에서도 유대는 살아남는다. 깨지지 않는다. 한두 사람에게만 속하는 것도 아니다. 우리 모두가 물려받은 유산이기 때문이다. 자연과의 유대는 인간이라는 존재의 일부이며, 때로는 힘들지 몰라도 우리 모두의 내면에서 발견하고 이해할 수 있는 것이다. 그리고 이 유대야말로 다가오는 잔혹한 세기에 자연계를 지켜낼 근간이 될 수 있다. 그러니 도저히 견딜 수 없는 손실은 뒤에 남기고, 지금은 유대를 찾을 수 있는 곳으로 떠나도록 하자. 환희 속으로 여행을 떠나도록 하자.

5

계절의 환희

    그러나 자연과의 선천적 유대 관계를 찾고 느끼는 과정에서 우리가 직면하게 될 장애물을 과소평가하는 것 또한 어리석은 일일 것이다. 이 세기가 무르익을수록 그 장애물도 점점 커져만 간다. 그 사실은 인정할 수밖에 없다. 국제연합의 인구통계학자들에 의하면, 2006년 7월 1일에서 2007년 7월 1일 사이의 어느 특정한 시간에, 아무도 모르는 사이 인류 역사의 중요한 사건 하나가 일어났다고 한다. 전 세계를 통틀어 도시에 거주하는 인구가 전체의 50퍼센트를 넘었다는 것이다. 따라서 그 이후로 지구에는 시골보다 도시에 사는 사람이 더 많아졌으며, 처음으로 자연 또는 준자연(대표적으로 농업 지역이 있다)과 밀접히 접촉하는 사람의 수가 과반수 이하로 떨어진 것이다. 이제 다수에 속하는, 그리고 갈수록 불어만 가는 사람들이, 생장주기의 리듬에도, 계절 변화의 효과에도, 고요에도, 하늘에 보이는 별자리에도, 산업화되지 않은 강과 자연적인 숲에도, 그리고 야생 동식물에도 — 새와 야생 포유동물, 곤충과 야생화에도 — 직접적으로 노출되지 않는다는 것이다. 갈수록 그 수가 줄어가는 야생 동식물이 서식하는 지역에조차 접촉하지 못하는 것이다. 상당수 사람들에게는 그 어떤 형태의 자연도 일상생활의 일부가 될 수 없다는 것이다.

잠시 시간을 내어 지구의 도시화가 얼마나 빠른 속도로 진행되는지를 살펴보자. 2014년 UN의 세계 도시화 전망 개정판에 따르면(과거 50퍼센트 도달 시점을 2009년으로 추산했던 내용을 2006년에서 2007년 사이로 수정한 개정판이기도 했다), 해당 연도 시점에서 도시에 거주하는 인구 비율은 이미 54퍼센트에 도달했으며, 2050년까지는 66퍼센트까지 증가할 것이라 예측했다. 90억으로 예상하는 총인구 중 60억이 도시에 거주하게 된다는 것이다. 세계의 3분의 2다.

거의 모든 증가 — 90퍼센트 — 가 아프리카와 아시아에서, 소위 말하는 '메가시티'에서 이루어질 것으로 예상된다. 버섯처럼 불어나는 1천만, 2천만, 3천만, 계속해서 4천만에 이르는 이런 거대 도시들이 21세기 인류 지형의 가장 독특한 특성 중 하나가 될 것이다. 2030년까지 지구상에는 이런 메가시티가 41개로 늘어날 것으로 예상되고 있다. 이런 거대한 거주지와, 그 뒤를 따라 멈출 길 없이 확장할 '작은' 도시들, 즉 인구가 100만을 넘어 300만, 500만, 700만으로 불어나는 도시들은 사회와 간접자본 측면에서 상당한 도전을 야기한다. 그에 필요한 물, 식량, 보건, 교육, 수송, 에너지, 고용, 주거를 확보해야 하기 때문이다. 긍정적인 관점에서 보면 도시에도 그 나름의 장점이 존재한다. 심지어 메가시티의 경우에도 그렇다. 도시는 직업과 수익을 창출할 수 있으며, 보건과 교육과 여성 인권을, 이를테면 드넓은 농촌 지역에서보다 훨씬 효율적으로 증진할 수 있다(적어도 해당 도시의 행정이 제대로 작동하는 한은). 그러나 사람들이 우려하는 문제는 당연하게도 인간의 복지, 빈곤과 그 경감의 문제다. 반면 나는 자연계와 그에 대한 인간의 반응을 걱정하며, 대단위 도시화라 불러 마땅한 이 과정이 그쪽으로 긍정적으로 작용할 수 있으리라고는 도저히 생각할 수 없다.

그 대신 자연은 이제 수십억 명의 사람들에게 — 이 세기의 중엽에 들어서면, 전체의 3분의 2에 달하는 사람들에게 — 단순히 도시가 아닌 장소로 치부될 것이다. 이제 우리가 생각하는 자연이란 스모그가 아닌 깨끗한 공기, 오염된 강이 아닌 깨끗한 강, 콘크리트와 자동차가 아닌 풀과 나무, 자유롭게 존재하는 야생동물에 대한 집단 기억이며 단순한 시각적 표상에 지나지 않는다. 물론 충분히 이해할 수 있는 일이다. 그리고 팽창하는 도시 환경이 그 주민에게 가하는 스트레스와 오염이 계속해서 심해지기만 하면, 도시 거주자들은 나무와 풀, 깨끗한 물과 깨끗한 공기로 도망치기만을 기대할 수밖에 없을 것이다. 그 가치는 실로 헤아릴 수조차 없을 것이다. 특히 자연 속에서, 강변에 소풍을 나가거나 숲길을 헤치고 걸을 때 느끼는 기쁨이 한층 강화된다면…… 그러나 이런 커다란 변화 속에서, 다른 부류의 기쁨은 사라지고 말 것이다.

그 기쁨이란 바로 자연의 계절이 선사하는 밀접한 감각이다. 한 해에 걸쳐 일어나는 지구의 거대한 탄생과 소멸과 재생의 순환은, 선사시대 우리 조상들에게는 가장 중요한 현상의 하나였으며, 시골 사람들은 오래전에 그 감각을 잃은 도시 주민들과는 달리 여전히 그 감각을 유지하고 있다. 물론 완전히 잃었다는 소리는 아니다. 콘크리트와 유리로 만든 고층건물의 30층에서, 전자화된 도피처에 틀어박혀 네온 불빛과 에어컨디셔너와 카푸치노 머신을 만끽하며 노동하는 사람들조차도 여름에는 덥고 겨울에는 춥다는 정도는 느낄 테니 말이다. 아예 밖으로 안 나갈 수는 없지 않겠는가. 그러나 나는 그보다 미묘한 감각을 말하는 것이다. 계절에 따른 전환과 변화를, 아주 작은 신호들을, 교통 소음이나 전자음악에 파묻히거나 오염 속에 스러져 버리는, 지구 곳곳에서 벌어지는 온갖 위대한 변화를 말하는 것이다. 당당하게 나팔을 울리며 도착하는 것이 아니라, 여정을 시작한다고 넌지시 알려주는 신호를 느끼는 것이다. 이런 신호들, 특히 겨울이 끝나고 다시 소생하는 자연은, 우리가 인간이기 시작한 후로 언제나 격한 기쁨과 흥분을 불러일으키고 숭배의 대상이 되었다. 가장 강렬한 감정을 일으켰으며, 때로는 내 경우처럼 환희를 일으키기도 했다.

나는 이 환희로의 여정으로 이야기를 시작하고자 한다. 머지않아 세계의 3분의 2에 달하는 사람들이 이런 여정을, 자연의 박자와 맥박에 대한 친밀함을 잃어버리리라는 예상은 내게 있어 말로 표현하기도 힘들 정도의 비극으로 느껴진다. 부분적으로는 그런 감각이 아무도 모르게, 애도하는 사람도 없이 사라질 것이기 때문이다. 위생도 에너지원도 부족한 메가시티의 판자촌에서 식량이나 아이들을 위한 기초적인 보건과 교육을 얻어내려고 아등바등하는 사람들에게, 이야말로 온갖 우려 중에서도 가장 하찮은 것이기 때문이다. 자연의 리듬? 그런 것에 신경 쓸 겨를이 있을 리가. 당연한 소리다. 그러나 그렇다 해서 그 손실이 심각하지 않은 것은 아니다. 내가 자연 속에서, 자연의 계절을 헤아리며, 동지冬至가 지나고 깨어나는 세상의 신호를 바라보며 느꼈던 환희를 시간이 흐를수록 돌이켜보게 되기 때문이다.

동지? 그게 뭐야? 특히 젊은이 중에는 이렇게 묻는 사람이 많을 것이다. 내 말 믿어라. 진짜니까. 동지야말로 일 년 중에서 가장 중요한 순간인데도! 날이 짧아지기를 멈추고 다시 길어지기 시작하는, 수천 년 동안 축하해 온 날이 아니던가. 동지야말로 스톤헨지가 존재하는 이유(또는 적어도 이유 중 하나)다. 아일랜드의 가장 중요한 선사시대 유적인 뉴그레인지가 존재하는 이유다. 크리스마스가 12월에 있는 이유다. (윌트셔 거석군은 동지의 일몰에 맞춰 배열되어 있다. 미스 카운티의 거대한 무덤은 동지 일출 쪽을 향한다. 초기 그리스도교에서 12월 25일을 예수 탄생일로 삼은 이유는 그날이 로마시대의 동지였기 때문이다.) 1582년에 율리우스 카이사르의 로마력에서 그레고리우스력으로 갈아탄 이후 동지의 날짜도 바뀌었기 때문에, 이제는 12월 21일이나 22일이 동짓날이다. 사실 동지란 하루 통째가 아니라 지구 궤도에서 정확하게 계산할 수 있는 한순간으로, 지구 자전축의 경사각이 태양에서 가장 먼 시점을 뜻한다. 예를 들어 2010년에는 12월 21일 화요일 오후 11시 38분이었는데, 이렇게 해가 진 이후에 그 순간이 찾아올 때는 다음 날을 동지로 기린다.

그러나 실제로 축하하는 사람이 그리 많은 편은 아니다. 드루이드, 이교도, 히피, 잡다한 태양 숭배자들이 스톤헨지에 모여 의례와 춤으로 그 순간을 기념하는데, 늘 그렇듯이 뉴스 미디어에 독특한 기사거리를 제공해 주는 역할을 할 뿐이다. 그러나 대부분의 현대인은 일 년 중 가장 중요한 날에 별다른 관심도 주지 않고 그저 똑같은 하루를 살아갈 뿐이다. 동지야말로 우리가 잊어버린 중요한 지표의 전형이라 볼 수 있다. 힘겨운 도시의 삶 속에서, 우리는 가로등 불빛 때문에 별을 볼 수도 없으며 일몰의 순간조차 제대로 인지하지 못하기 때문이다 — 그런 것은 휴가철에나 즐기는 일 아니던가? 여보, 와서 해 지는 것 좀 봐요! 더군다나 크리스마스까지 사흘밖에 안 남아서 다들 열정적으로 겨울 휴가를 준비하는(또는 다가오는 고독을 두려워하는) 동안에는 더욱 그럴 것이다.

그러나 나는 나이를 먹을수록 동짓날을 사랑하게 되었다. 우리가 삶에 휘둘리느라 지구의 온갖 리듬이나 작용과 접촉하지 못할지라도, 모든 생명은 온 힘을 다해 그런 과정을 계속하며, 동지는 그중 가장 강력한 작용, 즉 재생의 시작을 상징하기 때문이다. 어둠에 가장 깊이 잠긴 속에서도, 다시 날이 길어지기 시작하는 순간은 곧 새 생명이 다가오기 시작하는 순간이다. 그래서 온 세상의 수많은 문화권에서 바로 이날을 축하하는 것이다. 되살아남의 기적이란 언제나 경이롭기 마련이니까. 죽음을 물리치는 것이다. 나이 든 생명이 반드시 죽는 것만큼이나 새로운 생명이 항상 태어난다는 사실도 경이롭기는 마찬가지다. 특히 직선적인 삶을 살아가는, 즉 한 방향으로만 진행되는 인간 개인의 관점에서는 더욱 그렇다. 그러나 지구는 다르다. 지구의 길은 직선이 아니다. 지구의 길은 순환하며, 어느 날 갑자기 그 순환이 멈출지 모른다는 두려움에 사로잡힐 법하지만 이제껏 그런 일은 일어나지 않았다.

나이를 먹으며 나는 그런 기적에 한층 감사하게 되었다(아마 부분적으로는 내게는 그런 일이 일어나지 않으리라는 유감스러운 깨달음 때문일지도 모르겠다). 그 덕분에 나는 다가오는 동지를 한층 예민하게 느끼게 되었다. 대부분의 사람들은 크리스마스 직전의, 인파로 가득한 상점이나 북적이는 파티나 만원 버스나 숨 막히는 기차나 혼란 그 자체인 공항 터미널 등에 깊이 파묻혀 인식조차 할 수 없겠지만 말이다. 그러나 수고를 무릅쓰고 자세히 들여다본다면, 그 온갖 소동 너머에서 뭔가가 벌어지고 있다는 사실을 깨달을 수 있다. 예를 하나 들어보자. 2010년 크리스마스 이브, 즉 12월 24일 금요일 마지막 순간에 서둘러 선물을 사들이는 일을 잠시 멈추었다면, 그날 일몰이 15시 55분이었다는 사실을 확인할 수 있었을 것이다. 그러나 이튿날 오후, 온 세상이 크리스마스 점심 만찬에서 회복하는 동안에, 해는 15시 56분에 지평선을 넘어갔다. 그리고 12월 27일 월요일에는, 일부는 업무에 복귀하고 일부는 그렇지 않고 일부는 그럴까 말까 고민하는 와중에, 15시 57분에 일몰이 찾아왔다. 그리고 새해 전날, 모두가 마지막으로 돈을 펑펑 쓸 준비를 하는 12월 31일 금요일에는, 마침내 4시의 장벽이 깨졌다. 16시 1분에 해가 넘어간 것이다. 매년 같은 일이 반복된다. 아무도 언급하지 않는, 그리고 거의 누구도 눈치채지 못하지만 멈출 수도 없는 과정이

차근차근 일어난다. 그러다 이를테면, 3월 첫째 주쯤이 되어 치과를 들르거나 뭐 그래야 해서 어쩌다 직장에서 일찍 퇴근하게 되면, 문득 부엌 창문을 내다보고는 6시 10분이나 되었는데도 아직 밖이 밝다는 사실을 깨닫게 된다. 그리고 어쩐지 특별하게 고요하면서도 강렬하게 느껴지는 그 빛을 보면서, 뭔가 다르고 새로운 것이 찾아왔다는 것을 깨달음이 찾아온다. 저녁이다. 저녁이 돌아온 것이다. 부엌 문을 열고 정원으로 나가보면 유럽 검은지빠귀가 맞은편 지붕에서, 노래지빠귀가 이웃집 나무에서 노래하는 소리가 들린다. 양쪽 모두 매끄러운 소리로, 새로 찾아온 광휘 속에서 자신만만하게 큰 소리로 노래하고 있다. 이런 경험을 한 사람은 이내 필립 라킨이 바로 이 순간을 완벽하게 포착했다는 사실을 깨닫게 된다.

저녁이 길어지고
노랗게 시린 햇살이
고요하게 서 있는 집들의
전면을 흠뻑 적시네.
지빠귀가 노래하네
아직 벌거벗은 정원 깊숙이서
월계수에 둘러싸여.
갓 짜낸 목소리가

벽돌담을 놀라게 하네……*

……그리고 그 순간, 온 세상이 무언가 어마어마한 것을 맞이하려고 달떠 있다는 사실을 깨닫게 된다. 봄이 다가오는 것이다.

동지는 그 모든 것의 시작이다. 친구들은 1월과 2월이 가장 마음에 들지 않는다고 말하지만, 나는 아니다. 나는 언제나 11월과 12월 초를 가장 싫어했다. 지구가 오로지 어둠을 향해서 침잠하는 달이기 때문이다. 새해의 첫 두 달은 날씨 측면에서는 한층 혹독할지 모르지만, 그 내면에는 빛을 향해 멈추지 않고 되돌아오는 경이로운 현상이 존재한다. 언제나 그 시발점을 확인하던 나는 이제 크리스마스보다 동짓날을 더 기대하기에 이르렀다. 물론 크리스마스가 우리 문화를 늪처럼 집어삼키고 지배하는 존재이기는 하지만, 그렇다고 크리스마스 자체가 싫다는 뜻은 아니다. 그리스도교 가정에서 자라난 나는 크리스마스 이야기를 존중하고 크리스마스의 관습과 음악과 축제를 즐길 줄 아는 사람이다. 운 좋은 사람들이 그렇듯 아이들을 통해 그 모두를 새로이 받아들이게 되기도 했다. 물론 천박하게 상업화되었으며, 일부 사람들에게는 그 계절이야말로 냉혹한 고독으로 가득한 혐오스러운 시기임을 잘 알고 있기는 하지만 말이다.

---

* 필립 라킨의 시 「다가옴Coming」(1955)

그러나 동짓날은…… 이렇게 말할 수밖에 없을 것이다. 내 삶의 마지막 단계로 옮아가는 지금에 이르러, 동지의 도래는 내 가슴을 환희로 가득 채운다고.(스톤헨지까지 직접 찾아가지 않더라도 말이다) 내가 자연계의 환희를 정의하려 처음 시도했을 때의 바로 그 느낌대로, 자연이라는 존재 전체에 특별하고 위대한 측면이 존재한다는 사실을 깨달은 순간, 갑자기 터져나오는 격렬한 사랑을 느끼는 것이다. 매년 세상이 다시 소생한다니, 그보다 더욱 특별하고 위대한 사실은 찾을 수 없을 것이다. 그리고 사실 이렇게 지구가 겨울을 보내고 다시 깨어나는 과정을 나타내는 몇 가지 명확한 표지가 존재한다. 자연 달력의 기념일이라고 불러도 좋을 것이다. 내게 있어서는 이런 기념일도 거의 동지만큼이나 환희의 대상이며 진심으로 그 도래를 축하하게 된다.

가장 처음 찾아오는 것은 설강화snowdrop다. 작고 하얀 백합처럼 생긴 꽃송이가, 혹한 속에서도 한겨울에 자라나서 꽃을 피운다. 프랑스에서는 그 사실 때문에 페르스네즈perce-neige, 즉 눈을 뚫는 꽃이라는 적절한 이름을 붙였다. 물론 어렵잖게 눈에 띄는 꽃이기는 하지만, 나는 동시에 그 꽃의 문화적 반향 때문에도 설강화에 매료되어 왔다. 설강화는 크리스마스 다음으로 찾아오는 주요 그리스도교 축제와 깊은 연관이 있다. 다만 이 세상에 12월 25일을 모르고 지나치거나 율타이드Yuletide라는 폭주 전차의 길에서 비켜설 수 있는 사람은 존재하지 않겠지만, 오늘날 캔들마스가 무엇인지 설명할 수 있는 사람은 천에 하나조차 찾기 힘들 것이 분명하다.

2월 2일의 캔들마스(성촉절)는 성모가 성탄 후 40일째 되는 날, 유대교 율법에 따라 정결 의식을 치른 것을 기념하는 축일이다.(동시에 아기 예수를 성전에 봉헌한 날이기도 하다) 그러나 캔들마스는 오랫동안, 특히 중세에는 그와는 다른 실용적인 의미도 내포하고 있었다. 교구의 모든 신도가 교구 교회로 양초를 가져와서 성직자에게 축복을 받는 것이다. 이렇게 축복을 받은 양초는 '액막이'가 되어 악령의 접근을 막아주는 역할을 한다. 교구 신도들의 행렬과 축복이 끝나면 모두가 초에 불을 붙여서 성모 마리아상 앞에 세워 놓는다. 상상해 보라. 안 그래도 어두컴컴한 2월 낮에, 언제나 음침한 중세 교회에서, 이렇게 세워져서 환한 빛을 발산하는 촛불은 경건한 신도들을 마법처럼 사로잡았을 것이다. 말 그대로 한 해 중에서도 가장 환한 순간이었을지도 모른다.(샤르트르 대성당을 방문하면 비슷한 감정을 느낄 수 있다. 대성당의 가장 어두운 구석에 있는 성모상 앞에서 촛불이 일렁이는 모습을 볼 수 있으니 말이다)

그러나 캔들마스와 연관된 빛의 근원이 하나 더 있으니, 그것이 바로 설강화다. 캔들마스를 상징하는 꽃이기 때문이다. 설강화가 티 없는 정결함의 상징으로 제격이라는 점에는 쉽사리

고개를 끄덕일 수 있다. 과거에는 설강화를 캔들마스 벨이라는 이름으로 부르기도 했는데, 그 꽃을 모으면서, 또는 교회에서 가꾸던 꽃을 그날 받아들면서 어떤 즐거움을 느꼈을지는 그리 어렵잖게 상상할 수 있다. 심지어 오늘날에도, 물론 숲이나 강 유역에서, 특히 남서부 지방에서는 사방을 뒤덮은 설강화꽃을 마주할 수 있지만 ― 감동적인 광경이다. 주변이 모두 하얀 꽃송이로 뒤덮여 마치 자연이 깃발을 가득 휘날리는 것처럼 느껴진다 ― 우리가 설강화꽃의 아름다운 모습을 접할 수 있는 장소는 대개 옛 신앙과 연관되어 있기 마련이다. 교회 안뜰이나 오래된 종교 시설, 수도원이나 수녀원의 폐허 등, 수백 년 전에 캔들마스를 염두에 두고 설강화를 가꾸었던 곳들이기 때문이다.

나는 이 모든 이유로 설강화에 깊이 이끌렸다. 그러나 그 부서질 것 같은 아름다움보다도, 그를 둘러싼 풍성한 전통보다도, 나를 가장 감탄하게 하는 것은 바로 그 꽃이 피어나는 시기이며, 바로 그 때문에 내 달력의 맨 위에 위치하게 된다. 어느 겨울에도 처음 설강화의 모습을 보았을 때처럼 설레는 순간이 없다. 몇 년 전, 추위가 혹독한 1월 하순의 어느 날에, 아이들과 함께 숲속을 산책한 적이 있었다. 헐벗은 나무 사이로 숲길을 걷다가 문득 모퉁이를 도는 순간, 가장 처음 피어난 설강화의 모습이 보였다. 낙엽 사이로 한 줌의 꽃이 비죽 솟은 모습이 마치 칙칙한 갈색의 숲 바닥 캔버스에 선명한 흰색 물감을 튀긴 것만 같았다. 나는 갑작스레 오랜 친구와 만난 것처럼 미소를 머금었다. 안녕, 잘 지냈어? 감정이, 지금이라면 환희라고 표현할 만한 감정이 내 가슴을 가득 메웠다. 당시에는 그토록 강렬한 감정의 정체를 제대로 알지 못했지만, 그날 저녁에 자리에 앉아 곰곰 생각해 보기는 했다. 여전히 겨울이라는 자물쇠 아래 갇혀 있는 대지와, 외투 속에 웅크리고 있는 내가 있다. 양쪽 모두 영원히 계속될 것만 같은 춥고 힘겨운 계절에 적응해 있는데, 그 하얀 꽃들이 나타난 것이다. 다른 무언가가 도래할 것이라는 첫 신호처럼. 언젠가 따스한 날이 돌아올 것이라는 뜻밖이지만 무시할 수 없는 안내문이었고, 나는 바로 그 때문에 미소를 머금게 되었다. 모든 것이 사멸한 것만 같은 한겨울의 숲 바닥에, 갑작스레 모두의 눈에 띄는 하얀색 희망이 영글었으니까.

설강화는 그 존재 자체가 유일하다. 대지마저 얼어붙어 먹먹한 한겨울에, 이렇듯 당당하게 저항하듯 낙관적인 희망을 설파하는 존재는 달리 없다. 그러나 다시 세상이 깨어나려고, 온기를 만나 활짝 피어나려고 몸을 움직이기 시작하면, 봄의 징조 또한 갈수록 많아진다. 그리고 그중 일부에 대해서도 나는 너무 격렬해서 환희라고밖에 표현할 수 없는 감정을 품는다. 그중 하나가 처음 모습을 보이는 나비다. 특히 그 나비가 — 영국에서는 종종 그렇듯이 — 멧노랑나비일 경우에는 더욱 그렇다. (사실 버터처럼 밝은 노랑색을 띠는 이 나비야말로 'butterfly'라는 단어의 어원일지 모른다. 아닐 수도 있고. 누구도 모를 일이다) 이 사건은 종종 내게 독특한 효과를 불러일으키곤 하는데, 내가 느끼는 희열이 너무 강렬해서 그것을 표현할, 정당하게 표현할 색다른 방법을 갈구하게 만드는 것이다. 가능한 방법, 즉 과학으로는 부족하다는 사실을 깨닫게 되기 때문이다.

사람들은 과학이 지식을 부여하는 대신 의미를 가져간다는 말을 종종 하곤 한다. 물론 17세기부터 이 세상을 논리적인 언어로 서술하기 시작하면서, 과학은 우리 상상의 상당 부분을 뒤엎거나 제거해 버렸다. 이제 우리는 한때 널리 퍼지고 의미가 있었던 세상을 바라보는 수많은 비논리적인 방법, 이를테면 연금술, 마법, 저주의 힘, 또는 아담과 이브의 이야기 등을 더 이상 사용하지 않는다. 이런 온갖 이야기들은 상상력이 영글 수 있는 비옥한 토양이었으며, 나는 그 모든 관점이 억압된 것만으로도 — 닐 암스트롱이 그 커다란 발자국을 남겨서 달을 정복한 것과 마찬가지로 — 우리는 뭔가를 상실한 것이라 생각한다.

어느 날 문득 그중 하나를 여전히 사용할 수 있었으면 좋겠다는 생각이 들었다. 바로 정령이라는 개념을 말이다. 육체가 없는 초자연적인 존재, 세상을 날아다니며 원하는 대로 모습을 드러내거나 숨을 수 있고, 일부는 악의를 품지만 일부는 선량한 존재들 말이다. 예시를 원한다면 즉시 하나를 댈 수 있다. 바로 셰익스피어의 『템페스트』의 사역 정령인 에어리얼이다.

에어리얼은 프로스페로에게 사역하도록 속박된 존재였다. 프로스페로는 마법사이자 공작으로, 사악한 동생에게 작위를 뺏기고 밀라노 공국에서 추방되어 어린 딸과 함께 황량한 섬으로 유배된 신세였다. 에어리얼은 이곳저곳을 날아다니며 프로스페로의 명령을 수행한다 ─ 줄거리가 시작될 수 있도록 모든 등장인물을 한데 모으는 폭풍우를 소환하는 것이 바로 에어리얼이다 ─ 그러나 동시에 에어리얼은 자유를 갈망하는 존재이기도 하며, 결말에서 프로스페로는 머뭇거리면서도 그에게 자유를 선사한다.

실체도 형체도 없고, 심지어 성별도 명확하지 않으며(여기서 내가 '그'라고 칭하는 것은 그저 편의적인 이유 때문이다), 중력의 제약을 받지도 않고, 인간의 육신이라는 짐덩어리도 소유하지 않은 에어리얼은 공기보다 가벼워지고 싶다는 우리의 덧없는 갈망을 구체화한 존재다. 그러나 『템페스트』라는 작품의 특성상, 에어리얼은 단순한 마스코트 요정 이상의 의미를 지닌다. 흔히 그렇듯 셰익스피어의 마지막 희곡을 자전적으로 해석한다면 더욱 그렇다. 마법을 포기하는 프로스페로는 마치 셰익스피어가 예술에 작별을 고하는 것처럼 느껴진다. 이런 해석에서는 마법사가 풀어주기를 꺼리는 사역 정령을, 어렵잖게 셰익스피어 본인의 상상력에 대치시킬 수 있다. 고령에 이르면서 그 상상력에도 작별을 고해야만 하는 것이다. 그의 위대한 재능은 온 세상을 원하는 대로 움직이고, 자기 나름의 폭풍우와 잊을 수 없는 인물과 시문을 만들어냈다. 그러나 이제는 좋든 싫든 그 재능에도 작별을 고하고 평범한 — 물론 아주 부유하기는 해도 — 시민이 되어서, 워릭셔의 작은 장터 마을에서 죽음을 기다리게 된 것이다(이로부터 4년이 걸렸다).

셰익스피어가 자신의 비범하고 원대하고 주유하는 재능을 표현하려고 정령을, '재기 넘치는' 정령을 선택하고 그토록 눈부신 은유를 창조한 것은 매우 운 좋은 일이었다. 동시에 그 시절이, 과학이 그런 존재를 미신이라는 꼬리표가 붙은 쓰레기통에 할당하기 전이었기에 가능한 일이기도 하다. 그러나 우리는 그런 선택을 할 수가 없다. 우리에게 있어 정령이란 이미 끝장나서 비유로 사용될 힘을 잃은 존재다. 그리고 어느 봄날, 나는 회한과 함께 며칠 동안 그 사실을 곱씹었다. 3월의 어느 화창한 일요일 아침, 그해 처음으로 나비를 목격하고 그 희열을 표현할 방법을 찾으려고 애쓰던 중이었다.

이번에도 멧노랑나비, 밝은 노란색의 멧노랑나비였다. 과학과 이성을 사용하면, 나는 그 나비에 대해서 상당히 많은 것을 알려줄 수 있다. 절지동물이며 그중에서도 곤충강에 속한다. 곤충 중에서도 인시목에 속하며, 그중에서도 흰나비과에 속한다. 학명은 *Gonepteryx rhamni*라고 한다. 성충 상태로 겨울을 나는데, 영국에서 그렇게 겨울을 나는 나비는 5종밖에 없다(나머지 53종은 알, 유충, 번데기 상태로 겨울을 난다). 애벌레 시기에는 갈매나무과의 잎을 먹는다. 그리고 겨울에는 나뭇잎으로 위장하고, 아마도 담쟁이덩굴 속에서 동면하다가, 처음으로 한낮 기온이 올라가면 잠에서 깨어날 것이다.

그러나 이런 지식으로는 내 감정을 표현할 수 없다. 내가 본 모습은 마치 전기 충격과도 같았다. 해가 넘어간다는 지표이자, 단순히 날이 따뜻해진다는 소식이 아니라 모든 생명의 위대한 재생, 누구도 멈출 수 없는 부활이 시작된다는 소식이며, 그 영롱한 빛깔은 멧노랑나비가 알리는 변화의 규모를 미리 선언하는 것 같다. 마치 햇살의 한 조각을 떼어내어 자유롭게 날아다니게 만들어 봄을 선포하는 느낌이다. 그리고 나는 이 생물에 대해 수많은 지식을 알려준 과학이라는 수단이, 바로 그 순간에 내포하는 의미를 전달할 수 없다는 사실을 깨달았다. 적어도 내게는 그랬다.

내가 곤충 한 마리를 보았다고 여러분에게 말한다면, 그야 엄밀한 진실이기는 하겠지만, 여러분은 그 말에서 무엇을 알 수 있을까? 아무것도 알 수 없다. 범주화란 지식을 전달해 주기는 하지만 동시에 내포한 의미를 즉각 평탄화시켜버리기 때문이다. 그러나 내가 그 순간 느낀 대로 정령을 보았다고 말한다면, 우리는 즉시 다른 영역에 속하게 된다. 상상의 영역에 들어가서 그 사건의 경이에, 그에 깃든 환희에 접근하게 된다. 따라서 3월의 어느 일요일 아침에, 서리Surrey의 평범한 교외 거리에서, 나는 봄의 정령과 마주쳤던 것이다.

첫 멧노랑나비나 첫 설강화가 품은 매력의 일부는(동짓날도 여기 포함될지 모른다) 매년 그 도래를 기다리게 된다는 것이고, 그만큼 반응도 강화되기 마련이다. 그러나 때로는 기대하지 않았던 독특한 사건이 그해의 재생을 알리기도 하는데, 이는 그만큼 특별한 경험이 되기 마련이며, 언제나 내 마음속에서 환희라 불러야 마땅할 희열을 불러일으키곤 했다.

그중 하나는 3월 토끼를 만나는 일이다. 적어도 500년 동안은 '3월 토끼만큼 정신 나간'이라는 표현은 영어에서 흔히 사용하는 직유법이었는데, 번식기를 맞은 유럽갈색토끼가 흥분해서 들판을 뛰어다니는 모습이 — 전설에 따르면 — 너무 기운차서 정신이 나간 것처럼 보이기 때문이다. 루이스 캐럴은 『이상한 나라의 앨리스』에서 3월 토끼에게 문학적 신원을 부여함으로써 이런 관념을 강화했고, 이제는 모두가 그 개념에 익숙해져 있다. 실생활에서 토끼를 만나보지도 못한 사람들도 말이다. 거의 말이다. 그러니까, 3월의 유럽갈색토끼를 말이다.

나는 수많은 들토끼를 목격하고 언제나 흥미를 느껴 왔다(그리고 반갑기도 했다. 이 나라에는 특색 강한 야생 포유동물이 그리 많지 않으니까). 부분적으로 그 이유 중 하나는 우리 마음속에 즉시 비교할 수 있는 다른 동물, 즉 굴토끼가 존재하기 때문이라 생각한다. 우리는 어린 시절부터 굴토끼를 만나고 익숙해진다. 훨씬 전부터 그 친척들에 익숙해져 있으므로, 일단 들토끼를 보면 즉시 차이점을 인식하게 된다. 다른 무엇보다, 들토끼는 훨씬 크다. 우리는 뇌 속에 박혀 있는 쪼그려 앉은 굴토끼의 모습을 재조정해야만 한다. 귀를 높이 세우고 길게 뻗을 수 있는 다리를 가진 들토끼는 굴토끼에 비하면 거대해 보이게 마련이다. 게다가 누런 눈은 툭 불거져 있고, 몸통은 훨씬 길고 늘씬하다. 몸 전체가 근육이다. 달리려는 목적으로 구성된 육체다. 게다가 훨씬 거칠어 보이는 것이, 집에 박혀 있을 것 같은 굴토끼와는 달리 언제라도 모험을 떠날 것 같다. 그래, 물론 나도 여러분처럼 『워터쉽 다운』*을 읽은 사람이고, 굴토끼 사회에도 극적인 사건이 있으리라 생각하기는 한다. 그러나 모든 것을 종합해 보면, 이런 말을 하면 안 된다는 것은 알지만, 굴토끼는 왠지 아주 조금 지루해 보이지 않는가? 그러니까, 굴토끼가 흥미로운 짓

---

* 리처드 애덤스의 1972년작 모험소설. 작중 등장하는 주인공 토끼들은 모두 굴 속에 사는 굴토끼들이다.

거리를 벌이는 적이 있던가?

들토끼에는 지루한 구석이라고는 조금도 없다. 산야를 달리는 거친 방랑 짐승일 뿐 아니라, 일종의 초자연적인 분위기마저 풍긴다. 들토끼에는 온갖 부류의 마법과 관련된 전승이 깃들어 있는데, 그중 하나는 들토끼의 정체가 변신한 마녀라는 것이다. 나는 십대 후반에 월터 델라메어의 동시를 읽기 시작하면서 그 전승을 처음 접했다.

> 들판의 검은 고랑 속에서
> 오늘 밤 나는 늙은 마녀 토끼를 보았다네.
> 늘씬한 귀를 한쪽으로 기울이며
> 환히 뜬 달을 곁눈질하며
> 푸른 잔디를 우물거렸지.
> 그리고 나는 속삭였다네. '쉬잇! 마녀 토끼야.'
> 마치 들판을 가로지르는 유령처럼
> 그녀는 도망갔다네, 달빛만을 그 자리에 남기고.*

그러나 평생 들토끼를 목격할 때마다 큰 기쁨을 느껴 왔음에도 불구하고, 나는 3월에 토끼들이 미쳐 날뛴다는 바로 그 전승

---

* 월터 델라메어의 「들토끼The Hare」

의 원인이 된 행동을 직접 목격한 적이 없었다. 다른 무엇보다 그 유명한 '복싱', 즉 뒷다리로 서서 링에 오른 상금 사냥꾼들처럼 서로 맞서는 행위도 말이다. 경험에 이가 빠진 느낌이라 종종 생각이 날 수밖에 없었다. 그래서 어느 해 3월에, 정기적으로 들토끼를 관찰하는 숙련된 자연 탐구가와 함께 야외로 나갈 기회가 생기자, 나는 그 기회를 즉시 붙들었다.

질 터너는 하트포드셔에 거주하는 60대 초반의 친절한 여성이다. 그녀는 런던 중심부에서 북쪽으로 25마일 떨어진 곳에 살고 있는데, 거의 20년 전에 들토끼를 지근거리에서 마주하고 관심을 가지기 시작한 이래로 계속 토끼를 관찰하고 녹음하고 사진을 찍어 왔다. 들토끼에 품은 열정이 대단한 사람이었다. 그녀의 집 근처에도 토끼는 있었지만, 그녀는 최고의 들토끼를 보여주려고 나를 데리고 다시 20마일을 북상해서 동부 잉글랜드의 광활한 경작지, 산울타리도 없는 '밀밭의 툰드라'와 만나는 지역까지 올라갔다. 들토끼를 너무 사랑해서 차마 쏘지 못하고 자기 땅에서 번성하게 방치하는 독특한 농부와 친구가 된 곳이었다. 그러나 불법 개사냥을 하는 밀렵꾼들이 토끼에게 심각한 위협을 가하기 때문에 — 그레이하운드나 그레이하운드 잡종견 두 마리를 풀어서 사냥 경쟁을 하는 유희다 — 그녀는 절대 그 장소를 알리지 말라고 내게 신신당부했다. "정말 끔찍한 일이지만요, 일단 알려지면 전국에서 그 짓을 하려고 이곳을 찾아와요. 농부가 경찰을 부르면, 밀렵꾼들은 죽은 토끼를 문간에 내던지고 떠나 버린답니다."

따라서 여기서 정확한 장소를 알려줄 수는 없다. 매력적인 풍경을 지닌 곳이라고만 말해 두겠다. 표토가 얕게 깔린 완만한 언덕이 길게 이어지는데, 바람을 막을 만한 식생은 거의 없는 황량해 보이는 풍경이었다. 전형적인 동부 잉글랜드였다. "세상에. 이 동네 겨울은 정말 춥지요." 질은 이렇게 말했다. 3월 2일 아침, 춥고 건조한 날씨였다. 댕기물떼새의 울음소리와 언뜻 보이는 모습에 기분이 들떴다. 우리는 오솔길을 따라 작은 숲을 통과해서 평원으로 나왔다. 처음에는 *Lepus europaeus*의 흔적은 전혀 보이지 않았기에, 나는 질에게 들토끼의 어떤 점이 그녀를 매료시켰는지를 물었다.

그녀의 말에 따르면 사람들은 들토끼에 대해 잘못된 정보를 가지고 있다고 한다. 굴토끼가 땅굴 속 안전한 곳에서 번식하는데 반해서, 암컷 들토끼는 들판 한가운데의 움푹 패인 둔덕에서 무책임하게 새끼를 낳는다는 것이다. "사람들은 들토끼가 나쁜 어미라고 말하죠. 새끼를 땅바닥에 낳아서 버려두고 간다고요. 하지만 시간을 들여 연구하면, 들토끼는 아주 영리한 어미, 아주 훌륭한 어미라는 사실을 알 수 있어요. 번식하기 전에 몇 주의 시간을 들여서 근처를 지나다니는 동물을 찬찬히 살펴보거든요. 암컷 들토끼는 평생 거의 같은 장소에 새끼를 낳아요. 아주 안전한 장소를 발견하고, 짝짓기를 시작하기도 전부터 그 주변을 지나다니는 다른 존재들을 눈에 익히죠."

그녀는 오랜 세월 동안 상당한 양의 관찰 기록을 축적했고, 그 안에는 소소하고 흥미로운 세부 사항들이 가득하다. 그녀는 들토끼가 모래 목욕을 한다고 말한다. "잘 마르고 입자가 고운 모래땅을 발견하면, 토끼는 그곳에 가서 몸을 굴린답니다. 에티켓 같은 것도 있어요. 다른 토끼가 있으면 목욕을 끝낼 때까지 기다려 주거든요." 어린 들토끼는 작은 무리를 이루어 다른 생물들을 쫓아다닌다. "까마귀나 꿩이나, 근처에 오는 동물이면 뭐든 쫓아다니는 모습을 본 적이 있어요. 도망갈 때까지 계속 따라다니죠." 어린 들토끼는 쉽게 분간할 수 있다. "주둥이가 짧거든요. 귀에 상처가 없고요. 나이 든 토끼들은 귀에 상처가 있어요. 특히 수컷들이요." 그리고 당연하게도, 그녀는 짝짓기 습성, 즉 '미친 3월 토끼'와 추격과 복싱을 종종 목격하곤 했다. 한때는 수컷 두 마리가 암컷을 놓고 싸우는 것이라 생각했지만, 이제는 거의 언제나 암컷이 원치 않는 수컷의 접근을 물리치는 것으로 여기고 있다.

농경지 깊이 걸어 들어가자 들토끼들이 차츰 모습을 드러내기 시작했다. 상당히 먼 곳에서 한 마리씩 여기저기 모습을 보이더니, 이내 근처에 흩어져 돌아다니는 작은 집단이 모습을 드러냈고, 일부는 제법 가까이 다가왔다. 일단 그 존재를 눈치채면 제법 눈에 잘 띄는 편인데, 다른 무엇보다 길고 끝이 검은 귀를 수직으로 쫑긋 세우고 있기 때문이다. 이내 토끼의 수가 상당하다는 사실이 명백해졌다. 신께서 그 농부를 축복하시기를. 토끼들은 차분히 자기 할 일을 — 푸른 잔디를 우물거리기를 — 하는 것처럼 보였지만, 한쪽에서 갑자기 두 마리가 벌떡 일어나더니 서로의 면상에 연속으로 앞발을 날려 대기 시작했다. "좋았어!" 나는 소리쳤고, 질은 웃으며 말했다. "이제 봤네요." 그러나 한순간이었다. 유성처럼 빠르게 지나갔다. 진짜 본 것이 맞는지 의심이 들 지경이었다. 그러나 이내 같은 일이, 이번에는 더 길게 펼쳐졌다. 쌍안경 속에서 토끼들의 하얀 배털이 서로를 향해 춤추는 모습이, 뒷다리로 벌떡 일어나서 빙빙 돌며 앞발을 마구 휘둘러 명중시키려 애쓰는 광경이 펼쳐졌다. 둘은 잠시 움직임을 멈추고, 마치 링 코너에 앉은 권투선수들처럼 몇 야드 떨어진 채로 서로를 주시하더니, 갑자기 다음 라운드의 종이 울린 것처럼 덤벼들어 그대로 부딪쳤다. 완전히 공중에서. 서로 상대방에게 달려들어 허공에 있는 동안에 서로 앞발을 휘둘러 부딪치더니, 다시 뒷다리로 서서 뱅글뱅글 돌며 정신없이 앞발펀치를 나누기 시작했다. 머릿속에 쉬는 시간에 운동장으로 달려나가며 친구들에게 소리치는 저학년 학생들의 목소리가 울렸다. 싸워! 싸운대! 싸움이야!

낮게 이어지는 언덕을 따라, 여기저기서 무리 지은 토끼들이 짤막하게 복싱을 벌이거나, 더 길게 오랫동안 다투거나, 종종 한두 마리가 서로를 정신없이 쫓아다니고 때로는 다른 토끼들이 합세하는 모습이 눈에 들어왔다. 질은 그게 어린 토끼들이라고 설명했다. 왜 그러는지도 모르면서 그저 쫓아다니는 것이다. 그리고 그 모든 광경을 바라보면서, 나는 온몸에 멈출 수 없는 희열이 번져나가는 것을 느낄 수 있었다. 단순한 흥분과는 달랐다(물론 엄청나게 흥분하기도 했지만). 관용구 뒤에 숨은 보기 드문 실제 현상을 목격했다는 만족감과도 달랐다. 일종의 특권을 만끽한다는 느낌이었다. 다시 깨어나는 순간을, 새 생명을 향한 움직임의 일부를 목격하고 있었기 때문이다. 평소라면 보지 못할 그 특별한 순간을 함께한다는 감각이야말로 진정으로 환희에 가까운 것이었다.

나무에 물이 차는 모습을 지켜보는 것과도 비슷했다.

나무에 물이 차는 모습을, 엄청난 속도로 지켜보는 것만 같았다.

내가 경험하고 환희를 느꼈던 다른 부류의 부활하는 봄철의 징표는, 그 자체가 너무 비범해서 그 성격을 어떻게 묘사해야할지 모를 지경이다. 다름 아닌 현대의 전기 기술에서 유래한 것이기 때문이다.

2011년 여름, 영국의 손꼽히는 조류학 연구기관인 영국조류학재단(British Trust for Ornithology, BTO)은 나 자신이 상당한 개인적 관심을 가졌던 분야의 연구 프로젝트를 시작했다. 그 대상은 뻐꾸기였다. 뻐꾸기는 두 가지 측면에서 유명한 새다. 하나는 다른 새들의 둥지에 알을 낳는다는 것이고, 다른 하나는 4월에 영국에 도착해서 가장 명료하고 명확한 봄철의 소리, 즉 2음정의 뻐꾹 소리로 울어준다는 것이다. 음정 사이의 단3도 간극은 음악적으로 가히 완벽하다고 할 수 있다.

내가 BTO의 연구에 관심을 가지게 된 것은, 그 2년 전에 여름 철새로 영국을 찾는 새, 특히 사하라 이남 아프리카에서 날아오는 새들에 관한 책을 한 권 썼기 때문이었다. 그중에서도 제비, 나이팅게일, 연노랑솔새, 뻐꾸기를 중점적으로 다루었는데, 나는 이 새들을 '봄의 전령'이라 불렀다. 그들 중 뻐꾸기를 포함한 일부는 경각심이 생길 정도의 속도로 개체수가 줄어들고 있었다. 그 이유를 찾기는 상당히 힘들었는데, 철새들은 '복합적인 위험' 속에서 살아가기 때문이다. 영국의 번식지에서 어려움을 겪을 수도 있고, 아프리카의 월동지에서 곤경에 처할 수도 있다. 또는 매년 양쪽을 오가며 겪는 어마어마하게 길고 힘겨운 여정 속에서 문제가 생길 수도 있다.

여름철 번식기의 뻐꾸기 생활상은 지금껏 상당히 많은 부분이 밝혀졌다. 둥지 주인, 이를테면 유럽개개비나 풀밭종다리를 속이고 알을 낳는 방법이나, 뻐꾸기 새끼가 알에서 깨어나서 경쟁자 새끼들을 제거하는 방법, 양부모의 관심을 독차지하는 방법 등 말이다. 따라서 BTO의 연구 프로젝트는 뻐꾸기의 나머지 시기의 생활상에 초점을 맞추었다. 아프리카로 돌아가는 여정과 그곳에 머무는 시간이 뻐꾸기 개체수 감소에 관한 단서를 제공해 줄 수 있으리라 여긴 것이다. 그 방면으로는 사실상 거의 알려진 바가 없었다. 관련 자료는 한 조각뿐이었다. 1928년 6월에 버크셔 이튼의 알락할미새 둥지에서 가락지를 단 뻐꾸기 새끼가, 1930년 1월 서아프리카의 카메룬에서 죽은 채 발견된 것이다.

그게 전부였다.

나머지는 공백이었다. 영국의 뻐꾸기들은 어디에서 겨울을 날까? 아는 사람은 아무도 없었다.

이번 프로젝트는 현대 통신 기술의 힘으로 이 공백을 메꾸려 했다. 위성통신 발신기의 소형화 기술이 너무도 엄청나게 발전하여 새들에게 달아줄 수 있을 정도에 이르렀고, 이제 지구를 누비는 새들의 경로를 한 발짝씩 추적할 수 있게 된 것이다. 이미 물수리 같은 대형종에게는 사용한 적이 있는 기술이었으나, 2011년에는 위성통신 '꼬리표'가 충분히 작고 가벼워져서 뻐꾸기조차도 아무런 장애 없이 달고 날아갈 수 있을 정도에 이른 것이다. 이번에는 5마리의 수컷 뻐꾸기를 포획했는데, 모두 노 퍽 셋퍼드의 BTO 본부 근처인 이스트앵글리아 지역에서 수행 되었으며, 가락지와 위성통신 꼬리표를 부착한 후 풀어주었다.

BTO는 영리하게도 이 뻐꾸기들에 이름을 부여했다. 과거에 는 이런 중대하고 값비싼 과학적 연구(위성통신 꼬리표의 가격은 개당 3천 파운드다) 대상들에게는 XPWS137에서 XPWS141이 나 뭐 그런 이름이 붙었겠지만, 대중의 지지가 중요함을 잘 알 고 있던 재단 측에서는 뻐꾸기들에게 클레멘트, 마틴, 리스터, 캐스퍼, 크리스라는 이름을 붙였다. 마치 보이그룹의 멤버들처 럼 들리는 이름이었다. 뿐만 아니라 현대적 미디어 측면에서 대 담한 시도를 하나 더 하기도 했는데, 바로 각자에게 블로그를 할당하여 세세한 여정을 기록하고, BTO 웹사이트에서 누구나 거의 실시간으로 추적할 수 있도록 만든 것이다.

이 프로젝트는 거의 즉시 극적인 성과를 거두었는데, 오랜 동요 속 뻐꾸기 생태의 신빙성을 단박에 끝장내 버린 것이다.

사월이면
뻐꾸기가 오네
오월에는
이곳에 머무르네
유월에는

곡조를 바꾸네

칠월에는

날아갈 채비를 하네

팔월에는

반드시 떠나야 한다네

8월? 천만에. 클레멘트는 6월 3일에 영국을 등지고 아프리카로 떠났고, 7월 13일에는 알제리에 도착했다. 미드서머도 지나지 않았는데 겨울 여행을 떠난다고? BTO의 과학자들은 놀라움을 금치 못했다. 클레멘트는 곡조를 바꿀 생각조차 하지 않고 그대로 떠나 버린 것이다. 머지않아 마틴, 캐스퍼, 크리스도 그 뒤를 따랐다(리스터는 7월 중순까지 노퍽 브로즈 국립공원에 남았다). 이조차도 깨달음의 시작에 지나지 않았다. 연구자들은 여정의 방향과 성질 양쪽에서 깜짝 놀라게 되었는데, 완전히 다른 두 가지 경로를 택했음에도 결국에는 종착점이 일치했기 때문이다. 크리스, 마틴, 캐스퍼의 세 마리는 이탈리아를 따라 남하해서 지중해를 건너 그대로 사하라사막을 가로지른 반면, 클레멘트와 리스터는 스페인으로 내려가서, 앞의 경로에서 서쪽으로 1,000마일 이상 떨어진 아프리카의 대서양쪽 해안을 따라 남하했다. 그러나 연말 즈음에는 양쪽 모두 같은 장소, 아프리카에서도 수수께끼가 가득한 지역인 콩고 강 분지에서 만났다. 잉글랜드 남동부에서 출발한 뻐꾸기들은 4,000마일 떨어진 콩고까지 가서 겨울을 나는 것이었다(여기서 콩고란 과거 벨기에의 식민지였던 콩고민주공화국, 즉 자이르가 아니라 북쪽의 과거 프랑스령 콩고였던 콩고 공화국을 가리킨다). 누구도 모르던 사실이었다. 누구도 상상조차 하지 못했다. 서아프리카, 아마도 세네갈쯤으로 간다고만 여기고 있었다. 더욱 놀라운 사실은 그들의 최종 월동지가 서로 상당히 가까웠다는 것이다. 새해가 시작될 즈음, 클레멘트, 마틴, 리스터는 모두 브라자빌 북쪽의 테케 분지에서 월동하고 있었다. 강을 따라 숲과 초지가 이어지는, 그리 정착민이 많지 않은 지역이었다. 캐스퍼는 테케 분지의 남쪽 끝에 있었고, 크리스는 그보다 북서쪽, 콩고민주공화국의 국경 바로 너머에 있었다.

뻐꾸기에 직업적 관심이 있었던 나는 이런 전개에 완전히 푹 빠져 버렸고, 다섯 마리 새들의 운명을 처음부터 꾸준히 추적했다. 언제든 구글어스에서 정확한 위치를(적어도 마지막으로 신호를 송신한 꼬리표의 위치는) 확인할 수 있었다. 끝내주는 최신 조류학이 눈앞에서 온갖 발견을 쏟아내고, 해묵은 철새 이동의 수수께끼가 해결되며 놀라움이 계속되는 것만으로도 실로 두근거리는 경험이었다. 그러나 아직 그보다 놀라운 발견이 하나 남아 있었다.

2012년 2월 7일, 나는 BTO 웹사이트의 뻐꾸기 페이지에 접속해서 그동안 새들에게 일어난 일의 요약을 살펴보았다. 그때 새들은 두 달째 콩고에 머무는 중이었다. 크리스와 클레멘트 쪽에는 새로운 데이터가 없었다. 리스터는 북쪽으로 75마일을 이동하여 응자코우에 도착했다. 마틴은 북쪽으로 90마일을 이동하여 리쿠알라 강에 근접했다. 그런데 캐스퍼는 더 남쪽에서 출발했는데도, 그 둘을 훌쩍 뛰어넘어 북쪽으로 350마일을 이동하여 콩고와 가봉 국경에 근접해 있었다.

내 머릿속을 뭔가가 휘젓고 지나갔다.

나는 다시 그 내용을 읽었다. 리스터는 북으로 이동했다. 마틴도 북으로 이동했다. 캐스퍼도 북으로 이동했다.

나는 지도를 켜고 그들의 이동 경로를 살폈다. 가느다란 선 세 개가 보였다. 리스터는 주황색, 마틴은 녹색, 캐스퍼는 노란색.

모두가 한쪽 방향을 가리키고 있었다. 북쪽. 북쪽을 향해…… 내가 있는 곳으로…… 경탄과 엄청난 행복함이 뒤섞인 채로, 나는 눈앞의 스크린 위에 펼쳐지는 현상이 무엇인지를 깨닫기 시작했다.

뻐꾸기들이 귀로에 오른 것이다.

장대한 이동의 순환이 다시 시작된 것이다. 나는 문득 한 가지 사실을 깨달았다. 터무니없이 과장된 것처럼 들릴지 몰라도, 지금 나는 인류 역사상 그 누구도 목격한 적 없는 현상을 지켜보고 있었다.

4,000마일 떨어진 곳으로부터 다가오는 봄을 지켜보고 있었다.

목청껏 소리치고 싶었다. 거리로 달려나가 가장 처음 지나가는 행인을 붙들고, 내 컴퓨터 모니터 앞으로 끌고 들어와서 고함치고 싶었다. 봐! 보라고! 꽁꽁 얼어붙을 것 같은 2월인데, 이미 봄이 오고 있다고! 저기 중앙아프리카에서! 우리 쪽으로 오고 있다고! 바로 지금! 그러나 한심할 정도로 순응주의적인 성격 덕분에 나는 그대로 자리에 앉아서, 경이로 가득한 컴퓨터 모니터를 앞에 두고, 온몸을 휩쓰는 환희에 몸을 맡길 뿐이었다(진정으로 환희라 부를 만했으니까). 나는 그런 장대한 이동의 방아쇠가 무엇일지가 궁금해졌다. 무엇이 신호였을까? 근섬유 조직 속 누군가가 멀리 노퍽의 강가에 만들어질 유럽개개비들의 탐스러운 둥지 이야기를 속삭이기 시작한 것일까? 아프리카의 강우 경향성이 바뀐 것일까? 낮의 길이가 바뀌었다던가? 그 정체는 몰라도 거부를 용납하지 않는 명령이 내려온 것은 분명했다. 다시 시작하라고.

당연하지만 나는 이후로도 계속 그들의 귀환 여정을 추적했고, 그 결과 또 하나의 깨달음을 얻게 되었다. 영국에서 번식하는 뻐꾸기들은, 설령 월동지로 남하하는 경로는 달랐더라도, 북쪽으로 돌아올 때는 단 하나의 경로만을 따른다는 것이었다. 우회하는 부분은 단 하나, 서아프리카의 열대우림을 들른다는 것뿐이었다. 나이지리아, 토고, 가나를 가로지르며, 봄비로 곤충 개체수가 폭발하는 지역에서 체력을 비축한 다음에야 사하라를 건너는 험난한 길에 오르는 것이다.

반드시 필요한 일이었다. 뻐꾸기의 승리와 더불어 뻐꾸기의 비극이 일어난 시기이기도 했기 때문이다. 매년 이동하는 행위가 얼마나 위험하고 힘겨운지를 잘 보여주는 상황이었다. 놀랄 정도로 이른 시기에 잉글랜드를 떠났던 클레멘트는 2월 25일 카메룬에서 죽었다. 이유는 알 수 없다. 포식자나 인간 사냥꾼에게 사냥당했을 수도 있을 것이다. 마틴은 과학자들의 추측에 따르면 4월 6일에 스페인 남부 로르카 인근에서 계절에 어긋난 심한 우박에 폐사한 듯하다. 그리고 캐스퍼는 4월 9일에 알제리에서 송신을 멈췄는데, 꼬리표의 작동불량일 수도 있다고 추측하기는 했다. 그러나 크리스와 리스터는 4월 하순에 무사히 잉글랜드에 도착했고, BTO 연구진은 4월 30일에 실제로 노픽 브로즈 국립공원으로 리스터를 찾으러 가서 실제로 목격하기도 했다. 잘 돌아왔다고 말해 주기 위해서였다. 그들의 희열은 익히 상상할 수 있을 것이다.

나 또한 홀로 희열에 빠져 있었다. 그들의 행복한 귀환을 목격했기 때문만이 아니라, 8,000마일에 걸친, 이 행성에서 가장 극도로 대조되는 환경을 가로지르는 모험담을 지켜보았기 때문이다. 평화로운 이스트앵글리아를 떠난 뻐꾸기들은 극단적인 환경 속으로 뛰어들었다. 세계에서 가장 넓은 사막인 사하라를 건너고, 세계에서 가장 빽빽한 서아프리카 정글도 지났다. 아틀라스산맥과 콩고 서부의 습지 삼림(전설 속의 모켈레-음벰베가 사는 곳이기도 하다. 아프리카의 네스호 괴물 같은 존재다)을 에둘러 지나가기도 했다. 프랑스와 이탈리아와 스페인과 지중해뿐 아니라 말리와 니제르와 중앙아프리카공화국도 목격했다. 파리를 보았을 수도 있다. 팀북투를 보았을 수도 있다.

테드 휴즈는 하찮은 인간과는 달리 내키는 대로 온 세상을 돌아다니는 야생동물이라는 관념을 포착하여 「10월의 연어」라는 시로 옮겼다. 여기서 휴즈는 그린란드의 바다를 돌아다니다 고향인 데본의 강으로 돌아와서 번식을 마치고 죽어가는 연어를 바라본다. '짧은 생이지만 그는 경이의 회랑을 방랑했구나!' 휴즈는 이렇게 쓴다. BTO의 다섯 마리 뻐꾸기도 그들만의 경이의 회랑을 방랑했으며, 그 뒤를 쫓아다닐 수 있었던 우리는 정말로 운이 좋았다고 할 수 있을 것이다(그리고 이 프로젝트는 여전히 계속되고 있다).

나는 그 여정의 모든 과정에서 영감을 얻었다. 그들의 방랑을 경탄과 함께 지켜보았다. 그러나 그중 그 무엇도, 절대로, 그들이 돌아온다는 사실을 깨달은 순간에는 비할 수 없다. 그 음악적 간극이 실로 완벽한 두 음절의 울음소리가, 머지않아 잉글랜드 전역의 시골에서 새 계절이 찾아왔음을 당당하게 선포할 노래를 품은 새들이 돌아오는 것이다. 나는 그 순간에 장대하고 영원한 순환이 다시 시작됨을 깨달았다. 세계가 다시 깨어난다는 신호 중에서도 가장 독특한 것이었음에 분명하고, 그 안에는 온전한 환희가 존재했다. 2월의 어느 날, 내 컴퓨터 스크린으로 4,000마일 떨어진 중앙아프리카 한가운데에서 봄이 출발하는 것을 본 순간에 느낀 감정은, 마치 동짓날과 첫 설강화와 첫 멧노랑나비의 환희를 한데 뭉친 것만 같았다.*

다시 깨어나는 지구의 신호 중 내게 환희를 안겨 준 것이 하나가 더 있는데, 바로 나무의 꽃송이다. 영어의 흥미롭고 매력적인 특징 중 하나는, 나무에 피는 꽃을 일컫는 단어가 따로 존재한다는 것이다. 다른 언어에서는 les arbres en fleurs나 die

---

* 동북아시아, 즉 중국, 몽골, 한국의 뻐꾸기를 대상으로 같은 실험이 수행된 바 있다. 한국에서는 2019년에 10마리의 뻐꾸기에 위성추적장치를 부착하는 실험이 이루어졌는데, 어쩌면 영국보다 훨씬 극적인 결과가 나왔다. 초가을에 한국을 떠난 뻐꾸기들은 서해를 건너 중국 남부를 횡단하여 미얀마와 인도 남동부에서 잠시 휴식을 취하고, 아라비아해를 건너 소말리아에 상륙하여 다시 휴식을 취했다. 그리고 11월 말에 최종 목적지인 탄자니아와 모잠비크 등지에 도착해서 겨울을 났다. 세 번에 걸쳐 열흘 정도씩만 휴식을 취하며, 무려 11,000킬로미터에 달하는 거리를 이동한 것이다. 이동거리로만 따진다면 영국 뻐꾸기의 1.5배에 가깝다.

Baum-blüte 처럼 그저 나무-꽃이라고만 부르는데, 그와는 달리 영어의 'blossom'이라는 단어에서 풍기는 '시작'의 느낌은 그 자체만으로도 독특하다는 생각이 든다. 활짝 꽃을 피운 수선화밭에 꽃송이를 매단 벚나무가 한 그루 서 있는 모습을 본다면, 양쪽 모두 눈길을 끄는 존재일지라도, 나는 아래 깔린 노란 꽃들보다도 벚꽃의 'blossom' 쪽에서 훨씬 생기를 얻게 된다.

그래, 분명 그럴 것이다.

그 이유는 무엇일까?

예전에는 나무의 꽃, 특히 사과나무, 벚나무, 자두나무 등 과실수의 꽃들이 이후 과일이 달릴 모양 그대로 구형으로 화려하게 뭉쳐 피기 때문이라고 생각했다. 그 무성한 화려함이야말로 꽃이 가지는 미덕의 본질이라 여긴 것이다. 그러나 이제 나는 나무꽃에는 보다 단순하고 깊은 매력이 존재한다고 생각한다. 바로 시기다. 풀꽃은 일 년 내내 존재하지만, 나무의 꽃은 일반적으로 봄에만 존재하기 때문이다.

따라서 'blossom'이란 근본적으로 바람에 흔들리는, '봄'을 수놓은 화사한 깃발이나 다름없다. 세월이 흐르며 내 마음속에는 나무의 꽃을 기록하는 나만의 달력이 생겨났고, 나는 그 특별한 순간을 간절히 기다린다. 물론 겨울벚나무처럼 희귀한 종으로 이런 연감의 서두를 장식할 수도 있겠지만, 내 달력은 3월 초순, 영국에 도입된 어느 이국의 나무로 시작한다. 바로 커다랗고 퉁퉁한 꽃을 자랑하는 목련이다. 내가 거주하는 세계의 한쪽 구석, 즉 런던 서부의 교외에서, 목련은 동네 앞뜰을 가득 메우는 꽃이다. 통근열차를 타려고 현관에서 역까지 꾸물꾸물 걸어갈 때마다 목련 여러 그루를 지나치곤 했는데, 2월에 접어들면 그 커다랗고 비쭉 솟은 꽃순이 거의 백열전구만 하게 살집 좋게 부풀어오르는 모습을 도저히 무시할 수가 없다. 마치 폭발하기 직전의 폭죽이 쉿 소리를 내는 모습을 지켜보는 것만 같다. 폭죽이 마침내 쾅! 하면서 폭발하듯, 이웃집 창문 앞의 헐벗었던 나무도 순식간에 하얀 꽃으로 뒤덮이게 된다.

목련은 비교적 일제히 꽃망울을 터트리는 편인데, 나는 우리 동네 끄트머리에 있던, 애석하게도 지금은 사라진 훌륭한 백목련이 피는 날짜를 매년 기록해 두곤 했다. 평균적으로 3월 9일께였고, 나는 그때마다 들토끼의 권투를 처음 보았을 때처럼 좋았어! 라며 허공에 주먹을 내지르곤 했다. 처음 꽃망울을 터트리는 나무의 환희랄까. 세상이 계속 움직인다는 의심할 여지 없는 증거였다. 고양되는 만큼 아름답기도 한 광경인데, 꽃이 백색이든 크림색이든 분홍색이든 노란색이든, 목련꽃은 무성하고 튼실하며 열대의 분위기를 풍기고, 어떻게 보아도 영국에서는 너무 이국적인 존재이기 때문이다. 그리고 당연하게도 사실 그렇다. 목련의 원산지는 크게 두 곳으로 나뉘는데, 바로 아시아와 중앙아메리카(미국 남부도 포함된다)로서 양쪽 모두 훨씬 화려한 식물상을 자랑하는 지역이다. 그러나 용감무쌍한 식물 수집가들은 지난 2세기 동안 200여 종에 달하는 목련의 상당수를 영국에, 특히 런던에(그중에서도 큐 가든 식물원에) 도입했고, 목련은 그곳에서 번성했다.

다른 나무들이 잎 한두 장을 내밀까 고민하는 서늘하고 험악한 환경에서 터무니없이 화려한 꽃을 가득 피운다는 것이야말로, 이곳에서 목련이 눈길을 끌고 즐거움을 주는 이유 중 하나다. 다른 하나는 보통 목련을 보게 되는 도시 환경에서, 그 선명한 화사함이 벽돌이나 치장 벽토와 잘 대비되기 때문일 것이다. 그러나 장소를 불문하고 목련이 특별한 가장 큰 이유는 바로 그 꽃의 구조에 있는데, 자체의 아름다움이 매우 훌륭할 뿐만 아니라 ― 어느 정원사 친구는 흰 비둘기떼가 일제히 둥지를 틀고 있다고 표현한 적도 있다 ― 조금도 복잡해 보이지 않는다는 것이다. 마치 나무 자체가 단순하고 선명한 선을 품은 것처럼 보인다. 양식을 따지자면 미니멀리즘이라 할 수 있을 것이다.

그 이유는 목련이 모든 속씨식물 중에서도 가장 오래되고 원시적인 종류 중 하나이기 때문이다(그 꽃송이와 형태적 유사성을 지닌 연꽃처럼). 목련을 보면 1억 5천만 년 전에 침엽수에서 진화한 최초의 속씨식물이 어떤 꽃을 피웠을지를 살짝 엿볼 수 있다. 실제로 목련꽃은 닫힌 솔방울처럼 생겼다. 어쩌면 열린 솔방울이 목련꽃으로 진화했다고 할 수도 있을지 모른다. 같은 시기에 진화하던 날개 달린 곤충을 유인해서 꽃가루를 묻힐 수 있도록, 색채와 꿀을 진화시켜서…… 좋다, 솔직히 지금 이 단락은 속임수에 가깝다. 자연 이야기를 해야 하는데, 목련 이야기는 아슬아슬하게 원예 쪽에 걸치고 있기 때문이다. 영국 대부분의 지역에서는 외래종인 목련을 찾아보기 힘들다(국립 목련 정원이 네 군데나 있기는 하지만 말이다). 그저 봄철 꽃에 관련된 내 경험에서 워낙 중요한 부분을 차지하고 있기에, 빼놓기에는 망설여졌을 뿐이다.

그러나 내 나무꽃 달력의 두 번째 항목은 영국 전역에 퍼져 있는 꽃인데, 바로 블랙손 또는 가시자두*Prunus spinosa*다. 이 나무에는 '슬로sloe'라 불리는 작은 검은색 자두가 열리는데, 10월에 서리를 맞기 전까지는 끔찍하게 시고 떫은 맛이 난다. 그러나 서리를 맞은 슬로로는 영국의 위대한 음료 중 하나인 슬로진을 만들 수 있는데, 과실주로서는 프랑스의 오드비eaux de vie를 넘어서는 물건이다. 정말 훌륭한 술이지만, 이쪽 이야기는 자제하도록 하자. 가시자두의 다른 장점은 바로 그 목재로서, 품질 좋은 지팡이를 만들 수 있다. 아일랜드에서는 전통적으로 가시자두로 쉴레일라, 즉 전투용 곤봉을 만들었다. 가시자두의 세 번째 장점은 영국에서 비교적 드문 두 종류 나비, 즉 까마귀부전나비와 암고운부전나비의 유충에게 양식을 공급한다는 것이다. 솔직히 까마귀부전나비는 조금 칙칙한 축이지만, 암컷 암고운부전나비는 이 땅에서 가장 사랑스러운 곤충 중 하나다. 갈색 앞날개에 반짝이는 금빛 띠를 두르고 있는데, 8월 하순에서 9월이 되어 가시자두 나뭇가지에 알을 낳으려고 나무 꼭대기에서 내려올 때에야 간신히 그 모습을 구경할 수 있다. 내가 애지중지하는 수집품 중에는 최고의 곤충 삽화가인 리처드 르윙턴의 그림이 있는데, 익어가는 슬로 열매 옆에 앉아 있는 암컷 암고운부전나비를 그린 작품이다. 나는 그 그림을 볼 때마다 찬란한 가을의 아름다움을 떠올린다.

그러나 가시자두가 가장 아름다운 순간은 찬란한 봄의 아름다움이 도래했을 때다. 3월 중순에서 하순에 걸쳐 꽃을 피운 가시자두 덤불은 마치 흰 서리로 가득 뒤덮인 것처럼 보인다. 가득 매달린 꽃송이가 무거워 보이는 벚나무 등과는 다르다. 차가운 밤안개가 물러간 한겨울 아침, 검은 가지마다 설탕가루를 입힌 것처럼 보이는 바로 그런 모습이다. 이렇게 보이는 이유는 가시자두가 잎보다 꽃을 먼저 피우기 때문으로, 덕분에 가느다란 빈 가지에 흰색 스프레이를 뿌린 듯 덤불 전체가 섬세하고 연약해 보이는 효과를 얻는다. 그러나 그토록 연약하더라도 가시자두는 풍경을 변하게 만든다. 가시자두 덤불은 널리 심는 관목이며, 3월과 4월 초순의 단조로운 시골 풍경에 처음으로 제대로 된 색을 입히는 역할을 맡는다. 세상이 녹색으로 변하기 한 달 전에, 세상이 하얀색으로 변하는 시기가 있는 것이다. 언젠가 초봄에 브라이튼에서 런던까지 운전해서 온 적이 있었는데, A23 국도를 따라 꽃핀 가시자두가 끝없이 계속 늘어서 있었다. 서식스의 시골 풍경 속에서 머리부터 발끝까지 하얗게 차려입은 가시자두 덤불이 몇 야드마다, 10마일, 20마일, 30마일을 이어졌다. 문득 이 고속도로를 질주하는 운전자 중에서 옆길의 화려한 장식을 음미하는 사람이 몇이나 될지 궁금해졌다. 이내 나는 가시자두 덤불 옆의 정차 구역을 발견했고, 그곳에 차를 대고 탐욕스럽게 꽃이 가득한 가지 두 개를 꺾어서 달콤한 내음을 담뿍 들이마셨다. 수없이 많은 하얀 꽃이 달린 가시나무 가지는 그대로 대시보드 위에 얹힌 채 함께 집으로 돌아왔다. 정말로 사랑스러웠다. 나는 해마다 꽃을 피우는 가시자두를 사랑한다.

가시자두가 지나가고 4월이 시작되면 내 달력 속 나무꽃들은 빽빽하고 빠르게 흘러간다. 우리 집의 작은 정원에는 사과나무(브램리 품종이다), 벚나무, 라일락이 한 그루씩 있는데, 매년 며칠씩 세 그루가 동시에 꽃을 피우는 기간이 찾아온다. 그때는 정원이 연분홍과 순백색과 연보라색으로 호사스럽게 장식된다. 그럴 때면 우리 딸의 침실에서 커튼만 걷어도 놀라서 숨을 들이쉬게 되는데, 바로 바깥의 사과꽃이 유리창 전체를 가득 메우기 때문이다. 한편 집 근처 거리에서는 마로니에 가로수가 찬란한 에메랄드빛 새잎을 피우고, 그 꼭대기에 가장 커다란 나무꽃, 파인애플만큼이나 우람한 하얀색 다층 촛대 모양의 덧없고 웅장한 꽃을 얹는다. 그리고 달력이 끝나기 전에 마지막 한 방이 찾아온다. 서양산사나무, 또는 그 달을 기려 '메이 블로섬'이라 부르는 나무가 산울타리에서 진하고 화려한 꽃을 피우는 것이다. 가시자두가 설탕이라면, 서양산사는 크림이라 할 수 있다.

이 모든 꽃은 물론 아름답지만, 내게 강렬하게 다가오는 이유는 단순한 아름다움 때문이 아니다. 진짜 이유는 이들이 찾아오는 계절의 지표이기 때문이다. 나무꽃에 눈길을 준다는 행동 자체가 봄철에 접어들었다는 사실을 깨닫게 해 준다. 자연의 달력과 거기 적힌 여러 사건이 우리를 환희로 이끄는 힘을 지녔다는 것이야말로, 우리와 자연의 유대를 명확하게 보여주는 일이라는 생각이 든다. 매년 자연계가 살아난다는 사실을 눈앞에 두고서 무심할 수는 없지 않은가. 적어도 나는 그렇다. 그리고 다른 많은 사람에게도 그렇다는 사실을 알고 있다. 때로는 그 환희가 너무 강렬해서 반응할 방법을 찾지 못하기도 한다.

프랑스에서 바로 그런 경험을 한 적이 있다. 아내와 나와 두 아이는 10년 동안 노르망디 남부의 낡은 농장에서 휴가를 보내곤 했다. 잡목림으로 덮인 언덕이 길게 이어지는 페르슈라는 지역인데, 유서 깊은 중세 마을로 페르슈몽 품종마의 고향이자 대부분의 영국 여행자들이 지나쳐 가는 곳이었다. 우리가 머물던 곳의 명물 중 하나는 널찍한 정원이었는데, 명금이 정말로 많이 찾아왔다. 가장 마음이 들뜨게 하는 방문자인 점박이딱새에, 제비는 계속해서 하늘을 휘젓고, 붉은가슴방울새와 노랑멧새는 전깃줄 위에서 노래했다. 때론 포유류가 등장하여 깜짝 놀라게 만들기도 했다. 길 건너 숲에서 북방청서가 찾아오기도 하고, 한 번은 아내가 슬금슬금 다가오는 라 푸인la fouine, 즉 바위담비를 목격한 적도 있었다. 그러나 내게 있어 가장 마음이 끌렸던 요소는 아마도 곤충의 풍요로움이었을 것이다. 곤충의 씨가 마른 영국에서는 이제 먼 기억이 되어 버린 풍경이었다. 제비나비부터 표범나비에 이르는 나비들도 훌륭했고, 밤이 되면 나방이 대단했다. 물론 후자는 부끄러움 모르는 괴짜인 내가 나방 채집통을 그곳까지 가져갔기 때문에 알게 된 일이었다. 이곳의 어마어마한 나방 정원에는 저지불나방과 유럽진홍뒷날개나방[가칭, *Catocala sponsa*], 그리고 여러 종류의 박각시들이 있었는데, 그중에는 무엇보다 폭격기처럼 거대한 줄홍색박각시도 있었다. 적어도 내가 처음 경탄하는 눈으로 바라보았을 때는 그 정도로 커 보였다. 앵글셰이드밤나방[가칭, *Phlogophora meticulo-sa*]과 흰뾰족날개나방, 씨자무늬거세미밤나방, 큰노랑뒷날개나방[가칭, *Noctua pronuba*]과 다른 온갖 종류의 나방이 가득했고, 물론 인시목 곤충이 전부인 것도 아니었다. 때로는 말벌을 제외한 벌 중에서 가장 우람한 체구의 보라어리호박벌[가칭, *Xyloco-pa violacea*]이 찾아오기도 하는데, 군청색 몸에 칵테일 소시지만큼이나 커다란 벌이다. 석양이 깔리면 아이들은 수풀 속에서 빛나는 작은 녹색 점들, 즉 유럽반딧불이 암컷이 지나가는 수컷을 끌어들이는 등불에 매료되곤 했다.

정원의 뒤편 절반은 14종의 서로 다른 과실수가 서 있는 작고 오래된 과수원이었는데, 사과와 버찌와 서양배와 다양한 종류의 자두가 있었다. 그중에는 프랑스어로 퀘치quetsch, 영어로 댐슨이라 부르는 보라색 자두와 프랑스어로 렌–클로드reine-claude, 영어로 그린게이지라 부르는 녹색 자두, 그리고 양쪽에서 똑같은 이름으로 부르며 제철을 맞추기만 하면 모든 과일의 왕이라 부를 만한 미라벨이 있었다. 미라벨의 작고 둥글며 황록색인 과실은 천천히 익어가다 맛이 들기 시작하는데, 그때는 그냥 일반적인 자두맛이라 부를 만한 정도다. 그러나 익는 시기의 끝물을 정확히 맞춰서, 나무에서 떨어지기 하루 이틀 전에, 흐린 금빛 껍질에 붉은색이 점점이 박혀 있을 때 먹는다면, 아, 정말로 경험해 보지 못한 맛을 만끽할 수 있다. 입속에서 느낄 수 있는 달콤함이라는 축복 중에서도 가장 미묘한 변주를 느끼게 된다.

그러나 이 과수원에는 다른 부류의 축복도 존재했다. 봄이 되면 나무꽃이 훌륭하게 피어나는데, 특히 순백의 벚꽃을 가득 매단 벚나무 두세 그루는 마치 A. E. 하우스먼의 비할 데 없는 시(「가장 사랑스러운 나무는 지금의 벚나무니」) 속의 '눈송이 가득 매단' 부활절의 나무들처럼 보였다. 게다가 그 계절에 꽃피는 것은 그뿐만이 아니다. 새들의 노랫소리도 꽃피게 된다.

나는 꽤 오랫동안 봄철의 새소리를 소리로 옮긴 꽃송이라고 여겨 왔다. 이런 생각은 공감각synaesthesia, 즉 특정 감각을 다른 감각으로 해석하거나 경험하는 영역으로 이어질 듯한데, 수많은 저명한 예술가들이 홍보하는데도 나 자신은 그리 가치 있거나 보람차다고 느끼지 못하는 개념이다. 그러나 언젠가 스카이 섬*에서 연노랑솔새의 노랫소리에 귀를 기울이며, 그 은빛 음정이 마치 꽃나무처럼 혹독한 북구의 풍경을 부드럽게 만들어주는 모습을 보면서 그런 생각이 마음속에 흘러들고 나니, 이후로는 아예 버릴 수조차 없었다. 우리는 매일 아침 유럽검은지빠귀와 노래지빠귀, 꼬까울새, 굴뚝새와 푸른머리되새들의 노래를 들으며 자리에서 일어났다. 그중에서도 최고는 검은머리흰턱딱새[가칭, *Sylvia atricapilla*]인데, 상상할 수 있는 가장 감미롭고 음악적인 노래를 선사한다. 나는 이 노래를 꽃으로, 나무에 달린 꽃송이로 생각하기 시작했다. 뒤이어 아주 놀라운 경험이 펼쳐졌다 ― 적어도 내게는 그랬다. 양쪽이 하나로 녹아든 것이다.

어느 4월 하순, 예의 흰턱딱새는 산울타리 깊숙한 곳에서 모습

---

* 스코틀랜드 최북단의 가장 큰 섬으로, 영국에서 가장 인상적인 산악 풍경을 자랑한다.

을 보이지 않고 환희를 일깨우는 노래를 불러댔다. 정원 건너편에는 벚나무들이 화려하게 꽃을 피우고 있었고, 이 또한 환희를 불러왔다. 그러던 어느 일요일 아침 — 아직도 생생히 기억한다 — 흰턱딱새가 나무로 날아가서 노래를 부르기 시작한 것이다.

순간 나는 경이에 사로잡혀 아무 말도 할 수 없었다.

주님이 내리신, 눈처럼 새하얀 꽃으로 뒤덮인, 숨이 멎을 정도로 아름다운 나무에서, 주님이 내리신, 숨이 멎을 듯한 노랫소리가 흘러나오고 있었다. 나무 중의 나무라 할 수 있는 이 벚나무는 이제 단순한 꽃나무의 극치를 넘어선 셈이었다. 노래하고 있었으니까.

내 안의 논리적인 부분은 이 상황을 따라갈 수 없었다. 받아들일 수 있는 이상이라, 조각조각 부서져 떨어졌다. 나는 단순한 경이를 넘어서서 감각의 스펙트럼이 만들어내는 미지의 영역에 들어섰고, 그에 반응할 방법은 하나밖에 없었다. 나는 크게 웃음을 터트렸다. 봄철의 정교하고 온전한 충만 속에, 바로 그 환희가 있었다.

6

대지의 아름다움의 환희

달력으로 시작해서 세상이 깨어나는 지표들을 짚어가다 보면, 우리는 이 세상에 깃든 환희를 더욱 깊이 만끽하게 된다. 그리고 여기서는 내 삶에서 환희를 일으켰던 두 가지 요소를 골라 소개하고자 한다. 하나는 색채, 다른 하나는 형상이다.

이 점을 구태여 짚고 넘어가는 사람은 한 번도 본 적이 없는데, 사실 우리 인간이 진화하는 데 지구가 굳이 아름다울 필요는 없었을 것이다. 공기와 물과 음식과 거처가 완벽히 제공되면서도, 우리의 영혼을 고양시키고 마음을 사로잡는 요소들은 아예 제공하지 않는 행성일 수도 있었다. 예를 들어, 생명이 존재한 이래 제법 오랜 시간 동안, 지구의 지표면은 단 하나의 색이었을 가능성이 클 것이다. 4억 5천만 년 전부터 땅을 뒤덮기 시작해서 천천히 발돋움해 숲을 이루게 된, 식물의 색 말이다. 식물이 녹색이니 지구 또한 거의 확실히 녹색이었을 것이다. 어쩌면 다양한 녹색이 존재했을 수도 있으나, 결국 녹색일 뿐이었다. 그런 상황이 대충 3억 년 정도 이어졌을 것이다. 오차라고 해도 한두 세㎖ 정도일 테고. 그러다 마침내 일부 식물이 바람 대신에 곤충을 이용해 꽃가루를 나르기 시작했고, 자기 존재를 과시하고 곤충의 눈길을 끌려고 화려한 색의 꽃잎을 지닌 생식기관을 진화시켜 냈다. 마치 목련처럼. 폭발하는 아름다움과 함께 꽃이 탄생했고, 순식간에 온갖 크기와 형태와 색깔과 숫자로 퍼져 나갔다. 고대의 종자식물은 침엽수나 소철처럼 꽃을 피우지 않는 부류였는데, 이제는 온 세상에 1천 종 정도밖에 남아 있지 않다. 반면 꽃으로 번식하는 식물은 35만 종 이상이 존재한다.

현화식물 또는 속씨식물의 등장은 지구상에서 가장 위대한 혁명이라고 할 수 있으나, 필수적인 것까지는 아니었다. 우리가 등장하는 데 있어 필수적인 것은 당연히 아니었다. 우리는 사방이 녹색인 지구에서도 행복하게 — 적어도 그런 세상에서 가능한 한도만큼은 — 살 수 있었을 것이다. 그리고 가져본 적 없는 것을 그리워할 일도 없었을 것이다. 사실 대부분의 인간은 꽃의 존재를 당연한 것처럼 받아들인다. 간혹 등장하는 통찰력 있는 영혼의 소유자, 이를테면 소설가 아이리스 머독 같은 사람을 제외하면 말이다. 그녀는 등장인물 한 명의 입을 빌려 이렇게 말한다(『제법 명예로운 패배 *A Fairly Honourable Defeat*』(1970)). '꽃이 없는 행성에서 온 사람들은, 우리가 언제나 그런 존재 곁에 있을 수 있어 환희에 미쳐 날뛰리라 생각할 것이다.'

충분히 그럴 법한 일이다. 지구가 우리에게 생존 수단 외에도 아름다움까지 제공해 준다는 점은 독특하면서도 동시에 경이로운 것이며 우리를 크게 감동시킨다 ─ 적어도 현대 인류의 행동양식을 가진 이들에게는 그래 왔다. 4만 년 이상 우리는 꾸준히 그 사실에 감사하고 축복하는 양식을 발전시켜 왔으며, 라스코 동굴벽화에서 레오나르도에 이르는 이런 양식을 우리는 예술이라 부른다. 적어도 지난 백여 년 동안 산업시대에(그리고 1차 대전 덕분에 낙관주의가 산산조각 나버린 세계에) 걸맞은 새로운 예술 철학인 모더니즘이 대두하고, 고급문화를 향유하는 우리 사회의 엘리트들이 아름다움의 절대성을 배격하고, 미의 숭상을 고루한 자기만족으로 여기고, 예술의 진정한 목적이 기존 관념에 도전하는 것이라고 여기기 전까지는 그래 왔다. 그리고 그들은 태초에 아름다움이 자연계에서 유래했다는 사실을 잊어버리거나 그저 무시해 버리게 되었다.

최근 수십 년 동안에는 이런 과정이 한층 가속되어, 아름다움이 '용의자' 취급을 받게 되었다. 내가 중년을 지나는 동안 우리 문화에서는 새로운 관념이 등장하여 조금씩 세를 불려갔다. 바로 탁월함을 인정하지 않는 관념 말이다. 내 어린 시절의 세상은 정치 성향을 막론하고 누구나 탁월함의 가치를 인정해 주는 곳이었다. 탁월함이란 전후 시대 능력주의의 근간이었으며, 동시에 고대 그리스 이래로 유럽 문명의 근간이기도 했다. 그러나 시대가 바뀌었다. 지난 사반세기 동안, 우리 사회의 두 영역에서 상반되는 두 가지 정치적 목표가 대두했다. 경제 영역에서는 우파의 목표, 즉 자유시장이라는 목표가 다른 모든 것을 뒤덮었다. 그러나 사회 영역에서는 좌파의 주된 개념인 평등주의가 확고한 승리를 쟁취했다. 그리고 이 경우의 평등주의란 1776년의 미국 독립선언문만큼이나 오래된 개념인 기회의 평등이 아니다. 이 새로운 평등주의는 결과의 평등을 의미한다. 요지는 패배자가 없어야 한다는 것이며 ― 여기에는 별로 어렵잖게 동조할 수 있다 ― 그를 위해서는 더 이상 승리자도 존재하지 말아야 한다는 것이다. 그 무엇에서도. 탁월함은 존재할 수 없다. 엘리트도 마찬가지다. 따라서 11세기 프로방스의 트루바두르들이 창안한 이래 유럽 시문학의 중심이었던 여인의 아름다움에 대한 찬양은 이제 유효하지 않다고 여겨진다. 아름답지 않다고 간주될 수 있는 여성에 대한 공격이거나, 우연히 얻은 아름다움 외에도 수많은 재능을 가지고 있을지도 모르는 여성을 얕보는 것으로 인식되기 때문이다. 유효성을 상실하는 정도는 아니라도 의문의 대상이 된다. 난데없이 벌어진 일이다. 오늘날 페트라르카가 라우라와 그녀의 아름다운 눈을 찬미하는 노래를 읊으려 한다면, 아마 그 작품을 출판하기는 쉽지 않을 것이다.

나는 이런 전개에 반대하고자 하는 것이 아니다. 물론 이런 전개가 틀렸다거나 그릇되었다고 말하려는 것도 아니다. 나는 그저 그런 일이 일어났다는 사실을 부정할 수 없으며, 그 점을 잘 알아두어야 한다고 말할 뿐이다. 일부 영역에서 아름다움은 이데올로기에 의해 속박당하고, 특권과 연결되고, 보다 유리한 이들의 놀잇감으로 취급된다. 그리고 나는 이런 상상을 하곤 한다(물론 정말로 할 일이 없을 때만이다). 언젠가, 이를테면 난초에 대한 공개적이고 무조건적인 경애를 — 그러니까, 여러 난초 종이 분명 소지하고 있는 아름다움과 우아함과 화려함에 대해서 말이다 — 표하는 행위가 부적절한 것으로 여겨지는 날이 올지도 모른다고⋯⋯

아마 그렇지는 않을 것이다. 그러나 워즈워스가 자기 철학의 근간으로 삼았던 자연의 아름다움에 대한 숭상은, 새롭게 대두한 모더니즘이 경멸하듯 한쪽으로 치워 버린 이후로, 분명 우리의 고급문화에서 자취를 감추고 말았다. 그리고 모더니즘은 모든 분야에서 승리를 거두었다. 회화와 조각에서도, 음악에서도, 시에서도. 예를 하나 들자면, 20세기 초 영국에는 '조지안파 Georgians'라 불리던 일군의 시인들이 있었다. 이들은 꾸준히 자연에 대한 시를 썼고, 많은 독자가 그들의 시를 읽었다. 몇몇은 제법 훌륭했고 몇몇은 영 아니었지만, 그중에서 1922년 T. S. 엘리엇의 『황무지』와 그를 뒤따른 모더니즘 혁명을 겪으며 망각 속으로 사라지지 않은 시인은 단 하나뿐이었다(이 예외는 물론 에드워드 토머스인데, 사실 '조지안파 자연주의 시인'이라고만 평하기에는 너무 대단한 사람이기는 하다). 우리는 그 시대의 유산을 여전히 몸에 두르고 있다. 따라서 전반적인 아름다움, 그중에서도 특히 지구의 자연이 보이는 아름다움은, 20세기와 21세기의 문화 엘리트들에 의해 전반적으로 적절치 못한 소재로 취급받게 되었다. 그럼에도 주도적인 문화 사상을 따라야 할 필요를 느끼지 못하는 상당수의 평범한 사람들은 지금껏 그래왔듯이 여전히 자연의 아름다움에 이끌리는데, 당연하게도 나 또한 그중 하나다. 어느 숲 이야기를 해보자. 나는 일주일 동안 다섯 번을 이 숲속으로 들어갔다. 닷새 연속으로, 다섯 번의 여정이었다. 그리고 처음 이후 매번, 나는 출입구 앞에서 걸음을 멈추고 들어가기 전에 잠시 시간을 가졌다. 그 순간을 음미했다. 마치 준비를 마친 새 연인과 성행위를 하기 직전 같았다 ― 심장박동은 빨라지고, 피부는 따끔거리고, 다가올 쾌락을 확신하고 있었으니까. 그러나 그 순간의 기대는 어떻게 보면 그 이상이었다. 일종의 엑스터시를, 이 숲의 깊은 곳에 숨은 비범한 존재를 마주하게 되리라는 기대였다. 추락한 비행접시만큼이나 비범한 존재를…… 숲의 문앞에서 걸음을 멈출 때마다, 나는 그 안에 무엇이 있는지를 알고 있었다……

푸른색이었다.

충격적인 푸른색이었다.

마음을 들뜨게 하는 푸른색이었다.

숲 바닥을 타고 연기처럼 번져나가서, 마치 나무들이 그 안에서 솟아오른 것처럼 보이게 만드는 푸른색이었다. 선명한 푸른색이기는 해도 문에 칠한 페인트처럼 딱 정해진 색이 아니라, 빛과 그림자에 따라 그 색조가 끊임없이 변화하는, 라일락색으로 변했다가 코발트색으로 변하는, 부드러우면서도 어마어마하게 강고한, 너무 격렬해서 넋이 나갈 듯한 푸른색이었다. 때로는 그 푸른색이 꽃으로 이루어졌다는 사실을 믿을 수가 없었다. 그러나 블루벨[*Hyacinthoides nonscripta*]의 아름다움과 환희란 늘 그렇기 마련이다. 색이 진한 종 모양 꽃이 줄기 하나에 열두 개씩 풍성하게 매달리는데, 그런 줄기가 숲속 공터마다 수십만 가닥씩 빼곡하게 들어찬다. 이윽고 블루벨은 식물의 한계를 넘어 숲속 바닥을 가득 휩쓰는 압도적인 푸른색 그 자체로 변한다.

이런 경이로운 풍경을 우리는 '블루벨 숲'이라고 부른다. 일단 발을 들이면 감탄할 수밖에 없다. 이는 우리 브리튼섬 대자연의 특산물 중 하나다. 블루벨의 원산지는 유럽 대륙에서도 대서양에 접한 습기 많은 구역이며, 브리튼섬에는 다른 어디보다 많은 블루벨이 존재하기 때문이다. 그러나 당연하게도 블루벨은 단순한 특산물이 아니다. 블루벨은 영광이다. 내 조국에 존재하는 두 가지의 지극히 아름다운 생태 환경 중 하나다. 생물량 격감 시기에 농부들이 갈아엎어서 과거처럼 풍요로운 개체 수를 자랑하지 못하게 된 시골 풍경 속에서, 블루벨의 숲은 종종 기적과도 같은, 그리고 어쩌면 가장 장엄한, 풍요로움이 살아남은 모습을 보여준다. 넓은 영역에 걸쳐 빼곡하게 들어차 있으며, 언제나 '시트', '양탄자', '뒤덮인' 등의 단어를 사용하여 묘사되는 탐스러운 꽃송이들이야말로 가장 주된 매력일 것이다. 그러나 내게 중요한 부분은 그것이 아니다. 사실 시트처럼 깔린 설강화, 양탄자처럼 깔린 숲바람꽃, 땅을 뒤덮은 램슨(야생마늘) 등에서도 같은 효과를 볼 수 있기 때문이다. 모두 놀랍도록 매력적인 풍경이지만, 아무리 그래도 나를 닷새 연속으로 끌어들이지는 못했으리라 확신할 수 있다. 내게 주된 매력은 다른 쪽에 있었다. 바로 푸른색이라는 색채였다.

미학에 관심 있는 사람들이 아름다움을 논의하며 그 정수에 도달하려 애쓰는 모습을 살펴보면, 그중 색채를 강조하는 사람은 별로 없는 듯하다. 조화, 이를테면 비율의 조화 같은 것에 훨씬 중점을 두는 느낌이다. 물론 건축이나 인간의 형상 등에서는 그럴 것이다. 나 또한 조화의 힘을 알고 있으며 그를 배격할 생각은 없다. 그저 개인적으로는 자연 속의 색채야말로 나를 매료하는 요소이며, 색조가 선명할수록 그 자연계가 한층 독특하고 경이로운 곳으로 보인다고 말할 뿐이다. 때론 큰주홍부전나비처럼 아주 단순할 수도 있다. 이 나비는 19세기에 영국에서 한 번 멸종된 후 20세기에 들어 케임브리지셔의 우드월튼 펜에 재도입되었으나 슬프게도 다시 멸종한 종이다. 그러나 여러분은 (그리고 나는) 유럽 대륙에서 이 나비를 찾아볼 수 있다.* 큰주홍부전나비 수컷의 네 장의 날개는 가장 호사스러운 밝은 주홍색을 띠고 있다. 복잡한 문양 따위는 없이, 단순히 그게 전부다. 상상할 수 있는 가장 순수하고 포화 상태의 주홍색이다. 아니, 어쩌면 상상할 수 있는 이상일지도 모른다. 그 때문에 그 나비를 보는 순간 즐거움에 사로잡히는 것일지도 모른다. 이 세상에 담을 수 있는 개념이 갑자기 확장되니 말이다. 지금껏 본 적 없는 색채를 만들어내고 조합하는 자연의 능력은 실로 무한하며, 그 또한 지구가 제공하는 아름다움의 전율, 그리고 환희의 일부다. 앞에서 추측한 대로 대지가 3억 년 동안 녹색이라는 단 하나의 색조로만 뒤덮여 있었다면, 지금 우리 앞에 펼쳐진 장관은 한층 놀랍기만 하다. 이제는 35만 종의 야생화, 색색의 날개를 가진 20만 종의 나비와 나방, 100만 종 이상의 기타 곤충류, 1만 종의 조류, 1만 종의 파충류와 7천 종의 양서류가 존재하며,

---

* 한국의 독자들은 서울과 인천을 비롯한 중부 지방의 하천 유역에서 찾아볼 수 있다.

거의 모두가 색채로 구분 가능한 것이다. 8천 종의 화사한 산호초 어류는 언급할 필요조차 없을 것이다.

우리가 이 모든 생물의 색을 하나하나 열거할 수 있을까? 물론 시작은 영어에서 사용하는 열한 가지의 기본 단어로 시도해야 할 것이다(베를린-케이 가설*에 의거해서 계층별로 나열하겠다). 검은색과 흰색. 붉은색, 노란색과 녹색, 파란색. 갈색, 보라색, 분홍색, 주황색, 회색. 그러나 이 정도로는 턱도 없이 부족하다. 선홍색, 적갈색, 자주색, 올리브색은 어떻게 할 것인가? 진홍색, 레몬색, 남색, 선녹색은? 자홍색과 청록색, 상아색과 옥색, 연보라색과 고동색, 산호색과 연자주색은······? 색의 변주가 섬세하게 이루어질수록 우리의 목록은 미묘함의 불확실한 영역에 진입한다. 테라코타색, 라임색, 자수정색, 연황갈색, 재스민색, 황갈색, 호박색, 버찌색, 버터스카치색, 마호가니색, 연청록색, 베이지색, 진주색, 진청색, 진적색, 진황갈색, 주색, 암록색, 자황색······ 그것도 단순히 한 가지 색이 아니라 조합조차도 놀랄 만큼 다양하다. 큼지막한 무늬와 섬세한 무늬 양쪽이 존재하며,

---

* 1969년에 미국의 인류학자 브렌트 베를린과 폴 케이가 제시한 가설로, 특정 문화권에서 색을 표현하는 단어가 특정한 순서를 따른다는 것이다. 모든 문화에는 검은색과 흰색을 의미하는 단어가 존재하며, 그다음은 붉은색이 된다. 네 번째 단어가 존재한다면 노랑색 또는 녹색이 된다. 이 가설에서는 이렇게 순서대로 11가지의 기본색을 제시한다.

줄무늬에 점무늬에 온갖 겹침무늬까지…… 자연계에서는 이 모든 것, 그리고 우리가 아직 이름조차 붙이지 못한 것들이 가능하다. 색채는 자연의 풍요로움을 극명하게 보여주는 예시다.

물론 이유도 존재한다. 색채에는 기능이 있다. 본체가 되는 생명체의 생존을 온갖 방식으로 강화하려는 목적으로 다윈의 자연선택을 통해 진화한 것이다. 눈에 잘 띄게 만들거나 배경에 녹아들게 만드는 색채도 있고, 포식자를 겁주거나 짝짓기 대상에게 매력적으로 보이도록 만드는 색채도 있고, 튼튼하고 우월해 보이거나 독을 지닌 것처럼 보이는 색채도 있다…… 그러나 이렇게 매혹적인 기능적 측면을 깨닫기 위해서는 과학, 그중에서도 진화생물학의 힘을 빌려야 한다. 인간의 미적 감각만으로는 저지불나방과 같은 색상의 목적을 직관적으로 깨달을 수 없다. 미적인 시선으로는 그 검은색과 크림색 줄무늬가 새겨진 앞날개가 몸의 윤곽선을 흐리기 위한 위장이며, 푸른 점이 들어간 선홍색 뒷날개가 포식자의 얼굴에다 펄럭여 놀라게 만들어서 수백만분의 1초만큼이라도 도망칠 시간을 벌기 위한 것임을 파악할 수 없다. 그저 그 색채가 훌륭하다고 여길 뿐이다. 꽃과 나비와 새와 다른 수많은 생명체에게 모두 적용되는 일이다. 그들의 색채에는 기능성이 존재하고, 우리는 그 색채에서 환희를 느낀다.

진화를 위해 굳이 아름다움을 품을 필요가 없는데도 더없이 아름다운 행성에 태어났다는 것은 우리의 행운일 것이다. 특히 그 아름다움이 우리가 단색의 세상에 살았더라면 상상조차 못 할 부류의 것이었다는 사실을 생각하면 더욱 그렇다. 오로지 색채의 다양함 측면에서 우리가 절대 만들어 낼 수 없었으리라 자신할 수 있는 생물군 하나를 예로 들어보자. 바로 북아메리카의 숲솔새류다. 유럽의 검은다리솔새나 연노랑솔새 같은 구대륙솔새류와 유연관계는 없지만, 수목 상층부의 곤충 포식자라는 비슷한 생태적 지위 때문에 수렴진화한 분류군이다. 그러나 우리 쪽 솔새들이 대부분 갈색조, 주로 갈색과 올리브색의 평범한 색채를 지니는 데 반해, 아메리카대륙의 50여 종의 숲솔새는 거의 비할 데 없을 정도로 다양하고 화려한 색채와 무늬를 선보인다(적어도 수컷의 봄철 번식깃은 그렇다). 종종 한 가지 주제의 변주로 보일 수도 있는데, 이를테면 이런저런 무늬에 검은 띠, 이런저런 조합의 등줄무늬, 이런저런 강렬한 색상의 깃털이 — 적갈색, 금색, 하늘색, 보랏빛 띤 회색, 타오르는 주황색, 감청색, 밤색 등 — 이런저런 방식으로 병치되어 종종 매우 놀랍고 훌륭한 눈요기가 되어 주는 것이다. 나는 수년 전에 북미대륙 숲솔새를 처음 마주하고 깜짝 놀란 후, 당시 미국 오듀본 협회의 보호국장이었으며 깃털 전문가인 미국의 저명한 조류학자 그레그 부처에게 한 가지 질문을 던졌다. 어떻게 자연선택으로 그런 상상조차 힘든 다양성이 만들어질 수 있는지였다. 그는 이렇게 답했다. "자, 우선 색채의 자연선택이 먼저 일어났죠. 다음으로 특징의 선택이 일어났습니다. 그런 다음에는 색 배합은 내키는 대로 변할 수 있었던 겁니다." 나는 이 말이 상당히 매력적인 착상이라 생각했다. 실로 내키는 대로 변한 것 아니던가! 흰띠북미솔새[가칭, *Setophaga magnolia*]를 예로 들어 보자. 봄철 번식기 수컷은 회색 정수리, 하얀 눈썹, 검은색 볼과 노란 턱을 가지고 있다 ─ 여기까지는 전부 머리일 뿐이다. 등은 검은색이고 날개덮깃은 흰색이며 노란색 배에는 진한 검은 줄무늬가 들어가 있다. 그러나 이 정도로는 가장 화려하다고 말하기에는 역부족이다. 금빛깃털북미솔새[가칭, *Vermivora chrysoptera*]나 그보다 한층 금색이 많은 황금북미솔새[가칭, *Protonotaria citrea*], 아니면 검은목푸른북미솔새[가칭, *Setophaga caerulescens*] 등도 있다. 특히 블랙번솔새[가칭, *Setophaga fusca*]는 흰색과 검은색의 날개에 동체 아랫부분은 강렬한 주황색이라, 미국 탐조가들은 이 새에게 'Firethroat'이라는 별명을 선사하기까지 했다. 다양한 북미솔새는 마치 무지개나 회화작품의 조각처럼, 어떻게 보면 하나의 초월종을 구성하는 부분처럼 느껴진다. 중앙아메리카와 남아메리카에서 겨울을 나고 미국과 캐나다의 아한대亞寒帶 숲에서 번식하러 찾아오는 이 새들은 아메리카대륙 봄철의 온갖 탁월함 중에서도 가장 탁월한 요소라 할 수 있으며, 나는 이들을 바라보며 엄청난 흥분에 사로잡혔다. 심지어 뉴욕의 센트럴파크에서도 그런 새들을 만나는 것이 가능한데, 한번은 붉은꼬리북미솔새[가칭, *Setophaga ruticilla*]를 목격한 적도 있었다. 북미솔새 중에서도 가장 훌륭한 새 중 하나로, 검은색과 주황색의 커다란 나비 같은 모습으로 나무 위를 날아다니고 있었다. 길 건너 다코다 빌딩 앞에서 총에 맞은 존 레넌을 기리는, 관광객으로 북적이는 스트로베리필즈 메모리얼에서 몇 야드 떨어지지 않은 곳에서 말이다.

아니, 우리 힘만으로 그 수많은 북미솔새를 구상할 수는 없었을 것이다. 그렇게 무한한 색조를 다양하게 배합하려면 자연의 힘이 필요하다. 다만 나는 숨이 멎을 것처럼 화려하고 다양한 색채보다도 강렬한 단색에 더욱 끌리곤 한다. 자연계는 때때로 그런 단색을 제공한다. 큰주홍부전나비의 강렬한 주홍색이나, 백로 같은 일부 물새들의 순수한 흰색이 녹갈색 늪지대에 대비되어 갓 내린 눈처럼 빛나는 모습이나, 개양귀비의 립스틱처럼 진한 선홍색이나, 무지개송어의 몸통을 타고 흐르는 반짝이는 자주빛처럼. 그리고 숲속 블루벨의 푸른색도 여기에 속할 것이다. 그해 봄에(사실 그리 오래전도 아니었다) 닷새를 연속으로 숲에 드나들게 만들었던 바로 그 색채 말이다.

내 발길을 계속해서 이끈 것은 그 푸른색이었다. 사실 나는 다른 색깔보다도 푸른색에 가장 끌리는 편이다. 잠시 블루벨은 접어두고 다른 예를 몇 가지 들어보자. 내가 크게 감동한 푸른색 꽃은 두 가지가 더 있는데, 하나는 감청색, 다른 하나는 연청색이다. 전자는 수레국화로, '현명한 농부'와 그의 끊을 수 없는 제초제 성향 때문에 시골 풍경에서 박멸되어 버린 주요 식물 중 하나다. 나는 잉글랜드보다 노르망디에서 훨씬 많은 수레국화를 목격했다. 프랑스에서 '레 블뢰les bleuets'는 특별한 연민을 자아내는 꽃인데, 1차 대전 때 참호에서 싸웠던 프랑스 병사들, 즉 '푸알뤼Poilus'와 연관되는 꽃이기 때문이다. 영국에서 그에 해당하는 '토미'와 개양귀비를 연관짓는 것과 마찬가지라 할 수 있다. 수레국화가 나를 매료하는 특징은 바로 그 깊은 색조 ― 남색에 가깝다 ― 때문에 빛나는 듯 보인다는 것인데, 심지어 빛을 발하는 것이 아니라 어둠을 발하는 느낌을 준다. 맥동하는 어둠을 흩뿌리는 것처럼 말이다. 중년이 되어 그 사실을 깨닫고 나니, 문득 십대 시절에 읽고 사랑했고 잊어버렸던 시 한 소절이 떠올랐다. 어쩌면 바로 그런 생각을 암시하듯, 거의 주문을 외우듯 읊는 시라고 해야 할지도 모르겠다. 바로 D. H. 로렌스의 「바이에른용담 Bavarian Gentians」이다.

> 바이에른용담, 크고 어둡고, 더없이 어두운 꽃이여
> 밝은 날에 횃불처럼 어둠을 선사하니, 그 푸른빛으로
> 플루토의 암연을 흩뿌리며
> 횃불의 불꽃처럼 골진 어둠이 퍼트리는 푸른색은

그대로 졸아들어 뾰족점에 이르니, 그대를 짓누르는 것은

　하얀 날이며

횃불꽃에서 피어나는 푸른 암연은, 플루토의 어두운

　푸른색 안개는,

디스의 홀에서 가져온 검은 등불처럼, 검푸르게 타오르며,

어둠을, 푸른 어둠을 뿌리네, 데메테르의 희끄무레한

　등불이 빛을 뿌리듯이,

그럼 이끌어다오, 나를 이끌어다오……

　로렌스가 꽃에게 지하 세계로 이끌어달라고 부탁하는 모습은, 읽기에 따라서는 자신의 죽음을 예견한 것으로 볼 수 있을지도 모른다(이 시는 그의 인생이 거의 종착점에 도달했을 무렵, 마침내 그를 죽인 폐결핵을 앓던 시기에 쓴 것이다). 그러나 진정으로 아름다운 '푸른 어둠'을 불러냄으로써 이 시는 모든 우울함이나 병적인 분위기를 몰아낸다. 내 눈에 수레국화가 들어올 때마다, 그 푸른 꽃은 그렇게 한 꺼풀 덧입혀진 심상을, 로렌스의 시가 내 마음에 깃들게 한 의미를 담아 빛난다. 수레국화 또한 지하 세계로 향하는 횃불이 될 수 있는 것이다. 그러나 수레국화가 어둠을 뜻한다면, 내가 사랑하는 다른 꽃, 헤어벨[*Campanula rotundifolia*]은 스펙트럼의 정반대에 위치한다. 헤어벨은 그 파리한 색채로 유명하다. 사실 그 파리함이야말로 헤어벨의 매력,

즉 여린 섬세함의 일부다. 비슷한 크기라서 종종 블루벨과 헷갈리기도 하지만, 블루벨이 히아신스속이어서 붓꽃이나 난초에 가까운 반면, 헤어벨은 초롱꽃속에 속하며 데이지의 먼 친척이다. 헤어벨은 봄이 아니라 여름의 끝을 장식하는 꽃이고, 한데 모여 피어난 블루벨이 강렬하고 눈에 띄는 반면 헤어벨은 종종 못 보고 지나칠 수도 있다. 때로는 작게 모여 피기도 하고, 한두 포기씩 피는 경우도 흔하다. 드물고 연약하며, 모든 면에서 블루벨보다 여린 식물이다. 블루벨은 숲속의 비옥하고 축축한 토양에서, 터질 듯 수액이 가득한 굵고 튼튼한 줄기를 뻗지만, 건조한 개활지에서 자라는 ― 내가 처음 만난 곳은 모래언덕이었다 ― 헤어벨의 줄기는 그저 철사 한 가닥 정도다. 그 끝에 달린 하늘색 꽃은 티슈로 만든 듯하다. 초등학교 어린이가 오려 붙인 듯한 느낌이다. 이렇게 유약하기 때문에, 헤어벨은 바람이 슬쩍 불기만 해도 꽃을 떨면서 고개를 숙이고, 그 떨림 때문에 햇빛 속에서 끊임없이 반짝거린다. 크리스티나 로세티*는 이렇게 노래했다.

---

* Christina Rossetti(1830-1894). 영국의 낭만파 시인, 동시 작가. 「희망은 태어날 때부터 파르르 떨리는 헤어벨과 같으니」에서, 시인은 희망을 뜻하는 헤어벨과 신실함을 뜻하는 백합을 사랑을 의미하는 장미와 비교한다.

희망은 헤어벨과 같으니 태어날 때부터 파르르 떨리며……

헤어벨을 마주한 사람들은 그 연약함과 떨림을 가장 먼저 인식하게 된다. 내 친구 하나는 '바람 속 빛의 일렁임'이라고 표현한 적도 있다.

(사실 헤어벨을 언급한 19세기 여성 시인은 크리스티나 로세티뿐이 아니다. 미국의 에밀리 디킨슨도 헤어벨을 노래하는 시를 쓴 적이 있다. 1830년 12월에 일주일 차이로 태어났으니 완벽한 동시대인이라 할 수 있을 텐데, 디킨슨의 시는 너무도 비범하고 강렬하다. 특히 서두의 사소하지만 눈치채지 못할 수 없는 에로틱한 표현이 그렇다. 나로서는 여기서 인용하지 않을 수가 없다.

헤어벨이 연인 꿀벌을 위해
거들을 풀어내린다면
꿀벌은 예전처럼 헤어벨을
경애해 주려나?

'천국'을 말로 꾀어서
진주의 해자를 거두어들이게 한다면
에덴은 에덴으로 남으려나
귀한 이는 귀하게 남으려나?

조금 해석이 필요하기는 하지만, 디킨슨은 특유의 함축적인 생략을 통해 쫓던 존재라 귀히 여기던 것이, 일단 손에 넣고 나면 귀하지 않은 취급을 받을 수도 있다고 말하고 있다.)

그러나 헤어벨의 가장 내밀한 매력은 깜빡이는 빛의 일렁임이 아니라 그 색채와 시기의 조합이다. 가녀린 연한 하늘빛의 꽃이 돋보이는 이유는 여름의 끝무렵, 풍경에서 생동감이 상당히 사라진 후에 등장하기 때문이다. 풀은 노란색과 갈색으로 시들고, 새들의 노래도 잠잠해지고, 제비도 남쪽으로 떠나고 송어도 물 위로 튀어오르지 않는다. 분홍색이 섞인 갈색 꽃의 유럽 등골나물이나 칙칙한 노란 꽃의 래그워트[*Jacobaea vulgaris*]처럼 다른 식물들도 꽃을 피우지만, 이런 꽃들은 종종 탈진한 색채의 일부로 섞여들곤 한다. 달력이라면, 대체 뭘 투덜대는 거야, 아직 여름인데, 하고 말하겠지만, 나는 언제나 8월 15일쯤이 진짜 여름의 끝이라 느끼곤 했다. 그 이후로는 자연계의 성교 후 우울증처럼, 마치 강렬한 개성을 가진 가을이 도래하기 전까지의 공허한 틈새처럼 느껴지는 것이다. 이런 우울한 계절에 (적어도 내게는) *Campanula rotundifolia*가 모습을 드러낸다. 히스 풀밭이나 모래언덕에, 초원이나 언덕 비탈에, 반투명한 푸른 꽃이 어쩐지 과거가 아닌 미래를 예비하는 듯한 색으로, 주변 모든 것이 바래 가는 가운데에서도, 바람과 빛과 마음을 사로잡는 것이다. 한 해가 시들어 죽어가는 시기에, 헤어벨은 풍경에 생명의 마지막 작은 불빛을 제공한다.

　여리고 도전적인 푸른색과 어둡게 맥동하는 푸른색. 이 두 가지의 푸른색은 나를 강렬하게 끌어들인다. 그러나 양쪽 모두 블루벨에는 비할 수 없다. 블루벨에는 그것을 넘어서는, 내게 상당히 충격을 주었으며 아마 다른 이들에게도 그러리라 여겨지는 다른 층위의 푸른색이 하나 더 존재하기 때문이다. 바로 빛에 따라 변하는 색조다. 이렇게 현란하게 반짝이는 극한의 푸른색은 자연계에서 종종 찾아볼 수 있는데, 기본 색채 안의 색조 하나가 다른 색보다 훨씬 강렬해져서 자연계에서 가장 놀라운 시각 현상을 일으키는 것이다. 나는 이 색을 단순히 '찬란한 푸른색'이라고 부른다. 가장 훌륭한 예시는 남아메리카의 모르포나비의 푸른색이겠지만, 영국에서도 블루벨 말고 다른 두 종류의 생명체에서 그런 색채를 찾아볼 수 있다. 양쪽 모두 날개가 있는데, 하나는 같은 나비인 아도니스부전나비[가칭, *Lysandra bellargus*]로서 모르포나비를 축소한 것이라 여겨도 좋을 정도다. 똑같이 반짝이며 광택이 흐르는 찬란한 푸른색을 지니고 있지만, 크기가 훨씬 작을 뿐이다. 사실 영국에 서식하는 7종의 푸른색 나비는 모두 아름다우며, 그중 가장 매력적인 연푸른부전나비Common Blue, 즉 *Polymmatus icarus*는 반짝이는 라일락색의 날개를 지니고 있다. 나는 그 이름 때문에 사람들이 관심을 덜 가진다고 생각하는데 — 이를테면 '이카로스부전나비

Icarus blue ' 등으로 불렀다면 훨씬 소중히 여겼을 것이다 ─ 아 도니스부전나비는 그 광택에서 연푸른부전나비에 버금간다. 처음 그 나비를 마주했을 때는 친구가 불러서 다가갔다. 처음에는 날개를 세워 닫은 채로 잔디 위에 앉아 있었기 때문에 갈색 점박이 아랫면만 보였다. 나는 두근거리는 가슴을 안고 풀밭 위에 엎드려 지켜보았고, 친구가 손가락 끝으로 날개를 건드렸다. 순간 아주 작은 푸른색의 폭발이 내 시야를 가득 메웠다.

다른 하나의 종은 물총새다. 물총새에서 주목할 점은 그 몸에 두 가지의 푸른색이 존재한다는 것이다. 하나는 접은 날개에서 비치는 살짝 녹색 기운이 도는 반짝이는 푸른색인데, 앉은 새를 그린 삽화에서 흔히 볼 수 있는 색으로, 배 쪽의 진한 주황색과 인상적이고 훌륭한 대조를 이룬다. 그러나 숨을 멎게 만드는 것은 다른 쪽의 푸른색이다. 바로 물총새의 등 쪽에 있는 밝은 푸른색으로, 이쪽은 찻잔이나 엽서 속의 그림이 아니라 실제 물총새에서 보게 되기 마련이다. 물총새와의 첫만남은 보통 이쪽에 등을 돌리고 날아가는 모습이기 마련인데, 그럴 때면 날개를 활짝 펴서 등쪽 깃털이 노출되기 때문이다.

너무 눈부시게 밝아서 안쪽에 불을 밝힌 것처럼 보이는 푸른색.

하늘보다도 밝은 푸른색.

나는 그런 색을 그 어떤 물감 가게의 색상표에서도 본 적이 없다. 그리고 큰주홍부전나비의 경우와 마찬가지로, 그 색을 처음으로 목격하는 사람들은 일종의 고양감을 느끼리라 생각한다. 세상에 존재할 수 있는 감각이 확장되는 경험이기 때문이다. 내 아들 셉의 경우에는 확실히 그랬다. 그 아이가 17세였을 때 노르망디에서 휴가를 보내다 둘이서 저녁 산책을 나갔을 때의 일이었다. 우리는 페르슈를 가로지르는 윈Huisne 강을 따라 걸음을 옮기다, 페르슈롱의 수많은 르네상스 장원 중 하나, 이 경우에는 마누아델라보브 근처의 고립된 지점에 이르렀다. 어스름이 깔리는 저녁 하늘에 동화 속에 나올 것 같은 탑들이 높이 솟아 있었다. 높은 강둑 사이로 흐르는 강물을 따라, 짙어지는 어스름을 뚫고 파란 빛줄기 하나가 우리 아래편에서 솟아나와 검은 물을 따라 날아갔다. 셉은 움찔하며 소리쳤다. "방금 그거 뭐예요?" 나는 알려주었고, 아이는 감탄했다. 세이머스 히니가 으스스한 노래 가사 속에서 한 줄로 정확하게 짚었던 바로 그 모습이었다.

데리가브에서 온 소녀를 만났네
그 이름은, 잊힌 짙은 사향처럼,
길게 방향을 바꾸는 강물을 따라서
어스름 속으로 날아가는 푸른빛 물총새처럼……

셉은 자연계를 눈여겨보는 세대가 아니었다. 그러나 어스름 속을 가로지르는 푸른빛 물총새의 모습은 순간 그 아이마저 멈칫하게 만들 정도였다.

블루벨이 내게 그랬듯이 말이다. 그리 오래전이 아닌 그 봄날의 숲속에서, 닷새 연속으로, 나는 대지의 아름다움에 넋을 잃었다. 닷새 동안 나는 일부러 그 색채를, 그 살아 있는 색채를 마주하러 돌아갔다. 우연히 처음 마주했을 때 그 푸른색은 이미 절정이었고, 머지않아 스러질 것임을 알았기 때문이다. 매일매일 닷새 동안. 그러면서도 나는 누구에게도 알리지 않았다. 아마도 나는…… 무슨 생각이었을까? 부끄러웠나? 아니, 그건 전혀 아니다. 그러나 나 또한 다른 사람들만큼이나 세상을 점유하는 문화적 표준에 깊이 영향을 받은 사람이었고, 따라서 닷새 연속으로 블루벨을 훔쳐보러 갔다고 공공연하게 선포하면 뭐랄까, 기이한 사람이라는 평가를 받을 것이라 느꼈다. 그러나 나는 그곳에 이끌리는 것을 피할 수 없었다. 내 감각을 색채로 가득 메우고 싶었다. 다른 누구에게도 알리지 않고. 마치 지하 조직의 일부가 된 것만 같은 기분이었다……

자연의 아름다움이 공식적인 고급문화로 선호되지는 않는 21세기에도, 논쟁을 원치 않는 수많은 사람은 여전히 자연에 끌리고 있다. 이는 우리와 자연계의 깊은 유대 관계가, 문화 대신 본능을 선택하게 만드는 강렬한 힘이 존재한다는 증거다. 내 경우에는 분명 그랬다. 나는 모더니즘이 아름다움을 밀어냈으며, 그런 거부의 유산이 여전히 우리 곁에 있다는 사실 따위에는 신경 쓰지 않는다. 자연의 아름다움은 여전히 환희를 선사하는 능력을 지니고 있으며, 그 중요성은 예술적, 문화적, 철학적 유행에 따라 감소하는 것이 아니다. 도리어 그 아름다움이 치명적인 위험에 처했기 때문에 그 중요성이 헤아릴 수 없을 정도로 증가하고 있다고 할 수 있을 것이다.

그리고 내가 특별히 끌리는 푸른색의 경우에도, 나는 본능이 문화를 압도해 버린 경우라고 생각한다. 내가 다른 색깔보다 유독 푸른색에 끌린다는 것은 분명하지만, 내 평생의 사회화 과정에서 그럴 만한 이유는 전혀 찾을 수 없었다. 인간의 상상력이 5만 세대에 이르는 자연계와의 교류에서 형성되었다는 점을 받아들인다면, 나는 이런 푸른색 선호 또한 그 안 어딘가에 있으리라 생각한다. 아마도 내면 어딘가에, 유전자 속에, 떠돌이 조상들이 가장 압도되었던 색채, 머리 위로 끝간 데 없이 높고 널찍이 뻗어서 이내 창공이라고 부르게 되었던 바로 그 색채와의 유대가 심어져 있으리라 생각한다.

물론 대지의 아름다움은 색채가 전부가 아니다. 형상 속에서도, 자연의 풍경과 그 안에 품은 생명체들의 형상에서도 찾을 수 있다. 조화를 이루는 경관이나, 장엄한 산맥, 계곡이 품은 내밀한 매력, 그 모두를 비추며 끊임없이 변하는 햇살 속에서도. 표범의 치명적인 우아함, 영양의 고상함, 쏜살같이 내리꽂는 매, 그리고 내가 앞에서 말했듯, 도요물떼새의 자태에서 찾을 수 있다. 나는 이 모두를 사랑하지만, 그중에서도 한 가지 부류의 형상, 한 가지 부류의 풍경 요소가 유독 내게 환희를 가져다주었다. 그 대상은 바로 강이다. 그러나 아무 강이나 되는 것은 아니다. 특별한 장소에 있는 특별한 부류의 강을 뜻하는 것이다. 그런 강의 아름다움은 거의 물질계를 초월하여 이상의 세계를 넘나드는 것처럼 느껴진다.

강을 펀드는 편견 하나로 시작해 보자. 나는 평생 강을 사랑해 왔으며, 그 시작은 여덟 살의 나이에 최초의 멸종위기종, 즉 BB의 『작은 회색 난쟁이들』에서 워릭셔의 폴리 브룩에 사는 노옴들에 매료된 것이었다. 끊임없이 웅얼거리고 찰박이며 물을 튀기고, 넓고 깊어지며 둑과 물레방아와 숨은 정박지와 풀이 무성한 섬들로 장식되는 그 노옴들의 사랑스러운 물길은 모험담 속의 다섯 번째 주인공이나 다름없다. 특히 『반짝이는 냇물을 따라서』에서 도더, 발드머니, 스니즈워트가 잃었다 되찾은 형제 클라우드베리(아, 클라우드베리……)와 함께 새로운 삶을 찾아 물길을 타고 바다로 향할 때는 더욱 그랬다. 이후 나는 모든 강물을 볼 때마다 마음이 들뜨는 것을 억누를 수 없었다. 여행 도중 강을 건널 때면 항상 그 이름을 알고 싶었고, 가능하다면 다리 위에 멈춰서 그 물살을 들여다보고 싶었다. 너무 반사적으로 일어나는 반응이라, 나이를 먹으면서 이런 매료 또한 선천적으로 머릿속에 새겨진 것은 아닌지, 내 어린 시절보다 훨씬 전인 수렵채집인 시절부터 존재했던 것은 아닌지 궁금해지기에 이르렀다. 어쩌면 폴리 브룩의 이야기가 신경조직 깊은 곳에 파묻혀 있던, 먼 옛날부터 존재해 오던 갈망의 스위치를 올린 것일지도 모른다.

도시와 실내에서 살아가는 우리들은 갈수록 그 존재를 당연하게 받아들이고 있지만, 사실 강이야말로 인류 존재의 주요한 조건 중 하나였기 때문이다. 필수적인 것은 아니었을지도 모른다. 꽃이 없는 지구에서 우리가 진화할 수 있었을 것처럼, 흐르는 물이 없는 행성에서도 진화할 수 있었을지도 모른다. 그리고 흐르는 물이라는, 영원히 변하지만 영원히 그대로인 존재라는 개념을 받아들이려면 약간의 상상력이 필요하다. 같은 강물에 두 번 발을 담글 수 없다는 사실을 깨우치기 위해서는 헤라클레이토스 같은 현인이 필요한 것이다. 그러나 강은 언제나 눈에 띄고 우리 진화의 시작부터 그곳에 있었기 때문에 우리가 자연스레 당연히 여기는 존재가 되었다. 노먼 매클린이 이 점을 우아하게 표현한 문장을 처음 접하고 공감에 전율했던 기억이 난다. 미국의 영문학 교수이자 플라이 낚시꾼인 매클린은, 훌륭한 헐리우드 영화로 각색된 자서전에서 이렇게 썼다. '결국 모든 것은 하나로 모여들고, 강은 그렇게 흘러간다.'[*]

강은 하늘만큼이나 우리 근원의 일부인 셈이다. 그러나 여기서 염두에 두어야 할 점은, 강이라는 존재는 두 개의 명확한 범주로 구분해야 한다는 것이다. 세계의 거대한 강들과, 나머지 모든 강들이다. 내게 거대한 강들은 아예 다른 종류의 생물처럼 느껴진다. 지리적인 것뿐만이 아니라 문화적 반응에서도 그러한데, 큰 강이란 단순히 규모만 불린 시냇물이 아니기 때문이다. 강을 따라 수천 마일을 항해할 수 있다는 점에서, 이런 거대한 강들은 실질적으로 길게 늘인 대양이나 다름없다. 브라질 마나우스 인근의 엔콘트루 다스 아구아스encontro das aguas, 즉 '물이 만나는 지점'에 가 보자. 술리모이스 강과 리오네그로 강이 합쳐져 아마존 강을 이루는 합류점인데, 갈색과 검은색 물줄기가 서로 분리되어 나란히 흐르는 모습을 볼 수 있다. 동시에 여러분은 아마존 강에 바다처럼 수평선이 존재한다는 사실을 깨닫게 된다. 실제로 세계의 거대한 강들은 대양보다 더 오래 탐험가들을 거부해 왔다. 유럽인들은 나일 강의 수원보다 대서양

---

[*] 노먼 매클린의 대표작인 『흐르는 강물처럼A River Runs Through It』의 한 대목이다.

반대편의 대륙을 더 먼저 발견했다. 인류 역사의 초기에 인간의 상상력을 가장 자극한 것도 이런 거대한 강들인데, 최초의 위대한 문명이 이런 강들의 유역에 성립했다는 사실을 생각하면 당연한 일일 것이다. 이집트는 나일 강, 메소포타미아는 티그리스와 유프라테스 강, 인도는 인더스와 갠지스 강, 중국은 황하와 양쯔강이 있었다. 이런 거대한 강들은 기적처럼 온갖 생명의 요람이 되지만, 동시에 격렬하게 생명을 위협할 수도 있다. 부를 선사하지만 동시에 분노로 모든 것을 파괴할 수도 있으며, 황하는 특히 그쪽으로 악명이 높다. 강에 의존해서 생활을 꾸리는 사람들은 자연스럽게 강을 신으로 숭배하고 감사를 바치고 달래려 애썼다. 심지어 20세기에도, 미시시피 강변의 세인트루이스에서 자라난 T. S. 엘리엇 같은 사람은 어린 시절에 존재했던 거대한 물길을 '강대한 갈색의 신'으로 여길 수밖에 없었다.

나 또한 미시시피뿐 아니라 니제르 강 같은 다른 거인들의 경이도 느껴본 적이 있다. 팀북투를 향해 날아가는 동안 말리의 황갈색 반사막 지형 사이로, 강물을 따라 논밭이 녹색의 거대한 띠처럼 구불구불 이어지는 모습이 보였다. 수면에는 피로그라 부르는 색색의 카누들이 가득해서 그 장대한 규모를 가늠할 수 있게 만들었다. 그러나 경이는 사랑과는 다른 감정이다. 내가 사랑한 강들은 하나의 예외도 없이 모두 그보다 작은, 초인보다는 평범한 인간에 가까운 강들이었다. 그런 강을 위한 별도의 이름이 없다니, 여기서만은 영어가 얼마나 한심하게 느껴지는지! 프랑스인들은 자연스럽게 둘을 구분한다. 큰 강은 플뢰브fleuve고, 작은 강은 리비에르rivière다. 그러나 영어는 그 모두를 하나로 뭉뚱그리는 한심한 짓을 저지른다. 덕분에 2,900마일 길이의 콩고 강과 셰익스피어의 고향을 흐르는 85마일 길이의 에이번 강이 모두 같은 'river'로 묶여 버린다. 따라서 여기서 확실히 하고 넘어가도록 하자. 앞으로 내가 언급하는 '강'은 콩고 강 부류가 아니라 에이번 강 부류를 일컫는 것이다. 내 마음을 사로잡은 강은 그쪽이기 때문이다.

나는 그 이유가 작은 강이란 두려워하고 달랠 대상이 아니라 우정을 쌓는 대상이기 때문이리라 생각한다. 그리고 모든 나비가 특별하듯이 모든 강도 특별하다는 내 지론에서 보면, 개별 강들의 차이는, 그리고 강들의 이름은, 그저 훌륭한 보너스일 뿐이다. 나는 강과 친구가 되려고 많은 시간을 소모했고, 언제나 보상을 받았다. 그리고 그중 많은 강들과는 사랑에 빠졌다. 산업혁명의 요람인 랭커셔가 그런 보석을 품을 수 있다는 사실이 놀랍기만 한 호더 강부터, 케이더이드리스 아래에서 홀로 어둑하고 고고히 흐르는 더서니 강까지. 나는 서덜랜드의 헬름즈데일 강처럼 작고 거친 강도, 데본의 리드 강처럼 달콤하고 수줍은 강도 사랑했다. 그리고 그중 가장 사랑하는 부류는 문학과 연관이 있는 작은 강들이다. 하우스먼의 팀 강, 헨리 윌리엄슨의 (그리고 테드 휴즈의) 타우 강과 토리지 강, 딜런 토머스의 에런 강(그와 케이틀린은 딸 이름을 에러너라고 지었다),* 아니면 세이머스 히니의 모욜라 강처럼 말이다. 이 강은 바로 위에서 인용한 '날아가는 푸른빛 물총새'의 강, 스페린 산막에서 니이 호수로 흘러가는 '오리나무 아래를 즐겁게 흐르는' 강이다.

이런 강들은 하나같이 기쁨의 원천이지만, 특히 내게 환희를, 내가 그 환희를 정의하려 애쓰게 만든 강들은…… 때로는 다른 세계처럼 느껴지는 강들이다. 그래, 실제로 그렇다고 할 수도 있을 것이다. 그러나 샹그릴라 같은 곳에 있다는 의미는 아니다. 지도에서 찾을 수는 있으니까. 상당히 드문 지도이기는 해도 말이다. 따로 주문해야 할 수도 있다. '10마일 지도'라고 부르는 물건인데, 영국지질연구소에서 제작한 영국의 지질도로서 1인치당 10마일 축척으로 행정구역이나 지형 요소가 아니라 그 아래의 암석을 표시한다. 다양한 지층을 다양한 색으로 표시하는데, 사용하는 색상은 암석과의 유사성이 아니라 순전히 구

---

* 하우스먼은 『슈롭셔의 젊은이』를 비롯한 일부 작품 속에서 팀 강을 언급한다. 헨리 윌리엄슨의 소설 『수달 타카 *Tarka the Otter*』의 무대는 타우 강과 토리지 강 사이의 지역이며, 이들 두 강이 오염되는 모습은 테드 휴즈가 환경보호의 필요성을 절감하게 되는 계기가 되었다. 딜런 토머스는 1940년대에 에런 강 유역에 거주하며 그곳을 '세상에서 가장 소중한 장소'라고 칭했다.

분을 목적으로 결정된다(다만 내가 자라난 위럴 반도의 트라이아스기 사암층은 그 암석 색깔과 상당히 비슷한 흐린 적갈색으로 표시되어 있다). 나는 이 지도를 펼칠 때마다 잉글랜드 전역을 남서쪽인 왼쪽 아래부터, 북동쪽인 오른쪽 위까지 대각선으로 가로지르는 밝은 녹색의 띠를 바라보며 흥분하곤 한다.

이 녹색은 백악이다. 지도상의 녹색은 백악 언덕의 무른 백색 바위를 의미하며, 도싯에서 시작하여 윌트셔와 햄프셔, 버크셔를 지나 칠턴으로 들어간 다음 노퍽, 링컨셔를 지나 요크셔 고원으로 이어진다. 백악의 구성 물질은 공룡이 세상을 지배하던 시대에 따뜻한 바다에 가득하던 수천조 마리의 해양 미생물의 유해로, 죽은 다음 그 껍질이 해저에 내려앉아 쌓인 것이다. 순수한 탄산칼슘이며 아름다움과 풍요로운 야생 동식물의 근원 중 하나다. 종종 다운스 또는 다운랜드라 불리는 백악 언덕은 잉글랜드 남부 시골의 부드러운 매력의 상징인데, 그 형태가 흐르듯 완만하며(흔히들 인체의 굴곡 같다고 말한다) 웨일스와 스코틀랜드의 험준하고 압도하는 화강암 산들과는 다르다. 심지어 이런 백악은 비교 불가능한 생물 다양성의 보고이기도 하다. 향긋한 세르필룸백리향과 호스슈벳치[Hippocrepis comosa]와 서양애기풀과 페어리플랙스[Linum catharticum]와 난초로 가득한 고지의 키 낮은 풀밭부터, 무리지어 날아다니는 풀표범나비와 얼룩흰뱀눈나비와 꽃팔랑나비와 연푸른부전나비에, 돌물떼새부터 종다리에 이르는 온갖 새들까지도 찾아볼 수 있다. 백악 초지인 솔즈베리 평원에는 오늘날에 1만 4천 쌍의 종다리가 서식하며, 봄철에 이들이 쏟아내는 노랫소리는 마치 바람처럼 대기의 일부분으로 느껴진다…… 그러나 다른 무엇보다도, 백악층은 그 속에 품은 물을 흘려보낸다.

내게 대지의 아름다움을 대표할 수 있는 요소 하나만을 선택하라고 한다면, 나는 잉글랜드 남부의 백악 개울을 고를 것이다. 그 사랑스러움은 마치 꿈결 같다. 실제로는 소규모 또는 중규모의 강이라 불러야 마땅하겠지만, 낚시꾼들은 오래전부터 이런 강에 '백악 개울chalk stream'이라는 이름을 선사했고 그 이름은 지금까지 남았다. 낚시꾼, 특히 제물낚시꾼은 오랫동안 백악 개울의 대변인이자 수호자이자 찬미자였다. 제물낚시에 관한 상당한 양의 문헌 중에서도 특히 두 군데가 이름 높은데, 바로 햄프셔의 테스트 강과 잇첸 강이다. 빅토리아시대의 낚시꾼들은 바로 이곳에서 드라이플라이를 사용하는 낚시 기술을 만들어냈고, 이곳 강들은 거의 종교 성지가 되었다. 문헌에는 다른 몇 군데 강을 추가로 찬미하는데, 도싯의 프롬 강과 피들 강, 윌트셔의 와일리 강과 에이번 강이 대표적이다(여기서 에이번 강은 셰익스피어의 동네가 아니라 솔즈베리를 가로질러 흐르는 강이다). 버크셔의 케넷 강과 램번 강도 있고, 칠턴힐스의 체스 강과 미즈번 강도 있다. 이보다 작은 개울은 훨씬 많고, 그중에는 뛰어 건널 수 있을 정도로 좁은 것도 있지만 — 환경국에서는 백악의 띠를 따라서 모두 161개의 비슷한 개울이 있다고 발표했다 — 그중 유독 그 아름다움이 뛰어난 것들은 한 줌의 중간 크기 강들이다.

가장 눈길을 끄는 것은 물 그 자체다. 우리 행성에서 가장 깨끗하고 투명한 물이라 할 수 있는데, 관례적으로 '진gin처럼 투명한'이라는 표현을 사용한다. 흠칫 놀랄 정도의 청명함이다. 자갈이 깔린 백악 개울의 강바닥이 금빛으로 반짝이며, 마치 잘 닦은 유리판을 통해 보는 것처럼 선명하게 비치기 때문이다. 그 이유는 지질에 있다. 백악은 물이 통과할 수 있으므로, 빗물은 그대로 백악층을 적시고 지하의 저수지, 또는 대수층으로 그대로 흘러들며, 동시에 여과기 역할도 해 준다. 샘에서 솟아오른 물이 다시 강으로 돌아갈 때는 모든 불순물이 사라진 상태인 것이다. 티 없이 깨끗한 물이다. 이런 과정은 백악 개울의 두 번째 특성, 즉 일정한 유량으로도 이어진다. 빗물이 바로 흘러가는 강은 범람이 일어나 수위가 심하게 출렁이기 마련이지만, 샘에서 계속 물이 솟아나는 백악 개울은 수위가 변하지 않으며 속도도 일정하다. 느려지거나 급류가 생기는 일이 없이, 오로지 자기만의 우아함을 지니고 흘러간다.(테스트 강은 루아르 강의 미니어처 같다)

따라서 이런 강들에는 근본적인 아름다움이 존재한다. 그 아름다움을 한층 강화하는 것은 백악 개울을 가득 메우는 생물들이다. 미나리아재비나 애기미나리아재비 부류의 수생식물, 즉 심록색 잎과 하얀 별 모양의 버터컵 꽃이 수면을 장식하며, 그 아래에는 가장 활기차고 활발한 물고기인 *Salmo trutta*, 즉 연어의 작은 친척인 브라운송어가 헤엄친다. 열대지방의 산호초 지대 물고기들처럼 오색으로 화려할 필요조차 없는 강렬한 아름다움을 지닌 물고기다. 추운 북구의 절제된 아름다움, 아르데코의 이상을 뛰어넘는 실용적인 미의식의 발현이라 할 수 있을 것이다. 언제나 주변을 살피는 예민한 물고기로, 물살 속에서도 언제나 경계하며 자기 자리를 지킨다.(낚시꾼들은 이런 모습을 '지느러미를 바짝 세운'이라고 말한다) 브라운송어는 '진처럼 투명한' 물속에서 그 모습을 선명히 드러내다가, 풀쩍 뛰어올라 수면의 작은 수생곤충을 잡는다. 그중 가장 눈에 띄는 사냥감은 크고 아름다운 수생곤충인 하루살이인데, 나비 정도의 크기에 모슬린처럼 투명한 날개를 지니고 있으며, 한살이의 대부분을 강바닥 자갈 사이에서 유충으로 보내다가 늦봄이 되면 부화하여 짝짓기를 하고 하루 만에 죽어 버린다. 짝짓기철에는 수천 마리의 하루살이가 수면 위를 메운다. 수컷은 가득 무리 지어 구애의 춤을 추며 12피트에서 15피트 상공에서 위아래로 움직인다. 그리고 다가온 암컷을 붙들고 짝짓기를 하고, 암컷은 강물에 알을 낳고 죽어서 수면을 얇은 막처럼 뒤덮는다. 크고 작은 규모로 이런 일이 벌어질 때마다, 특히 저녁에는, 송어들이 날뛰게 된다. 탐욕을 폭발시키며 로켓처럼 솟아올라, 수면을 찢고 죽어가는 곤충들을 공격한다. 계속 첨벙거리면서. 펄쩍. 철퍼덕. 삶과 죽음이 물길을 따라 고동치는 소리가 울린다.

내가 백악 개울의 아름다움을 발견한 것은 30여 년 전쯤, 칠턴의 체스 강을 따라 걷던 도중이었다. 그런 강들을 탐사하고 그 정체를 깨닫기 시작하며 나는 두 가지에 경탄하게 되었다. 하나는 그 경이로우면서 눈길을 끄는 아름다움이었고, 다른 하나는 낚시라는 문화를 제외하면 백악 개울을 찬미하는 이들이 놀랍도록 적다는 것이었다. 제물낚시를 다룬 문헌에서는 이들 강에게 충분한 경의를 바치고 있지만, 그 외에는 아예 다른 행성에 있는 것처럼 존재감이 없었다. 노래하는 시인도 없었다. 그림을 남기는 화가들도 없었다. 글을 남기는 작가들도 없었다. 심지어 시골의 여러 요소를 글로 남긴 자연주의 작가들의 경우에도, 에드워드 그레이*처럼 작가 본인이 낚시꾼인 경우를 제외하면 글로 남긴 것이 없다. 팔로돈 초대 그레이 자작인 에드워드는 '유럽 전역에서 불이 꺼져 가고 있다'라는 명언을 남긴 사

---

*   Edward Grey(1862-1933). 영국의 정치가. 1905년부터 1916년까지 외무상을 역임하며 1차 대전기에 영국의 외교 정책을 주도했고, 전후에는 주미 영국 대사로 봉직했다.

람으로, 새의 노랫소리를 묘사하듯 음악적으로 잇첸 강을 찬미한 바 있다. 그러나 백악 개울은 예나 지금이나 국민 정서 속에서는 제자리를 얻지 못한 것처럼 보인다. 내게 있어 그 강들은 블루벨 숲과 같은 지위에 올라 있다. 영국의 자연에서 가장 아름다운 두 가지 풍경으로 여긴다는 뜻이다. 그러나 사람들이 내 관점을 공유하리라는 생각은 별로 들지 않으며, 테스트 강이나 잇첸 강이 중세 성당만큼이나 소중히 간직해야 하는 국가적 유산이라는 내 견해 또한 그리 반기지 않을 듯하다.

백악 개울이 이토록 무시당한다는 사실이 놀랍기는 해도, 사실 크게 개의치는 않았다. 나는 알아볼 수 있었으니까. 마치 낚시꾼들만 알고 있는 비밀을 알게 된 것 같았고, 나는 그쪽 문헌을 탐독하기 시작했다(해리 플런킷 그린의 『반짝이는 물길이 만나는 곳Where the Bright Waters Meet』이나 존 월러 힐스의 『테스트 강의 어느 여름A Summer on the Test』 등을 말이다). 어느덧 나는 거의 강박적으로 그런 강들을 모두 둘러보러 돌아다니는 단계에 이르렀다. 예를 들어, 나는 이미 테스트 강의 모든 지류를 탐사했다. 번 강, 데버 강, 안톤 강, 왈럽 브룩, 던 강까지 전부. 차를 몰고 물길을 따라가기도 하고, 다리 난간 아래를 굽어보기도 하고, 가능하면 강둑을 따라 직접 걷기도 했다. 그리고 그렇게 백악 개울을 알아갈수록, 나는 그런 강들의 진정으로 탁월한 점, 심지어 요즘 남용되는 단어를 사용하자면 특별한unique 점을 이해하기 시작했다. 단순한 아름다움만이 아니었다. 그 이상의 뭔가가 있었다. 바로 청명함이었다.

나는 현대의 현상인 '오염'의 전형적인 심상 중 하나가 오염된 강물이라 생각한다. 고인 물이나 바다나 대지의 오염은 아주 조금이나마 덜 걱정할 만한 일로 치부된다. 오염을 언급할 때 우리 마음속에서는 더럽혀진 흐르는 물의 심상이 주된 자리를 차지할 것이다. 우리는 그런 모습을 원치 않는다. 역사적으로 볼 때 대규모 오염 사태는 상당히 최근에 등장한 것이며, 지구가 맞이하는 환경 문제 중에서도, 이를테면 삼림 파괴보다도 비교적 최근에야 모습을 드러냈다. 적어도 산업혁명이 일어난 250년 전 이상으로 거슬러 올라갈 수는 없을 것이다. 그리고 멈출 줄 모르는 자본주의가 등장하며 가장 먼저 희생된 자연은 바로 강이었다. 최초의 공장에 의해 속박당하여 동력을 제공하고 폐기물을 쓸어내 가야 했으니까. 강을 훼손하고 더럽히는 행위는 1980년대에 들어 서구의 제조업이 총체적으로 몰락하기 전까지 꾸준히 계속되었다. 이후로 상당히 많은 강이 정화 작업의 대상이 되었지만, 19세기 전체와 20세기의 상당 기간을, 서구 세계 대부분의 공장과 산업단지, 대부분의 공업도시에는 더러운 강이 흐르고 있었다. 수백만의 사람들이 그런 물길을 직접 목격했을 것이다(이제 대규모 제조업은 동방으로 이동했고, 중국은 강물의 오염을 새로운 수준으로 끌어올리고 있다. 불쌍한 바이지).

그러나 나는 사람들이 강의 오염에 무심하리라 생각하지 않는다. 심지어 직접 영향을 끼치지 않는다 해도 말이다. 나는 인간이 본능적으로 오염된 강을 매우 불쾌하게 여긴다고 생각한다. 실제 경험뿐이 아니라 개념으로서도 말이다. 앞서 나는 인간이 강을 사랑하는 본능이 유전자에 내재되어 있다고, 5만 세대 동안 내려오는 유대가 있을지도 모른다고 말한 바 있다. 그렇다면 그 사랑은 대규모 산업으로 인한 오염이 지구를 더럽히기 이전에 흐르던 강을 향한 것이었음이 분명하다. 깨끗한 강, 그 스스로가 정화자로서 기능하는 강 말이다. 인간의 수가 적었을 때는 폐기물로 오염되는 것이 아니라 쓸어가 버리기만 했을 테니까. 정말로 소중히 여길 만한 존재였을 것이다. 그렇다면 우리의 몸속 어딘가에는 강의 심상이 묻혀 있을 것이다. 적어도 내게는 그렇다고 확신할 수 있다. 닿을 수 없는 심상, 거의 플라톤의 원형과도 같은, 갈망하는 대상이 존재한다. 그렇다면 더럽혀진 강을 볼 때마다 까닭 모를 괴로움에 시달리게 되는 것도 당연하다고 할 수 있을지 모른다.

그러나 현대 세계에서 우리 내면의 순수한 깨끗함의 심상에 비견할 만한 것을 찾을 수 있을까? 한갓 실존하는 존재에 지나지 않는 것이 어떻게 이상에 근접할 수 있단 말인가? 온 지구를 돌아다니더라도 찾지 못할 수도 있으며, 실제로 대부분의 사람은 그런 일을 겪을 것이다. 적어도 우연히 백악 개울을 발견하지 못한다면 말이다. 백악 개울은 충격이다. 난데없이 이상이 현실이 되어 등장한 것이다. 내면의 심상과 완벽하게 일치한다. 백악 개울의 물이 얼마나 무결하게 청명한지를 전달하기란 쉬운 일이 아니다. 『테스트 강의 어느 여름』에서, 20세기 초의 보수 정치인이며 낚시꾼이었던 존 월러 힐스는 테스트 강의 지류인 안톤 강의 물이 자기가 보기에는 '상상할 수 없을 정도로 깨끗하다'라고 말했다. 단순히 지금껏 본 적이 없을 정도로 맑거나, 다른 어느 강보다도 맑은 정도가 아니다. 스스로 기대하거나 심지어 생각할 수 있는 것보다도 맑은 것이다. 이로써 이 강물은 단순한 일상의 일부를 초월하여 어떤 궁극적인 상태의 표상이 된다. 그리고 강물의 순수함은 강이라는 존재 전체에 후광을 덧씌워 주며, 강 또한 일상의 평범한 강을 초월하여 한층 높은 차원에 속하는 존재처럼 보이게 된다.

과장이라고? 그렇게 생각할 수도 있겠지만, 나는 그저 경험을 솔직히 털어놓을 뿐이다. 수년 전 어느 5월의 아침에, 잇첸 강 상류의 강둑으로 나갔던 적이 있다. 햄프셔의 오빙턴이었을 것이다. 풀꽃과 버드나무와 고요한 물의 흐름과 비할 데 없이 맑은 물속에서 뻐끔대는 송어들까지, 그 모두가 햇살 속에서 금빛의 옷을 입은 채로, 도저히 이 세상의 일부로는 보이지 않는 사랑스러움을 발산하는 모습이 보였다.

그러나 그 모두는 우리 세상의 일부였고, 나는 다시 한 번 환희에 빠졌다.

대지의 아름다움에 깃든 환희를 살펴보는 여정에서, 내가 사례로 가져오고 싶은 강이 하나 더 있다. 그러나 이번에는 경우가 조금 다르다. 실패에 관한 것이기 때문이다. 환희가 존재할 수 있었으나 사라진 곳의 이야기다. 결국에는 이루어질 수 없었던 꿈에 관한 이야기다. 그러나 나는 여러 이유에서 이 이야기를 할 필요가 있다고 생각한다. 세상에서 가장 유명한 강 중 하나라는 것도 그 이유 중 하나다.

바로 템스 강이다. 런던의 강이자 나의 강이다. 적어도 나는 그렇게 생각한다. 나는 20년 이상 템스 강 근처에 살았고, 그 역사에 매료되었으며, 매주 템스 강변 선박 예인로를 따라 자전거를 탔고, 그 강물과 분위기가 변하는 모습을 지켜봤다. 훌륭할 뿐만 아니라 역사적인 강이기도 하며, 내가 가장 잘 아는 구역, 그러니까 햄튼코트에서 테딩턴과 리치먼드를 지나 큐에 이르는 11마일의 구간에서는 특히 그렇다. 런던 가장자리의 녹색 계곡을 지나가는 동안 적어도 아홉 채의 대저택이나 고풍스러운 건물을 지나가는데, 영국에서 루아르 강변의 저택들에 가장 가까운 모습이라 할 수 있을 것이다.

그러나 생물학적 견지에서 템스 강은 백악 개울과는 완전히 다르다. 템스 강은 영국이 목격한 가장 지독한 강물 오염을 겪었으며, 200년 전에는 현재 양쯔강의 바이지와 직접적으로 비교할 수 있는 절멸 사태를 일으켰다. 바로 템스 강 연어 이야기다. 템스 강을 연어가 거슬러올라오는 강으로 생각하는 사람은 별로 없겠지만, 19세기 초까지만 해도 *Salmo salar*, 즉 대양을 돌아다니다가 고향으로 와서 번식하는 대서양연어가 상당수 돌아오는 곳이었다. 런던의 직공 도제들이 연어만 너무 먹다 물려서 계약서에 연어는 일주일에 한 번이라고 적어넣었다는 민담은 사실 역사적으로 증명된 바 없기는 하지만, 적어도 템스 강의 연어 어획량이 상당했다는 것만은 사실이다. 빌링스게이트 마켓에는 연간 3천 마리의 연어가 등장했고, 개별 그물꾼들도 종종 상당한 양을 잡아올렸다. 예를 들어 1749년 6월 7일에는 리치먼드 다리 아래에서 하루에 47마리가 잡혔다. 게다가 연어는 상당히 큰 생선으로, 평균 무게가 16파운드고 종종 50파운드가 넘은 기록도 보인다. 수천 년 동안 연어들이 꾸준히 돌아오며 개체수를 유지했다는 사실은 의심할 여지가 없을 것이다.

그러나 눈 깜짝할 사이에 — 역사적으로 말이다 — 연어는 완전히 자취를 감추었다. 도도새나 큰바다오리처럼 널리 경각심을 불러일으키는 이야기들과는 달리, 템스 강 연어의 소실은 일반 대중에게 알려져 있지 않지만, 인간의 행위가 생명체의 사멸로 이어지는 사례라는 점에서는 마찬가지로 끔찍하다. 극도로 빠르게 일어나서 고작 25년밖에 걸리지 않았으며, 그 원인은 오염이었다.

템스 강은 수 세기 동안 런던의 폐기물을 받아들였지만, 그동안은 성장하는 도시의 거주민들이 강에 무엇을 던져넣든 전부 쓸어가 버릴 정도로 강했고, 어느 정도는 생태적으로 건전한 상태를 유지했다. 그러나 결국에는 그 한계를 넘어서는 시점이 찾아왔다. 산업혁명이 시작된 1800년 이후 런던의 인구는 기하급수적인 팽창을 시작했다. 1801년의 첫 전국 인구조사에서 96만 명이었던 런던의 인구는 1831년에 160만 명, 1851년에 230만 명에 이르렀다. 이런 급격한 팽창은 두 가지 이유에서 템스 강의 연어들에게 치명적이었다. 하나는 강으로 바로 흘러드는 하수의 양이 엄청나게 증가했다는 것인데, 특히 오물통이 흘러넘쳐서 1815년에 개별 주택의 배수관을 공공 하수도에 직접 연결하도록 허용된 후에는 한층 심각해졌다(그 전까지는 본질적으로 하수를 흘리는 도랑일 뿐이었다). 런던 거주민이 배출하는 폐기물, 즉 소위 '밤의 오물nightsoil'이라 불리는 분뇨는 수세기 동안 마차로 수거되어 거름으로 땅에 뿌려져 왔으나, 인구 증가와 함께 그대로 강으로 쏟아져 들어가기 시작했다. 그리고 이런 상황은 근대식 변기가 발명되면서 한층 심각해지기에 이르렀다.

두 번째 이유는 런던의 산업화가 급격하게 진행되며, 강둑을 따라, 또는 그 근처에 줄지어 돋아나기 시작한 공장이 유독한 폐수를 강물로 쏟아내기 시작했다는 것이었다. 1807년부터 런던의 거리를 수놓은 가스등 때문에 생겨난 가스 공장들이 그중에서도 특히 심각했다. 가스 공장에서는 석탄산에서 시안화물에 이르는 온갖 유독성 물질이 혼합된 심각한 독극물을 쏟아냈다. 한쪽에서는 생활폐수가 그대로 흘러들고 반대쪽에서는 유독성 오염원이 쏟아지는 상황이니, 템스 강의 런던 유역은 그대로 거대한 악취와 독성으로 가득한 도랑으로 변해 버렸다.

그러나 우리의 템스 강 연어에게 치명적이었던 세 번째 사건이 일어났으니, 바로 런던 상류의 강 유역에 수문과 둑을 건설하기 시작한 것이었다. 산업화된 도시의 수송 화물량을 늘리기 위한 조치였다. 건설은 순식간에 이루어졌다. 템스 강으로 밀려오는 조수의 새로운 한계점이 된 테딩턴 록은 1811년에 건설되었으며(과거에는 스테인즈-어폰-템스까지 들어왔다) 선버리에는 1812년, 처트시에는 1813년, 햄튼코트에는 1815년에 건설되었다. 이런 수문과 그에 따르는 둑은 회유성 어류가 상류로 올라가지 못하도록 막는 강고한 장벽이 되었다. 게다가 물이 고이고 깊어지고 유속이 느려지면서 강 자체의 성질도 바뀌었으며, 연어가 산란할 수 있는 자갈 깔린 얕은 수역은 모조리 토사가 쌓이거나 준설되어 사라지고 말았다.

연어들은 그대로 끝장이었다. 지저분한 물에서는 살 수가 없었고, 그곳을 빠져나가 상류로 거슬러 올라가기는 더욱 힘들었다. 설령 가능하다 해도 번식할 곳이 없었다. 사멸로 돌진하는 연어들의 모습은 생생하고 우울한 기록으로 남아 있는데, 메이든헤드의 볼터스록에서 어업에 종사하던 러브그로브 일가가 1794년부터 1821년까지 잡은 연어의 수를 기록해 놓았기 때문이다. 1801년에는 66마리의 연어가 잡혔다. 1812년에는 18마리, 1816년에는 14마리가 잡혔다. 1817년에는 5마리, 1818년에는 4마리, 1820년에는 한 마리도 잡히지 않았다. 1822년에는 두 마리가 잡혔고 그것이 마지막이었다. 조지 4세는 1821년 7월 19일의 자신의 대관식 연회에 특별히 템스 강 연어를 주문했지만, 한 마리도 구할 수 없었다. 마지막 템스 강 연어는 1836년 출간된 윌리엄 야렐의 『영국 어류의 역사』에 따르면 1833년 6월에 잡힌 듯한데, 장소는 기록되지 않았다.

이후 140년 동안 연어는 모습을 보이지 않았다. 연어가 사라진 후로도 강물의 오염은 계속 심각해져서 마침내 견딜 수 없는 지경에 이르렀다. 1858년 7월, 열기 때문에 템스 강의 악취가 너무 지독해서 웨스트민스터의 의회가 휴회를 선언하는 지경에 이르렀다. '런던 대악취The Great Stink'라 불리는 이 유명한 사태는 즉시 조지프 배절제트 경의 지휘하에 현대적인 하수 시스템을 건설하는 결과로 이어졌다. 배절제트는 하수의 흐름을 가로막는 거대한 지하수로를 강의 양측에 건설해서 런던 중심부에서 빼내는 식으로 — 템스의 임뱅크먼트는 그 용도로 건설된 것이다 — 문제를 해결해서 수도의 하수를 동쪽으로 이동시켰다. 타워브리지에서 12마일 정도 하류로 내려가서, 에식스 쪽에서는 벡턴, 켄트 쪽에서는 크로스니스에서 방류하도록 만든 것이다.

이 덕분에 웨스트민스터와 시티는 최악의 사태를 면할 수 있었지만, 실상은 단순히 오염을 다른 곳으로 떠넘긴 것에 지나지 않았다. 지정된 방류지는 하수가 썰물을 타고 그대로 바다로 빠져나갈 정도로 먼 곳이 아니었고, 따라서 밀물이 들면 그대로 강을 타고 되돌아왔다. 이렇게 악취 덩어리의 폐기물이 강 하류를 '틀어막아' 버리는 사태는 주변 유역의 모든 물고기에게 치명적이었다. 남은 19세기와 20세기의 절반 동안 이런 상황은 계속 이어졌으며, 전쟁 후에도 심해졌으면 심해졌지 나아진 점은 없었다. 마침내 1957년에 영국 어류의 권위자인 런던 자연사박물관의 얼윈 윌러*가 수행한 조사에서 놀라운 결과가 드러났다. 조수가 드나드는 템스 강 유역에는 그 어떤 물고기도 남아 있지 않았던 것이다.

---

* Alwyne Cooper Wheeler(1929-2005). 영국의 어류학자. 런던 자연사박물관 큐레이터. 앨런 쿠퍼라는 필명으로 여러 교양 과학서를 집필했다.

월러는 서쪽으로는 큐, 동쪽으로는 그레이브스엔드에 이르는 지역에는 어류 개체군이 아예 존재하지 않는다는 결론을 내렸다. 이 조사 결과는 대중의 인식에 충격을 가했고, 뒤이어 템스 강의 화학적, 생물학적 상태에 관한 끔찍한 보고서가 몇 편 이어지자, 비로소 한참 전에 수행했어야 마땅한 작업이 시작되기에 이르렀다. 1964년부터 벡턴과 크로스니스의 하수도를 청소하고 방류 전에 폐수 처리장을 설치하는 작업이 시작되었다. 가장 치명적인 요소였던 용존 산소를 전부 흡수하는 미생물의 창궐을 막으려는 조치였다. 효과는 즉시 드러났다. 60년대 중반부터 강에 다시 물고기가 보이기 시작했다. 조사를 맡은 얼윈 월러는 강가의 발전소에 냉각수 거름망에 걸리는 물고기를 확인해 달라고 부탁하는 영리한 방법을 생각해 냈다. 처음에는 대구과의 생선인 꼬리치가 걸렸고, 뒤이어 여러 종의 물고기가 모습을 드러냈다. 유럽칠성장어, 모래망둥이, 로치, 바벨, 달고기 등, 1974년까지 모두 72종의 어류가 기록되었다. 뒤이어 놀라운 기적이 일어났다. 1974년 11월 12일, 8파운드 12온즈의 연어가, 몸길이 31인치에 4년 묵은 암놈이 웨스트터록 발전소의 냉각수 거름망에 걸린 것이다. 타워브리지에서 16마일 정도 하류의 다트포드에 있는 발전소였다. 월러 본인이 당일에 물고기를 확인하고 동정 결과를 발표했다. 그리고 바로 그날, 꿈이 하나 탄생했다.

나는 종종 서리 쪽의 선박 예인로를 따라 리치먼드에서 테딩턴 록까지 자전거를 타고 간 다음, 그곳에서 강을 건너서 미들식스 쪽으로 돌아오곤 한다. 자전거를 끌고 보도교를 건너면서 나는 둑을 바라본다. 템스 강의 조수 한계선이 되어주는 둑을. 그리고 마음속의 눈으로는 힘겹게 상류로 헤엄쳐 올라가는 반짝이는 은빛 물고기를 바라본다. 번식하라는 절대적인 충동에 이끌려서, 목숨을 걸고 거품이 부글거리는 장애물을 뛰어넘는 모습을…… 연어는 얼마나 대단한 생명체인가! 그런 존재를 강으로 되돌리기 위해서라면 뭐든 내놓을 수 있지 않겠는가? 환희를 느낄 수 있지 않겠는가? 얼원 윌러가 조사 결과를 발표하자 많은 이들이 그렇게 생각했다. 가능성의 문이 활짝 열린 것만 같았다. 수많은 언론 보도와 더불어 엄청난 흥분이 일어났다. 141년 만에 처음으로 템스 강 연어가 돌아온 것이다! 즉시 사람들은 그 의미를 생각하기 시작했다. 과거의 연어철이 부활할 정도로 강물이 깨끗해진 것일까? 훨씬 상류에서도 연어가 발견되는 사례가 두 번 이어지면서 사람들은 흥분하기 시작했다. 1975년 7월에는 대거넘 물가에서 몸길이 21인치의 연어 사체가 발견되었고, 뒤이어 1976년 12월 30일에는 놀랍게도 몰 강이 템스 강에 합류하는 템스디튼에서 죽은 연어가 발견되었다.

이 건이 놀라운 이유는 조수 한계선인 테딩턴 록보다 상류에서 발견되었기 때문이다.

둑을 뛰어넘은 것이 분명했다……

그리하여 런던항무청에서는 템스 강의 회유성 어류에 대한 조사를 시작했고, 마침내 하구의 상태가 연어와 바다송어의 귀환에 장애물이 되지 않는다는 보고서가 발표되며 양쪽 모두의 재도입이 충분히 가능하다는 결론에 이르렀다. 모든 이해 당사자와 충분히 면담하고, 모든 관련 위원회의 회의를 거치고, 문서의 아주 사소한 부분까지도 충분히 검토를 끝낸 후, 마침내 1979년에 템스 강 연어 재도입 계획이 발족되었다. 꿈이 공인된 것이다. 나는 언제나 그 계획이 대담한 꿈이라고 생각했다. 이렇게 상쾌한 미래상을 담은 공공 정책은 보기 드물지 않은가. 이 전설적이고 강직한 물고기가 민물 구간을 통과하려면 높은 용존산소량이 필요하며, 따라서 맑은 물의 상징과도 같은 존재로 여겨진다. 연어가 돌아온다는 것은 템스 강 재생의 궁극적인 상징, 그 위대한 물길에 생명이 돌아왔다는 증거가 될 것이다. 연어란 더럽혀지지 않은 북방의 대지, 스코틀랜드나 노르웨이나 아이슬란드나 노바스코샤 같은 곳을 연상시키는 존재가 아니던가. 런던의 강이 다시 연어를 품게 되다니. 런던의 강이 연어가 사는 강이 된다니. 이보다 더 고결한 야망이 존재할 수 있을까?

바로 그렇기 때문에 30년의 노력과 엄청난 양의 구상, 상당한 노력과 자금의 소모 끝에 결국 이 기획이 실패로 돌아갔다는 사실은, 자연계에 행한 약탈을 보상하려는 모든 시도 중에서도 가장 슬픈 것이었다. 그래도 계획의 첫 단계는 큰 성공을 거두었다. 첫 단계의 목적은 연어가 한때 심각하게 오염되었던 하구를 통해 바다로 나갔다가 무사히 돌아올 수 있는지를 확인하는 것이었다. 그리고 상당한 수의 물고기가 실제로 돌아왔다. 테딩턴 록보다 하류 쪽의, 조수가 드나드는 수로에서 방류한 2년생 연어들은 바다에서 한두 해를 보내고 돌아와서 햄튼 코트 근처 몰시 둑에 설치한 특수 연어 덫에 걸렸다. 1982년에는 128마리의 연어가 돌아와서 잡혔다. 1986년에는 176마리가 돌아왔다. 1988년에는 323마리, 가장 많았던 1993년에는 338마리가 돌아왔다. 템스 강 연어의 귀환이 신문 지면을 장식하던 시대였고, 이런 상황은 처음으로 낚시로 잡힌 연어가 등장하며 클라이막스에 이르렀다. 1983년 8월 23일, 처트시 둑 저수지에서 스테인즈 출신의 러셀 도이그 씨가 6파운드짜리 연어를 낚은 것이다. 도이그 씨는 템스수로청에서 내건 상품인 은제 우승컵과 250파운드 상금을 획득했다. 그 전에도 최소 두 명의 낚시꾼이 주장했으나 수상자로 정해지지는 않았었다(해석은 독자들의 몫이다). 그는 낚싯대와 (냉장고에서 꺼내 뻣뻣한) 연어를 든 채로, 타워브리지 앞의 보트 위에서 사진을 찍었다. 연출이기는 해도 분명 효과적인 사진이었다. 런던도 등장하고 연어도 등장하며, 그 홍보 효과는 값어치를 헤아릴 수 없었기 때문이다. 그래도 조수 물길이 깨끗해졌다는 사실을 반영하는 것이니만큼, 그 사진이 홍보하는 메시지 자체는 진짜였다.

그러나 조수 물길은 이야기의 절반에 지나지 않는다. 연어는 번식을 하러 돌아오는 것이다. 그러나 대체 어디서 산란을 한단 말인가? 템스 강 본류에는 연어가 번식할 만한 지점은 한 군데도 남지 않았다. 10년 동안 열심히 시도한 끝에, 번식지로 가장 적절한 곳은 버크셔에 있는 템스 강의 지류이자 백악 개울의 상류인 케넷 강으로 결정되었다. 특히 월더니스 워터라는 지명의, 케넷 강의 외딴 구석에 있는 자갈 깔린 강바닥에 이목이 집중되었고, 바로 이곳에서 연어 치어의 방류가 시작되었다. 그러나 월더니스에서 타워브리지에 이르는 수로는 런던 상류에서 두 번째로 긴 경로로 총 75마일에 달하는데, 이쪽은 런던에서 바다에 이르는 한때 오염되었던 75마일보다 훨씬 헤쳐 나가기 힘든 것으로 밝혀졌다. 조수 물길이 아닌 번식 예정지에서 방류를 시작하자마자, 돌아오는 연어의 숫자는 급감하게 되었다. 주된 문제 중 하나는 런던과 월더니스 워터 사이에는 테딩턴 이후로도 37개의 둑이 존재한다는 점이었다. 일부 연어는 둑을 뛰어넘을 수 있겠지만, 연어 계획의 지지자들이 보기에는 월더니스를 선택했기 때문에 모든 둑에 어로를 설치할 필요성이 생겨난 셈이었다. 따라서 1986년부터 15년 동안, 수백만 파운드를 들여 어로 설치 작업이 이루어졌다. 이 자금의 대부분은 바로 이 목적을 위해 설립된 자선단체인 템스 강 연어 재단을 통해 조성되었다. 내가 보기에는 매우 놀랍지만 그 누구도 제대로 기리지 않는 엄청난 노력이었는데, 2001년 10월에 뉴버리의 그리넘밀에 있는 케넷 강 둑에 마지막 어로를 개통하며 계획은 절정에 이르렀다.

실험적인 템스 강 연어 방류는 20년 이상 계속되어 왔지만, 진정으로 자생 가능한 연어 회유의 가능성이 비친 것은 바로 이 순간부터였다. 그러나 그 가능성은 실현되지 못했다. 적어도 오늘날까지, 그러니까 이 글을 쓰고 있는 13년 후까지, 월더니스 워터에서 치어 상태로 방류되어 바다로 내려갔다가, 다시 '고향' 개울까지 번식하러 돌아온 연어는 한 마리도 없다. 이 일에 성공하지 못한다면 모든 계획이 수포로 돌아가는 셈이다. 적어도 한 마리가 편도 여정에 성공했다는 점이 확인되기는 했다. 그 연어한테는 이름, 아니 번호가 부여되기도 했다. 템스 강 연어 계획을 운영하는 환경국 소속 과학자인 대릴 클리프턴-데이가 2003년 6월 14일에 선버리 둑의 연어 포획 장치에서 12.5파운드짜리 수컷 연어를 발견한 것이다. 이 연어는 바다에서 2년을 보낸 것으로 간주되어 '밀레니엄 베이비', 즉 2000년 6월 9일에 방류한 1만 마리의 치어 중 하나로 식별되었다. 대릴과 그 동료들은 이 연어에 00476이라는 번호를 붙인 작은 무선표지를 부착하고 풀어주었다. 같은 해 11월 28일, 그들은 햄스티드

마셜의 둑 아래 저수지에서 신호를 포착했다. 윌더니스 워터로 진입하는 관문인 37번 둑에서 말이다. 템스 강 연어의 힘겨운 번식 여정이 분명 가능하다는 증거였고, 사람들은 환호했다. 결국 실제로 번식에는 이르지 못했지만 말이다.

그러나 00476과 그 장대한 여정의 증거만으로는 — 그린란드까지 갔으려나? — 부족했다. 환경국은 이후 8년 동안 윌더니스에서 치어를 방류하는 작업을 계속했으나 번식은 관찰되지 않았고, 여름마다 템스 강 하류로 돌아오는 연어는 극소수에 지나지 않았다. 마침내 2011년의 방류를 마지막으로, 템스 강 연어 재도입 계획은 종료를 선언하게 되었다. 32년 동안 지속된 후의 일이었다.

계획의 진행을 20년 이상 꾸준히 지켜본 입장에서, 나는 계획이 실패한 이유와 여기서 배워야 할 교훈을 상당히 자주 곱씹어보게 되었다.

계획의 진행 과정에서 연어에게 좋지 못한 상황이나 새로운 문제가 등장하기도 한 것은 분명 사실이다. 특히 두 가지가 눈에 띈다. 하나는 몇 년간 기온이 높아 식수회사들이 강에서 취수하는 양이 대폭 증가하면서, 연어들이 하구에서 상류로 올라가도록 유혹할 만큼 유량이 충분하지 못할 수 있었다는 것이다. 어쩌면 기후변화의 영향이 있을지도 모른다. 다른 하나는 보다 긴급하고 심각한 문제인데, 런던의 하수를 책임지던 조지프 배

절게트의 하수 시스템이 낡아가며 폭우가 하수관을 완전히 채울 때마다 처리되지 않은 하수가 그대로 강물로 흘러드는 사태가 잦아지고 있다는 것이다. 이런 사태는 급격한 용존산소량 감소와 대규모의 어류 폐사 사태를 유발했다. 이런 현상은 '런던의 지저분한 비밀'로 알려지게 되었고, 2014년 9월 영국 정부는 이에 대한 해결책을 선포했다. 40억 파운드를 들여 모든 강우량을 책임질 수 있는 '슈퍼 하수도'를 건설하겠다는 것으로, 2023년에 완공될 예정이다. 이것이 템스 강으로 연어들이 돌아오도록 도움을 줄 수 있을까? 그럴지도 모른다.

여기서 내가 얻은 교훈은, 우리에게는 한계가 있다는 것이다. 우리는 야생 동식물 보전의 성공담에, 위태로운 생물종을 기적적으로 되살리는 이야기에 너무 익숙해져 있다. 영국에서는 흰꼬리수리, 노랑복주머니란, 큰푸른부전나비의 이야기가 있다…… 더 멀리 나가면 아메리카들소나 아라비아오릭스가 있고, 모리셔스황조롱이[*Falco punctatus*]는 또 어떤가. 세상에, 고작 네 마리가 살아남았는데 이제는 수백 마리로 불어났다…… 우리는 온 세상에서 자연을 파괴하고 있지만, 그래도 보전에 신경 쓰는 사람들은 환경운동가들이 특정 종을 살리려고 온갖 노력을 다하고, 여론이 형성되고 기금이 모이기만 하면, 보통 성공하게 마련이라고 생각하곤 한다. 글쎄, 언제나 그런 것은 아니다. 내게 있어 템스 강 연어 이야기의 주된 교훈은 우리가 자연계를 고칠 수 없을 정도로 심각하게 훼손할 수도 있다는 것이다.

그러나 이런 교훈보다도, 실패에서 연유한 교훈보다도, 내가 이 이야기에서 가장 크게 느끼는 것은 슬픔이다. 템스 강 연어는 하나의 꿈이었다. 조금 낭만적이기는 해도 상당히 현실적인 꿈이었고, 분명 희망을 북돋우는 꿈이었다. 그 꿈이 사그라드는 모습은 내 마음을 무겁게 짓누르는 듯했다. 물론 여기서 그저 끝난 것은 하나의 프로젝트일 뿐이고, 꿈 자체는 아닐 수도 있을 것이다. 자전거를 끌고 테딩턴 록의 보도교를 건너면서, 나는 여전히 마음의 눈으로 은빛 그림자를 좇는다. 둑에 가로막혀 부글거리는 강물을 뚫고 상류로 밀고 올라가는 연어의 모습을. 그리고 그 물고기가 펄쩍 뛰어오르는 모습을 보면서, 나는 대지의 아름다움에 관한 한 가지 사실을 깨닫게 된다. 그 아름다움은 단순히 색채나 형상에 깃드는 것이 아니라, 생명 그 자체에 깃드는 것이라는 사실을.

7

경이

이 책의 서두 이후로 나비 이야기는 별로 안 한 것 같다. 그러나 60여 년 전, 나비들은 분명 내 영혼으로 날아 들어왔으며 이후로도 나간 적이 없었다. 나는 아주 오랫동안 일곱 살 때 서니뱅크에서 겪었던 일을 어떻게 분류해야 할지 고심해 왔다. 보통 어린아이에게 평생 각인되는 경험이란 물리적이든 심리적이든 두렵거나 거북한 것이기 마련이다. 그러나 나의 경험은 혼란스러운 시기에 찾아오기는 했어도 그 자체가 거북하지는 않았다. 분명 아주 강렬했으며, 이후 내 삶을 어떤 식으로든 지배해 왔기 때문에 그 경험의 힘을 잘 알고 있기는 했지만 말이다. 마치 내 신경계에 영원히 사라지지 않는 무언가를 박아넣은 것만 같았다. 거의 새로운 본능이나 다름없는, 나비에 대한 수용성을 말이다. 나비 공감력이라고 불러도 좋을 것이다. 이런 특성은 마치 절름발이나 혀짤배기, 성마름이나 수전노 성향처럼 나를 구성하는 괴팍함의 일부로 남았고, 내가 죽을 때까지 남아 있을 것이다. 다시 말하지만 내가 나비에 집착하게 되었다는 소리는 아니다. 나는 존 파울즈의 소설 속 프레드릭 클레그가 아니었으며, 나비에 관심조차 없었던 시기도 상당히 길었다. 앞서 말했듯이 사춘기 시절에는 새에 이끌렸기 때문이다. 그보다는 내면에 언제나 나비에 대해 격렬히 반응할 가능성을 품고 있었다고 하는 편이 옳을 것이다. 특히 예상치 못하게 접한 순간에는 말이다.

지금껏 평생을.

1968년 4월에도 그런 일이 일어났다. 툴루즈 대학에 다니던 20세 때의 일이었는데, 부활절 휴가를 맞아 히치하이크로 이탈리아를 돌아다니며 르네상스 유물을 돌아보는 중이었다. 피렌체에서는 누구나 보는 이런저런 것들을 보고, 특히 내 영웅 중 하나였던 로렌초 데 메디치의 젊은 모습에 깊은 인상을 받았다. 로렌초는 동방박사의 경배를 그린 고촐리의 프레스코화 속에서 말을 탄 모습으로 등장했는데, 18개월 전에 아르노 강이 범람했을 때의 수위 자국이 여전히 그림에 남아 있었다.* 산세폴크로의

---

* 1966년의 아르노 강 범람은 101명의 생명을 앗아가고 수많은 명작을 훼손하여 1557년 이래 피렌체가 맞은 최대의 홍수라고 칭해졌다.

작은 시립 미술관에서 피에로 델라 프란체스카의 〈부활〉에 놀라고, 우르비노를 굽어보는 페데리코 다 몬테펠트로의 궁전에 경탄하기도 했다. 그리고 알파 로메오에서는 프랑스인 커플이 ― 이런 사소한 사항이 유독 기억에 남는다니 재미있는 일이다 ― 언덕 아래 리미니까지 태워다 주었는데, 돈이 다 떨어진 나는 그냥 해변에서 하룻밤을 보냈다. 마지막 남은 돈으로는 빵 두 덩이와 계란 여섯 개를 사서, 아레초 유스호스텔에서 삶아서 가져왔다. 다음 날 아침은 내 기억으로는 토요일이었는데, 나는 리미니로 들어가는 고속도로 입구까지 가서 남은 물자를 점검했다. 계란 세 개와 빵 한 덩이, 현금은 없고, 툴루즈까지 돌아가려면 750마일을 히치하이크 해야 하는 상황이었다. 그러나 나는 별로 힘들지는 않으리라 생각했다. 토리노에서 알프스를 넘어 마르세유까지만 가면 아버지 친구분의 미망인 한 분이 계시니까, 돈을 빌릴 수 있을 것이다. 애초에 충분히 고생할 가치가 있는 여행이기도 했다. 레리치에서는 셸리가 배를 타고 나가서 익사했던 바로 그 저택에 머물렀고, 사보나롤라의 감방에 비집고 들어가 보기도 했으며, 그중 가장 흥미진진했던 것은 브론치노*라는 초상화 화가를 재발견한 것이었다. 이런 온갖 생각 속의 한순간에,

---

* Agnolo di Cosimo, 통칭 Bronzino(1503-1572). 피렌체의 화가. 초대 토스카나 대공 코지모 1세의 궁정화가로 봉직하며 많은 초상화와 종교화를 남겼다.

내 눈에 산호랑나비가 들어왔다.

원형 교차로 가운데의 교통섬traffic island에 있었다. 정원이나 화단처럼 가꾼 곳도 아니고, 그저 고속도로 건설 폐기물을 쌓아 놓은 위에, 관점에 따라 잡초 또는 야생화라 부르는 식물이 가득 자라 있는 곳이었다. 나비는 3월의 환한 햇살을 흠뻑 받아 들이고 있었다. 순간 나는 르네상스를 잊었다. 히치하이크 전략에 대해서도 잊었다. 온몸에 전기가 흐른 것만 같았다. 상상 속 깊은 구석에서 나온 존재가, 어린 시절 『나비 관찰 도감』 속에만 존재하던 꿈속의 나비가, 계속 꿈꾸기만 했으나 그때 영국에서는 이미 가장 희귀한 나비로서 노픽 브로즈에서만 찾아 볼 수 있었던 그 나비가 눈앞에 있었다. 게다가 가장 큰 나비 종이기도 하다. 그러나 그보다도, 나는······ '육감적이다'라는 단어를 사용하지 않을 수 없을 듯하다. 알 게 뭐람. 산호랑나비는 영국에서 가장 육감적인 나비이며, 나는 그때까지 그 나비를 직접 본 적이 없었다. 북동부 이탈리아에서 바로 그 순간에 이르기까지는 말이다.

'육감적'이라는 단어는 왠지 다른 곳에나 어울리는 것 같다. 흥분을 내재한 아름다움. 클리셰 덩어리. 스타 영화배우. 그러나 이 곤충의 외모에는, 바나나처럼 노란 슬링백 형태의 날개 위를 멋들어지고 대담하게 가로지르는 선명한 검은색 줄무늬에는, 분명 다른 나비들과는 다른 구석이 있다. 현란하고, 위태

롭거나 심지어 위험한 느낌도 들고, 이제 순수하기에는 한참 지난 나이가 되고 보니 어딘가 거의 색정적인 느낌도 감도는 듯하다. 마치 뒷날개에 달린 한 쌍의 바늘꼬리가 스틸레토 힐이라도 되는 것처럼 말이다. 나는 순식간에 최면에 빠졌다. 아마 삼사 분 동안 몰입해서 바라보고 있었을 것이다. 마침내 나비가 날아가자 나는 그 뒤에 대고 손을 흔들어 준 다음, 천천히 흥분을 가라앉히고, 유니언 잭 문양이 들어간 배낭을 발치에 내려놓고 히치하이크를 하려고 엄지손가락을 쳐들었다. 그날 밤, 토리노까지 70마일 정도 남은 알레산드리아 근처의 토르토나라는 작은 마을에서, 소나무 아래 침낭을 깔고 드러누우려던 순간 내 왼쪽 폐가 쭈그러들었고 뒤이어 발생한 여러 사건은 내 삶을 송두리째 바꾸어 버렸지만, 그래도 그날을 돌이켜 볼 때 가장 먼저 떠오르는 것은 바로 그 산호랑나비다.

거의 10년 후에도 비슷한 일이 일어났다. 1977년 5월에 〈데일리 미러〉의 기자로 브라질 아마존의 론도니아에 있었을 때의 일이다. 로버트 맥스웰 이전의 〈데일리 미러〉, 일반 노동자 계층의 〈가디언〉이 되려고 노력하던, 내가 사랑하고 신뢰하던 〈데일리 미러〉였다. 나는 '최후의 개척지'라는 연재물에서 코끼리 사체에 달려드는 개미떼처럼 열대우림을 뒤덮는 개척자들을 다루는 기사를 쓰고 있었다. 당시는 아마존 벌채의 거대한 물결이 처음 등장하던 때였다. 남부에서 밀짚모자를 쓰고 도착한 단호한 젊은이들이 사방에서 나무를 베고 불태워서 연기가 피어오르는 나무둥치만 남은 꼴이 마치 기갑 전투가 끝난 전장처럼 보이곤 했다. 내 기사의 중점은 이들이 최근에야 발견되거나 접촉이 이루어진, 그리고 브라질의 국립 원주민 보호기관인 FUNAI가 보호하려 안간힘을 쓰는 원주민 부족의 영역을 침범한다는 점이었다. 나는 그곳의 모든 상황에 깊이 몰두해 있었다. 밀려드는 인간의 물결, 10년 후에는 전 세계를 휩쓸었으나 그때는 그저 시작일 뿐이었던 막을 수 없는 파괴의 준동까지. 그리고 동시에 나는 수천 마일 떨어진 미국에 있는 한 여성에게도 깊이 몰두해 있었다. 나는 29세고 그녀는 43세였으며, 처음 맞이한 사랑은 아니었으나 처음으로 열정을 경험하게 해 준 여성이었고, 어디를 가든 심장이 멎을 것만 같은 그녀의 얼굴과 불길처럼 붉은 머리카락을 겹쳐 보곤 했다. 리우에서도, 상파울루에서도, 브라질리아에서도, 그리고 아마존에 도착해서 포르투벨류에 들어가서도, 심지어 정글 깊이 들어가서 작은 개척촌과 정착지를 둘러보면서도. 마침내 우리 일행, 즉 나, 사진사, 통역가, 안내인의 네 사람은 도달할 수 있는 가장 외딴 찻길에서 이어지는 가장 외딴 오솔길에 발을 들이게 되었다. 그 오두막은 몇 달 전에 개척민 한 명이, 3년 전인 1974년에 처음 접촉한 원주민인 수루이족 영토에 세운 것이었다. FUNAI가 그 근방을 수루이족 보호구역으로 지정한 후였으니 분명 불법 건축물이었다. 랜드로버에서 내려서 오솔길을 따라 열대우림으로 들어가는 동안 지정 팻말이 똑똑히 눈에 띄었다. 우리는 개척민과 대화를 나누었고, 그의 아이들이 수루이족 화살을 가지고 있는 것을 확인했다. 그는 그곳에서 버틸 것이라고, 절대 떠나지 않을 것이라 말했고, 문 뒤에는 라이플이 걸려 있었으며, 그는 경쾌하게 강 위에 놓인 외나무다리를 건너 자신의 노동의 결실을 우리에게 소개해 주었다. 축구 경기장 절반 면적의 원시림을 개간하여 바나나를 심어 놓은 것이었다. 나는 그 순간 인간이 아마존을 침범하는 날카로운 창끝을 보고 있다는 사실을 깨달았다. (그리고 심지어 그곳에서도, 나는 그녀의 얼굴을 보았다.) 그 너머로 빽빽하게 서 있는 나무들 건너편, 10마일, 어쩌면 15마일 떨어진 곳에 수루이족 마을이 있었다. 아무도 정확한 거리를 몰랐다. 그곳에 갈 수 있는 유일한 방법은 FUNAI에서 건설한 작은 활주로를 이용하는 것뿐이었는데 그쪽에서는 우리를 태워다 줄 생각이 없었다. 어떻게 그곳에 갈 것인지가 문제였다. 이미 훌륭한 기사거리지만 이대로는 절반에 지나지 않는다. 직접 수루이족을 만나야만 했다. 바나나 농장을 나와서 외나무다리를 건너 오두막에 있는 개척민에게 작별 인사를 하고 랜드로버가 서 있는 길가로 서둘러 나오면서 나는 이런 생각을 하고 있었다. 비가 내리기 시작했으니 길을 못 쓰게 되기 전에 최대한 빨리 움직여야 했고, 나는 어떻게 하면 그 마을에 갈 수 있을지만을 계속 곱씹고 있었다. 바로 그때 숲속에서 모르포나비가 날아왔다.

나는 그대로 우뚝 서버렸다. 평생 그런 존재는 본 적도 없었다. 그런 생물을. 그런 생명체를. 구름 한 점 없는 순수한 푸른 하늘 한 조각이 그대로 땅에 떨어진 것 같았다. 이제 와서 생각하면 *Morpho peleides*나, 어쩌면 *Morpho menelaus*였을지도 모르겠다. 당시에는 충격 때문에 세세한 부분까지 살피지 못했으니 알 수 없는 노릇이다. 마이크, 얼른 와, 비가 내린다고! 다른 사람들이 고개를 돌리고 소리쳤지만, 나는 움직일 수가 없었다. 나비는 너무나도 거대했다. 물리적 크기뿐만 아니라 그 푸른빛 또한 거대했다. 반짝이는 금속성 푸른색, 밝은 푸른색, 타오르는 푸른색, 눈부시게 빛을 발하는 푸른색…… 나는 아마존 삼림 벌채를 잊었다. 수루이족과 닿을 수 없는 마을도 잊었다. 심지어 한심하게도 심장을 멈추게 하는 그 얼굴마저도 몇 주만에 처음으로 잊게 되었다. 거의 40년이 흐른 오늘날까지도, 눈을 감고 그 열대우림과 숲속에서 날개를 펄럭이며 날아온 모르포나비를 생각할 때마다, 그때 한순간만은 나비가 내 열정을 잠재웠음을 깨닫고 미소를 머금게 된다. 그 순간 이전의 나는 단호하게, 아니 맹세하듯 말했을 것이다. 그 무엇으로도 그런 일은 불가능하리라고.

이제껏 살아오며 나는 그런 만남을 여러 번 겪었다. 엑스무어의 해디오 계곡 오크 숲에서 날아 나오던 은줄표범나비를 처음 만났을 때도, 프로방스 숲길에서 신선나비를 처음 만났을 때도, 보스턴 가든에서 모나크나비*Danaus plexippus*를 처음 만났을 때도 — 미국인들에게는 흔한 나비일지 몰라도 내게는 아니었다 — 그 모두를 관통하는 특징은 그 감정의 강렬함이었다. 거의 말문이 막힐 정도의 느낌이었다. 세월이 흐르며 나는 그 정체를 이해하게 되었고, 내가 서니뱅크에서 처음 느낀 바로 그것과 같다는 점을 깨달았다. 그 감정의 정체는 바로 경이wonder였다.

환희에 관한 책이니만큼 조금 에둘러 가는 느낌이지만, 이 또한 필요한 논의일 것이다. 자연이 우리에게 유발하는 다른 위대한 감정이며, 우리가 경이를 느낄 수 있다는 것이야말로 환희의 경험보다 훨씬 놀라운 일이라고 생각하기 때문이다. 예전에 이 문제에 대해 토막글을 한 편 썼던 적이 있다. 그때 나는 경이라는 감정을 묘사하며, 열한 살 아들과 함께 한밤중 깊은 숲속에 들어가서, 몇 피트 떨어진 곳에서 나이팅게일이 노래하는 소리를 함께 들었을 때의 느낌이라고 표현했다. 나는 많은 사람이 자연계와 접하면서 비슷한 감정을 느끼고 깊은 감동을 받았으리라 생각한다. 자신의 감상을 명료하게 이해하지 못하면서도 말이다. 따라서 경이라는 감정을 탐구하는 일도 충분히 가치가 있을지 모른다. 내 직감에 따르면, 그 또한 환희만큼이나 자연과의 유대에 이르는 길을 또렷이 보여줄 수 있으니 말이다. 먼 조상 시절에 우리 심리에 새겨지고, 지금까지 살아 있는 바로 그 길을 말이다.

그러나 오늘날의 대중은 경이wonder 또한 환희joy와 별로 다르지 않은 식으로 취급한다. 즉 무가치한 것으로 치부한다는 소리다. 세속적 회의론자의 시대에 경이와 같은 개념을 논하는 사람은 그리 많지 않으며, 일상 회화에서도 거의 의미가 없다. 그러나 경이란 다양한 인간 감정 중 하나로서 언제나 존재해 왔고 지금도 존재하고 있다. 어쩌면 환희와도 비슷할지 모르지만 상당히 큰 차이가 하나 있는데, 바로 정의를 내리기가 더 힘들다는 것이다. 함축된 의미에 대한 해석만 차치하면, 환희가 응집된 기쁨이라는 점에는 재론의 여지가 없다. 그러나 경이라는 개념은 수많은 사람이 지금껏 수천 단어로 서술을 시도했는데도 아직도 모두가 동의하는 결론에 이르지 못한 상태다.

그중에서도 콘사이스 옥스퍼드 대사전의 시도는 제법 쓸모 있어 보인다. '예기치 못했거나, 익숙하지 않거나, 설명할 수 없는 대상에 의해 일어나는 감정, 즉 놀라움이 감탄이나 호기심과 뒤섞였을 때 발생하는 감정.' 나는 조금 다르게 표현하고 싶다. 내가 생각하는 경이란 경탄이 섞인 소중함이나 경애로서, 종종 수수께끼, 또는 적어도 부족한 지식의 요소가 개입되나, 반드시 필요하지는 않은 것이다. 진정한 경이란 수수께끼가 사라지거나 부족한 지식이 공급된 이후에도 그대로 경이로 남기 때문이다. 경이라는 개념에는 '진기함이 사라지더라도 사라지지 않는 경탄'이 필요한 것이다(칸트, 영국 철학자 로널드 헵번의 인용).

내가 느끼는 경이란 종교적 체험이나 미적 체험에 비견할 수 있는, 우리를 압도하는 감정이다. 이는 곧 체험자가 경이의 대상을 아주 중요한 것으로 여긴다는 뜻이 된다. 어쩌면 그 대상이 우리가 이 세계에서 차지하는 위치를 알려주는 것일지도 모른다. 그런 감정을 깊이 파고들면, 우리가 그런 현상, 이를테면 어둠 속에서 노래하는 나이팅게일이 존재하는 세계에 살고 있다는 경탄을 의미하리라 생각한다. 그리고 그 경탄은 나아가 단순히 우리가 이 세상에 속한다는 것뿐이 아니라, 우리가 존재한다는 사실 그 자체로 이어질 것이다. 물론 인간의 존재란 거의 언제나 당연시되어 온 일이며, 우리는 다른 무엇보다 그 사실에 안주하고 있기는 하지만, 경이를 경험하고 나면 우리는 문득 한 가지 사실을 깨닫게 된다. 비단 우리만이 아니라 세상 만물이 놀라운 존재라는 것이다. 대체 왜? 그 모든 존재가 이곳에 있는 이유가 무엇일까? 랄프 왈도 에머슨은 자신의 에세이 「자연」의 서두에서 이 점을 매력적으로 표현했다. 생생할 뿐만 아니라 산뜻한 대목이다. '천 년마다 하룻밤씩 나타나서 반짝이는 별이 존재한다면, 인간은 모두 그 별을 신앙하고 경애하지 않을까. 눈앞에 보였던 신의 도시를 추억하며 수많은 세대가 지나도록 기억을 전할 것이다!'

그러나 우리는 우주의 찬란한 영광을 접하지 않고도 경이를 맛볼 수 있다. 개인의 삶 속에서도 예술이나(특히 고전 비극) 종교적 체험(요즘은 암탉의 이빨만큼 드물어졌다), 또는 이 글의 주제에 어울리는 쪽으로는 자연계의 여러 측면에서도 얻을 수 있기 때문이다. 예를 하나 더 들어보자. 2004년 6월, 나는 우리 두 아이 플로라와 셉과 함께, 상당히 외딴 어느 그리스 섬에서 중간 방학 휴가를 보내고 있었다. 스포라데스 제도의 알로니소스라는 곳이었다.(아내는 마지막 순간에 집에 남게 되었다. 장인어른이 심하게 아파 자리보전을 하셨기 때문이다) 플로라는 열두 살이고 셉은 여덟 살 생일을 지척에 둔 때였으며, 어느 날 아침 우리 셋은 그 지역의 전통 쪽배인 카이키를 타는 투어에 합류했다. 과거에는 운송과 어업에 사용되었으나, 이제는 관광용으로만 남겨진 물건이었다. 훨씬 외딴섬인 키라 파나자로 가서 그곳의 오래된 수도원을 방문해서 점심을 먹는 일정이었고, 햇살이 내리쬐는 은청색 에게해는 평소와는 달리 신비할 정도로 고요했다. 목적지까지 절반쯤 갔을 때는 지금껏 본 적이 없을 정도로 유리처럼 매끄러운 수면이 우리를 둘러쌌다. 작은 물결이나 파도 하나조차 없었다. 여름의 열기 속에서, 카이키는 꿈꾸는 것처럼 거울처럼 고요한 수면을 미끄러지듯 나아갔다. 열 명 정도의 승객들이 거의 졸음에 겨운 것처럼 나른해져 있는 순간, 쪽배 옆에서 물이 폭발했다. 여섯 마리의 참돌고래가 갑자기 바다에서 튀어나와 우리를 바라보며 뛰놀기 시작한 것이다. 배에 승선해 있는 모두의 입에서 탄성이 흘러나왔다. 우리는 마법에 걸린 것처럼 삼사 분 동안 쪽배를 둘러싸고 물 안팎을 오가며 재주를 부리는 돌고래들의 모습을 지켜보았다. 그러다 돌고래들은 그대로 모습을 감추었고, 수면은 다시 물방앗간 연못처럼 고요해졌다.

배 위의 모두는 몽롱한 상태였다. 정확히 무슨 일이 벌어졌는지 받아들이기가 쉽지 않았다. 누군가 우리를 방문했던 것 같기는 했다. 크고 놀랍도록 아름다우며 에너지가 흘러넘치는 생물들이 난데없이 우리를 반기러 들른 것이었다. 이들은 지능이 있고, 친근하며, 심지어 상쾌한 즐거움이라는 개념마저 가지고 있었다. 쪽배 위의 우리는 그 순간 갈수록 많은 사람이 지난 30여 년 동안 깨닫게 된 바로 그것을 깨닫게 되었다. 고래목의 동물, 다양한 고래와 돌고래들이 얼마나 독특한 존재인지, 우리와 교류한다는 점에서 얼마나 독보적인 존재인지를 말이다. 다른 그 어떤 동물보다도 경이를 일으키는 존재일지도 모른다. 대자연의 경이를 찾아 나서는 여정에서, 고래는 분명 좋은 출발점일 것이다.

산업화된 부유한 서구가 고래의 비범한 덕목을 인식하게 된 것은 상당히 최근의 일이며, 매우 흥미로운 문화적 전환의 상징이기도 하다. 그러나 그 함의를 언급하는 경우는 별로 없는데, 범주를 설정하기가 애매하기 때문일 것이다. 어떤 가이드라인에 따라서 토의해야 할까? 심리학? 동물학? 관광업? 물론 고래와 돌고래는 고대 민담에 자주 등장하며, 특히 바다 근처에 살던 민족의 전설에서는 더욱 그렇다. 〈창세기〉에서는 신이 가장 먼저 창조한 동물이었으며 ─ 하느님이 커다란 바다짐승을 창조하시고 ─ 그리스에서는 자연계의 스타 중 하나로서 프레스코화의 등장동물이자 모자이크의 주된 모티프였다. 그리고 고래가 파도에서 사람을 구하는 이야기는 그저 전설 (그리고 주화) 속만이 아니라 진지한 역사 속에서도 등장한다. 헤로도토스가 믿을 만하다고 보증하는 이야기 중에는 아리온이라는 시인 이야기가 있다. 자신의 배의 선원들이 반란을 일으켜 그를 바다로 던졌더니, 친절한 돌고래가 그를 태우고 해변까지 데려다줬다는 것이다. 그러나 농경과 그 뒤를 이은 현대 유럽과 북미의 산업 문화에서는, 수 세기 동안 고래는 아무런 역할도 하지 못했다. 허먼 멜빌의 기묘하고 마력이 넘치는 작품 『모비 딕』(1851년에 출간되었지만 1920년대까지는 널리 읽히지는 않았다)을 제외하면 말이다. 그러나 전후 시대에 접어들자 일련의 사건이 일어나면서 고래는 어둠 속에서 다시금 모습을 드러냈고, 이윽고 우리 시대의 새로운 전승이 형성되었다.

그 시작은 1960년대 초부터 부유한 국가들을 휩쓴 돌고래쇼 열풍이었다. 헐리우드 영화 〈플리퍼〉와 그 스핀오프 TV 시리즈의 영감을 받아서 시작된 돌고래쇼는, 한때 영국에만 돌피나리아, 즉 돌고래가 있는 수족관이 36개에 이를 정도로 유행했다. (1993년 즈음까지는 영국에서는 전부 사라졌지만, 2014년 보고서에 의하면 아직 63개국의 343개 시설에 돌고래 2,000마리, 벨루가 227마리, 범고래 52마리, 흑범고래 17마리, 쇠돌고래 37마리가 잡혀 있다고 한다. 행복한 개체가 있으리라는 생각은 들지 않는다.) 두 번째는 1970년대에 접어들어 그린피스나 지구의 벗 등의 새로운 환경 압력단체가 등장한 것이었다. 이들은 대형 고래의 잔인한 포경을 중단하자는 캠페인을 벌이며, 현대 녹색운동의 대표가 된 슬로건, '고래를 살리자!'를 외쳤다. 이런 사건들 덕분에 고래류는 현대인의 인식 속으로 헤엄쳐 들어왔고, 이후로도 그대로 머물렀다. 아니, 세 번째 현상 덕분에 오히려 지위가 탄탄해졌다고 할 수 있을 것이다. 그 현상이란 바로 1980년대부터 시작된 조직적인 고래 관광이었다.

고래, 돌고래, 쇠돌고래를 자연 서식처에서 관찰하는 여가 활동은 오늘날 전 세계에서 유행하고 있다. 가장 최근의 통계에 의하면, 2008년 한 해에 고래 관광을 수행한 사람은 1,300만 명에 이르며, 우리 가족도 그에 속한다. 키라 파나자를 방문한 후로, 우리는 모두 최대한 많은 고래류를 보고 싶었고, 휴가를 갈 때마다 가능하면 언제나 고래 관광을 스케줄에 넣었다. 몇 해 동안 우리는 밴쿠버 섬 연안에서 까치돌고래와 귀신고래를, 케이프코드에서 혹등고래를(혹등고래가 수면 위로 풀쩍 뛰어오르는 장관을 목격하기도 했다), 카디건 만에서 병코돌고래를(어미와 새끼 하나가 배 근처까지 다가왔다), 스코틀랜드 하일랜드에서는 염호에 머물고 있던 활기찬 참돌고래들을 구경했다. 쇠돌고래와 밍크고래도 짤막하게 마주쳤고 말이다.

우리는 그 모든 만남에 전율했다. 고래가 시야에 들어온 순간부터, 우리는 활력을 얻고 흥분했다. 일부 사람들처럼 물속에서 서로 접근하는 인상적인 경험을 즐기지는 못했지만, 우리는 고래가 특별한 존재라 생각했다. 그런 만남을 겪은 운 좋은 이들은 고래와 돌고래가 인간을 제외한 동물 중에서도 본질적으로 다른 존재라고, 상위의 존재이자 매우 놀라운 특성을 가졌다고 생각한다. 우리와 완전히 다른 세계에 완벽하게 적응했을 뿐 아니라, 우리와 교류를 원하며, 뛰어난 지능을 가지고, 친절하며 다정하고, 종종 문제가 생긴 사람에게 주의를 기울이는 등의 특성 말이다. 이런 내용을 자세히 읽거나 대화를 나누다 보면 우리는 천천히 발전하는 과학과 빠르게 쌓이는 개인적 일화 사이의 무인지대에 들어선다. 내 경우 그런 대화의 대상은 박물학자이자 TV 진행자인 마크 카와딘으로, 영국의 다른 누구보다 고래에 박식한 사람이다. 검증된 연구에 따르면 고래류가 여러 측면에서 뛰어나다는 점이 분명해지고 있다. 그중 두 가지만 고르자면, 이제 돌고래의 울음소리 중에는 '고유 신호음'이 있다는 점이 알려져 있는데, 이는 결국 개체의 이름이 존재한다는 뜻이므로 자의식의 존재 여부를 질문하게 만든다. 다른 하나는 북극고래가 200년, 또는 그 이상을 살 수도 있다는 것이다. 그러나 진정한 경이, 그리고 새로운 민담을 만들어내는 쪽은 지난 30년 동안 이루어진 고래와 인간의 만남, 실험 계획안 따위는 없이 종종 우연에 지나지 않았던 만남 쪽이었다. 고래 관광 안내역을 담당하는 과학자로서, 마크는 그 중간의 무인지대에 있었다. 그는 최신 연구 결과를 주시하며 동물의 의인화가 가지는 위험성을 잘 알고 있지만, 동시에 수년의 가까운 관찰 덕분에 그중 여럿에 의문을 품게 되기도 했다. 그중 한 예를 들자면 돌고래들이 배의 선수파bow-wave를 타는 이유가, 일부 과학자들이 여전히 주장하듯 한 지점에서 다른 지점으로 이동하기 위해서가 아니라, 단순히 재미를 위해서라고 생각한다는 점이다.

그는 세상에서 가장 많이 팔린 고래 가이드북을 집필했다. 사라져 가는 야생동물을 다룬 유명한 라디오 시리즈(이후 책으로도 출간된)『마지막 기회라니Last Chance to See』를, 『은하계를 여행하는 히치하이커를 위한 안내서』의 작가 더글러스 애덤스와 함께 진행하기도 했다(그리고 나중에 스티븐 프라이와 함께 텔레비전 시리즈로 다시 제작했다). 그는 내게 이렇게 말한 적이 있다. "나는 온 세상의 온갖 종류의 동물을 직접 보려고 수백 번을 여행했습니다. 고릴라, 코끼리, 코뿔소, 호랑이. 그 모든 동물이 인간에게 깊은 영향을 남겼지요. 그러나 요즘 깨닫게 된 것은, 고래와 돌고래는 다른 부류의 더 큰 영향을 남긴다는 겁니다. 내게 편견이 있어서 그런 건 아닙니다. 직접 여러 번 보았기 때문에 아는 거지요." 그는 멕시코 바하칼리포르니아의 산하신토 라군으로 사람들을 인솔하던 도중 그런 큰 영향을 목격했다. 번식을 위해 극지방에서 내려오는 귀신고래들이 과거 포경선에 학살당하던 곳이었다. 이제 암컷 고래와 새끼들은 고래 관광선 곁으로 다가와서 사람들의 손길에 몸을 맡긴다. 이 장소의 역사를 생각하면, 고래를 쓰다듬은 사람들은 종종 그 생명체가 보이는 신뢰에 압도당하곤 한다. "그 경험 때문에 완전히 생각이 바뀌는 사람들도 많지요." 마크는 이렇게 말했다.

나와 아내 조, 우리 아이들 플로라와 셉은 그런 내밀한 접촉을 즐기지는 못했지만, 그래도 여행 중 우리가 목격한 고래와 돌고래들은 분명 우리 내면을 경이로 가득 채웠다. 내가 처음 그 이유를 분석하려 했을 때는 제대로 감조차 잡지 못했지만, 우리 중에서 가장 적극적인 고래 관찰가였던 (그리고 이제 스물두 살이 된) 플로라와 대화를 나누고 나니 마음의 문이 열리는 것 같았다. 플로라는 이렇게 말했다. "다른 차원에서 온 존재 같거든요." 나는 이 말에 깜짝 놀랐고, 우리는 그 주제로 한참 대화를 나누었다. 마침내 나는 아이에게 그 생각을 글로 옮겨 달라고 부탁했다. 내가 기억할 수 있도록 말이다.

그녀는 이렇게 썼다.

> 내가 고래를 좋아하는 이유는 그들이 '다른 세계'에서 온 것 같다는 점에 있다. 육체적인 특이함(너무 크고, 너무 느리고, 주위의 자연과 동떨어진 시간을 사는 것 같은)으로 그 점이 드러나며, 거의 공룡까지 거슬러 올라가는 것만 같다.
>
> 다른 세계의 존재 같은 고래의 성질은 우리 세계관을 뒤흔들고 상대화시킨다. 즉 생명이란 우리가 일상에서 기억하는 것보다 훨씬 풍요롭고 괴상하다는 것이다. 지구의 일부이지만 우리가 일상에서는 잊고 살아가는 숨겨진 차원이 존재하며(바닷속처럼), 이런 곳들은 말 그대로 우리에게는 보이지 않는다. 깊은 바닷속에는 햇빛이 들지 않기 때문이다.

그리고 그녀는 이렇게 결론을 내렸다. '따라서 수면으로 올라온 고래는 마법처럼 보일 수밖에 없다. 우리에게는 감춰져 있지만, 동시에 우리 행성의 일부를 구성하는 다른 세계와 통하는

실존하는/눈에 보이는 입장권을 제공해 주기 때문이다.'

다른 말로 하자면, 고래는 수수께끼를 제공한다. 그리고 이는
경이의 주된 원천이다.

자연계에는 경이를 일으키는 방아쇠가 여럿 존재한다. 수수
께끼 말고도 두어 가지 특정 개념이 그런 역할을 한다. 둘은 완
전히 정반대 개념이지만, 양쪽 모두 기쁨이 스며든 놀라움을 일
으키는 것이 가능하다. 그 두 가지 개념이란 바로 희귀함과 풍
부함이다. 그러나 자연계에는 그보다 눈에 잘 띄지 않지만 일단
마주하면 지구의 존재 자체, 그리고 지구에서 우리의 존재에 대
해 경이를 품도록 하는 일면도 존재한다. 그중 하나는 세월의
흐름이라는 아주 단순한 것이다. 우리 이전에 너무도 많은 것이
흘러갔기 때문에, 그 세월이란 단순히 계산만으로 지각할 수 없
으며, 그 규모 자체만을 인식하게 된다.

> 이렇게 오랜 세월이 쌓인 숲인데도
> 3월의 바람이 깨어나면
> 가느다란 들장미 가지에서는
> 꽃눈이 터지기 시작하니.

그토록 오랜 아름다움을……

아, 그 어떤 인간이 알겠는가

들장미가 어떤 거친 세월을

방랑하며 견뎌 왔는지를.

월터 델라메어는 이해하고 있었다. 「지나간 모든 것All That's Past」이 어떤 의미를 지니고 있는지를. 그리고 여기에 자연의 익숙하지 않은, 그러나 경이로운 일면이 하나 더 등장한다. 바로 변신하는 능력이다. 변신이라는 개념은 우리의 상상 중에서도 가장 공감하기 쉬운 것이다. 우리는 자신의 정체성을 바꾸는 사람들에, 다른 존재가 되는 사물에, 왕자로 변하는 개구리에 매료된다. 셰익스피어는 그런 이야기를 주된 소재로 삼았다. 오비디우스의 『변신』은 아우구스투스 시절 로마에서만 베스트셀러였던 것이 아니라, 아마도 중세와 르네상스 동안에도 가장 인기 있는 책이었을 것이다. 물론 변신이 일어나는 방향성은 다를수 있다. 그중에는 비극, 희극, 풍자 등이 포함된다. 그러나 내가 보기에 가장 근본적인 두 가지 방향성은 하강과 상승인 듯하다. 하강이란 불행에 의한 변신, 은행가에서 거지로의 변신, 모든 것을 잃어버린 리어 왕의 변신이다. 그러나 당연하게도 가장 인기 있는 변신은 상승일 것이다. 평범했던 사람이나 생물이나 사물이 갑자기 특별해지거나, 심지어 찬란하게 빛나기도 하는 것이다. 이런 개념은 우리 내면에 깊은 울림을 주며, 우리 근원의 욕망을 자극한다. 단순히 부나 지위를 얻는다는 개념, 심지어 평범한 소녀가 공주로 변하는 상황과도 다르다. 변신이란 온갖 전설과 종교의 근간에 존재하며, 그리스도교 또한 예외는 아니다. 온갖 견점에도 불구하고 우리는 완벽을 동경하며 추구하기 때문이다. 그 개념이 얼마나 유치한 것인지를 알고 있으면서도 말이다. 어느 해 봄에, 나는 이쪽으로 곰곰이 생각하며 자연계의 특정 현상이 내게 미치는 영향을 이해하려 애쓰고 있었다. 그 현상이란 바로 '동틀 녘 합창'이었다.

당시 나는 몇 주에 걸쳐 제법 긴 글 하나를 마무리하려 애쓰는 중이었고, 덕분에 밤을 새워 일하는 경우가 잦았다. 밤새 일한 사람은 새벽을 볼 수 있다. 아니, 정확하게 말하자면 들을 수 있다. 그해 5월 21일 아침 4시 8분, 내 귀에 소리 하나가 흘러들었다. 나는 타자를 치던 손가락을 멈추고 자리에서 일어나 뒤뜰로 통하는 부엌문을 활짝 열었다. 동녘 하늘에 빛이 흘러넘치고 있었다. 옅은 흰빛이 물결처럼 일렁이며, 주변의 집과 나무들은 검은 실루엣처럼 보였다. 달은 여전히 흐릿하게 빛나고 있었다. 바람 한 점 없는 완전한 정적만이 감돌았다. 그런데 두 집 건너 정원에 서 있는 유럽너도밤나무에서, 흐르는 듯한 청명한 목소리로, 유럽검은지빠귀 한 마리가 노래하고 있었다.

다른 소리는 아예 없었다. 유럽검은지빠귀는 마치 그 정적이 자신을 위해 특별히 준비된 것인 양 멈추지 않고 노래했다. 그 음악성과 순결함에서 모든 구절마다 정확하고 홀리는 듯한 노래가 계속 공기 중에 맴돌았다. 다음 순간, 근처의 지붕 TV 안테나에서, 두 번째 유럽검은지빠귀가 합류했다. 뒤이어 꼬까울새가 노래하기 시작했다. 푸른박새가 끼어들었다. 오색방울새도. 그렇게 동틀 녘 합창이 시작되었다.

명금鳴禽들이 동틀 녘에 일제히 합창을 시작하는 이유를, 나는 모른다. 누구도 확신하지는 못한다. 갑자기 멈추는 이유 또한 마찬가지다(아마 자기 영역을 주장하거나 짝을 부르는 노래이기는 하겠지만). 내가 아는 것은, 이어진 몇 주 동안 계속 밖으로 나가서 노래를 들어보니 합창의 시기가 갈수록 빨라졌고(결국 어느 아침에는 3시 34분에 시작했다), 그 합창이 황홀했다는 것뿐이다. 처음에는 단순히 새들의 노랫소리가 교향악처럼 어우러지는 것 자체에 감동을 받은 줄로만 알았지만, 이제는 그뿐이 아니라는 사실을 잘 알고 있다. 그 안에는 변신의 힘이 숨어 있었다. 나는 교외 지대의 주민이다. 깔끔한 정원, 부동산업자의 광고판, 간이차고, 개 산보, 잔디깎이, 끝없이 이어지는 비슷비슷한 단독주택과 별다른 일이라고는 일어나지 않는, 그 누구도 눈부시게 빛난다고 묘사하지는 않을 땅에서 살아간다. 그러나 동틀 녘 합창은 교외의 땅에 경이의 옷을 둘러준다. 마치 '파더

크리스마스'나 로알드 달의 '친절한 꼬마 거인*'의 방문처럼, 새들의 합창은 대부분의 사람이 잠들어 있는 동안 일어나서 놓치기 쉽다. 그 몇 주가 지나고 나니 나는 비밀을 발견한 느낌이 들었다. 침묵과 정적에 은박을 입히는 새들의 합창이, 머리 위에서 터져 나오는 새벽이, 고작 30분 동안이지만 이곳 잔디깎이의 땅조차도 완벽에 가까워지도록 만들어준다는 비밀을 말이다.

그러나 평범함 속에서 경이를 발견하는 일은 이례적인 것이며 변신이 필요하다. 수수께끼 속에서, 이를테면 다른 차원에서 우리에게 다가오는 고래와 돌고래 속에서 경이를 발견하는 쪽이 훨씬 쉬울 수밖에 없다. 수수께끼가 놀라운 속도로 줄어들고 있는 오늘날에도 그 사실은 변하지 않는다. 유감스러워할 만한 일이다. 수수께끼는 우리에게 중요하다. 그 자체도 흥미로운 일인데, 수수께끼를 '미지'라는 현상으로 정의하자면 과거의 '미지'는 언제나 스트레스 유발 요인이었기 때문이다. '미지'라는 단어가 적용되는 대상은 인간이 천성적으로 무심할 수 없는 존재이기 때문이다. 어쩌면 종교 또한 여기서 탄생했을지도 모른다. 적어도 우리가 아는 한, 수달은 강이 말라붙지 않을까 걱정하지 않는다. 그러나 우리는 걱정한다. 특정 질병의 원인은 무

---

* 로알드 달의 아동소설 『내 친구 꼬마 거인The Big Friendly Giant』의 등장인물.

엇일까? 무슨 이유에서 특정 작물이 제대로 자라지 못할까? 미래가 좋을까 아니면 고약할까? 우리는 누구이며, 왜 이곳에 있는가? 이성을 획득한 후로, 인간이라는 종은 무지 속에 차분히 앉아 있는 쪽을 선택하지 못하고 어떻게든 해결해야 성이 풀리는 존재가 되었다. 그리고 이런 상황에서 전지전능한 초자연적인 존재를 상상하고 그를 달래려 애쓰는 것 말고 대체 무슨 일을 할 수 있었겠는가?

그러나 17세기의 과학 혁명 이후, 우리는 꾸준히 수수께끼를 깎아내기 시작했다. 이제 우리는 일반적으로 특정 질병의 원인이 무엇인지, 특정 작물이 시드는 이유가 무엇인지를 알고 있다. 애석하게도 우리 미래의 모습은 모를지라도 말이다. 그러나 모순적으로 들리겠지만, 우리 삶에서 수수께끼가 사라진 것을 모두가 널리 반기는 것은 아니었다. 이제 우리는 과거에 수수께끼에 겁먹었던 것만큼 수수께끼에 이끌리고 있으며, 그 상실을 후회하는 중이다(사실 〈수수께끼의 쇠락〉이라는 책을 쓰면 제법 팔릴 것 같기는 하다. 서두에는 닐 암스트롱의 두툼한 발이 월면을 헤집으며 달의 수수께끼를 망치는 장면을 넣어서 말이다). 수수께끼의 공포가 경감되자 그 매력이 드러난 것이다. 어쩌면 5만 세대 동안, 우리 천성에 미지에 대한 두려움만큼이나 문제 해결에 대한 갈망이 깃들었기 때문일지도 모르겠다. 존 파울즈의 『마법사*The Magus*』 속 등장인물인 콘치스는 이렇게 말한다. "수수께끼에는 생명력이 있다오. 누구든 그 해답을 탐구하는 이에게 생명력을 선사하지. 수수께끼의 해답을 밝히는 행위는 그저 다른 탐구자들로부터 주요한 생명력의 원천을 빼앗는 것일 뿐이오." 게다가 매력을 부여한다는 점은 의심의 여지가 없다. 누구나 수수께끼 같은 사람이 되고 싶지 않은가? 나는 그러고 싶다(어림도 없지만). 자연계에도 같은 일이 적용된다.

우리는 자연의 수수께끼에 깊이 이끌린다. 코넬 조류학 연구소에서 2005년 6월에 당당하게 발표하고 전 세계 언론에 대서특필된 대로, 멸종되었다고 알려진 흰부리딱따구리[가칭, *Campephilus principalis*]가 아칸소 주 원시림 속에 여전히 존재하는 것일까? 이후 10여 년 동안 코넬 연구소의 목격담은 되풀이되지 않았으며, 미국 최고의 조류 동정 전문가가 증거로 제시된 그 흐릿한 영상 속 딱따구리가 실은 도가머리딱따구리[가칭, *Dryocopus pileatus*]라고 말한 이상, 그 주장에는 상당히 큰 물음표가 찍혀 있는 셈이다. 그러나 이런 상황은 그저 수수께끼를 강화시킬 뿐이다. 우리는 그 수수께끼에 사로잡힌다. 적어도 나는 그랬다. 나는 코넬 팀의 일원인 멜라니 드리스콜과 나눈 대화에서 완전히 붙들려 버렸다. 그녀는 내게 이렇게 말했다. "몽상가 취급을 받기도 했고, 록스타 취급을 받기도 했지만, 내가 뭘 봤는지는 확실히 알거든요." 젊은 시절에 어느 벨기에인 동물학자가 쓴 책이 내 상상력에 반향을 일으킨 후로 나는 언제나 그런 수수께끼에 사로잡혀 왔다. 물론 지금도 여전히 그렇다.

1958년에 처음 출간된 『미지의 동물들을 찾아서On the Track of Unknown Animals』와 그 작가인 베르나르 외벨망스*는 여전히 발견되지 않은 대형 동물이 존재할 수 있으며, 그중 일부는 과거로부터 살아남은 잔존 생물일 수 있다는 생각을 탐구했다. 외벨망스의 책은 훗날 신비동물학cryptozoology이라 불리게 된 연구 분야, 또는 열정의 대상을 공식화했다. 원래의 신비동물학은 존재가 증명되지 않은 동물을 탐구하는 것이었지만, 애석하게도 이제는 유사과학으로 변질되어 네스호 괴물, 예티, 미국 북서부의 빅풋 등에 붙이는 단어가 되었다(이런 존재들을 한데 뭉뚱그려 '크립티드cryptid'라고 부른다). ABC 또는 외계거대고양이 Alien Big Cat는 두말할 나위도 없을 것이다. 요즘 서리 퓨마를 본 적이 있던가? 보드민 거수는 어떻고? 이 분야는 빠른 속도로 UFO나 초현상 연구와 뒤섞여 들어갔고, 이제는 '괴상한 소식' 전문인 〈포티언 타임스Fortean Times〉 같은 잡지에서 주로 다루는 소재가 되었다.

터무니없고 우스꽝스럽게만 들리는 이야기다. 그러나 외벨

---

* Bernard Heuvelmans(1916-2001). 벨기에계 프랑스인 과학자, 탐험가, 연구자. 신비동물학 저술로 전 세계적 유명인사가 되었다. 그의 저서는 1955년에 프랑스어판이 발간된 이래 1958년에 영어판, 1965년에 개정증보판, 1995년에 추가 개정판이 발매되며 꾸준한 인기를 구가했다.

망스 본인은 정규 교육을 받은 동물학자였으며(그의 박사 논문은 땅돼지의 치아에 관한 것이었다) 그의 책은 실제로 과학에 의해 존재가 밝혀지지 않은 동물뿐 아니라, 미지의 존재였으나 비교적 최근에 발견된 동물, 이를테면 피그미침팬지(보노보)와 인도네시아의 거대 물도마뱀인 코모도왕도마뱀에 관한 정보까지도 세심하고 진지하게 수록했으며, 근래에 멸종한 태즈메이니아호랑이, 즉 주머니늑대 등도 포함되어 있었다. 그의 연구법은 몽상과는 거리가 멀었다. 다양한 증거를 취합해 분석해서, 직설적으로 어떤 동물은 발견되었고, 어떤 동물은 사라졌으며, 어떤 동물은 어쩌면 발견되기를 기다리고 있을지도 모른다고 말할 뿐이었다. 그가 주목한 일부 사례는 충분히 세상을 놀라게 할 만했으며 수많은 모험가를 흥분시켰다. 다른 사례는 훨씬 절제되어 있었으며, 그중 일부는 내게도 설득력 있게 들렸다.

그런 사례 중 하나는 털매머드였다. 우리는 일반적으로 매머드가 수만 년 전에 멸종했다고 생각하지만, 오늘날 (탄소 연대 측정에 의해) 알려진 바에 따르면 시베리아 연안의 브란겔 섬에는 적어도 기원전 1650년까지는 살아 있었으리라 생각된다. 외벨망스는 러시아 사냥꾼들의 산발적이고 잘 알려지지 않은 보고에 의존해서, 시베리아 본토 타이가 지대의 끝없이 펼쳐진 침엽수와 자작나무 원시림 어딘가에는 고립된 매머드 개체군이 살아남아 있을지도 모른다고 제안한다. 시베리아의 원시림은 아마존 열대우림보다도 훨씬 미지의 영역이며, 아마존보다도 크고 오늘날까지도 도로가 관통하지 않는 지역이 존재한다. 나는 그의 가설을 읽는 내내 이렇게 생각했다. 안 될 건 또 뭐야?

우리는 자만심에 넘쳐 자연계를 정복했다고 주장하지만, 자연은 여전히 끊임없이 우리를 놀라게 만든다. 이 행성의 미지의 영역을, 그리고 그와 함께 수수께끼를, 급격히 줄인 것은 사실이지만, 나는 그래도 한 가지 사실에 아직 기뻐할 수 있다. 적어도 내가 살아 있는 동안에는 우리가 전혀 모르는 생물이 존재할 수 있는 미지의 영역이 남아 있으며, 그런 발견에서 경이로움을 느낄 수 있다는 것 말이다. 특히 두 가지의 생태 구역이 그렇다. 하나는 아직 살아남은 열대우림이고, 다른 하나는 심해다. 최근에는 특히 인도차이나 반도의 열대우림이 미지의 대형 동물을 상당히 제공해 주었다. 그 이유는 주로 지금까지 전쟁 때문에 탐험가와 박물학자들이 그곳의 정글에 접근할 수 없었기 때문이다. 가장 대단한 성과는 1988년에 발견되어 2010년에 멸종한 베트남코뿔소였지만 ― 그 전까지는 인도차이나 본토에 코뿔소가 있다는 사실조차 모르고 있었다 ― 그 외에도 물소와 영양이 섞인 듯한 모습에 뒤쪽으로 기울어진 뿔을 가지고 흰 줄무늬가 들어간 우울한 얼굴의 사올라, 또는 부 꾸앙 소라는 동물이 1992년 발견되었고, 적어도 세 가지 사슴류 신종도 발견되었다. 바다 쪽에서는 2000년부터 수많은 어류와 기타 동물종은 물론이고 완전히 새로운 두 종류의 고래(페린부리고래, 데라냐갈라부리고래)가 우리 인식 속으로 헤엄쳐 들어왔으며, 지금껏 사체의 골격으로만 알려져 있던 부채이빨부리고래는 처음으로 야생에서 그 모습이 목격되었다. 분명 신종은 앞으로도 계속 발견될 것이다.

그들에게 경이를 느껴 마땅할지도 모른다. 그리고 털매머드나 흰부리딱따구리가 다시 등장한다면 분명 경이를 느끼게 될 것이다. 사실 나는 어느 쪽이 더 경이로울지 확신할 수가 없다. 매머드는 분명 선사시대의 분위기가 철철 흘러넘치기는 하지만, 결국 털이 수북한 아시아코끼리일 뿐이지 않겠는가. 반면 *Campephilus principalis*는 너무도 눈부신 생명체라 '우리 주님의 새'라고 불릴 정도였다. 모든 딱따구리의 정점에 있는 이 새를 목격한 운 좋은 사람들이, "우리 주님!"이라고 외치는 것을 억누를 수 없었기 때문이었다.

그러나 우리 곁에 확실하게 아직까지 존재하는 생물들도 경이로 녹아들 수 있는 여러 수수께끼를 가지고 있다. 그리고 오랫동안 내 상상을 사로잡고 있던 생물은 푸른띠뒷날개나방이었다. 이 나방의 영어명인 Clifden Nonpareil 자체가 동급의 상대가 존재하지 않는다고 선언하는 듯하다. 나도 그에 동의한다. 브리튼 제도에서 찾을 수 있는 가장 훌륭한 나방이다. 나방 중에서도 거대한 것은 물론이고, 이 나방은 다른 867종의 대형 나방들과 차별되는 특징을 하나 가지고 있다. 바로 그 푸른색이다. 나방한테 푸른색이라니! 나방은 일반적으로 갈색과 회색을 선호하지만, 종종 붉은색이나 노란색이나 주황색이나 크림색, 드물게 녹색을 가지기도 한다. 그러나 가끔 눈매박각시[가칭, *Smerinthus ocellatus*] 같은 나방에 점 한둘이 박혀 있는 정도를 제외하면, 푸른색은 영국의 나방들 사이에는 아예 존재하지 않는 색상이다.

그러나 푸른띠뒷날개나방, *Catocala fraxini*의 경우는 다르다. 이 나방은 Blue Underwing이라는 다른 영어명을 가지고 있는데, 섬세한 무늬가 들어간 은회색의 앞날개를 펼치면 그 아래쪽의 검은색 아랫날개(또는 뒷날개)가 드러나며, 그 위에는 연한 라일락빛의 눈부시고 널찍한 띠가 들어가 있기 때문이다. 충격적인 모습이며, 사실 노리는 효과가 그것이다. 영국에 서식하는 십여 종의 '뒷날개' 나방들은 모두 같은 식으로 색상을 사용하여, 포식자를 깜짝 놀라게 해 몸을 보호한다. 내가 앞서 저지불나방에서 언급했던 것과 같은 방식으로 말이다. 복잡한 문양이 새겨진 앞날개는 낮의 휴식처, 이를테면 돌벽이나 나무껍질 등에 완벽히 녹아들도록 위장 효과를 지닌다. 그러나 새와 같은 포식자에게 발견당하면, 나방은 갑자기 앞날개를 펼쳐서 뒷날개의 무늬를 드러내고, 그 밝은 색채로 새를 혼란케 해 도망칠 수 있는 몇 초의 시간을 벌어낸다.

이들 종의 일부, 이를테면 큰노랑뒷날개나방은 흔한 편이다. 그러나 푸른띠뒷날개나방은 그렇지 않다. 단연코 아니다. 아름다울 뿐 아니라 매우 희귀하기도 하여, 매년 몇 건의 목격만이 확인될 뿐이며, 따라서 인시목 곤충에 흥미를 가진 사람은 누구나 이 나방을 귀중히 여겼다. 이 나방은 18세기에 버킹엄셔 클라이브덴의 템스 강 방면 지역에서 최초로 발견되었다(낸시 애스터가 전간기에 이런저런 일을 벌였던 곳이자, 1961년에 보수당 총리 존 프로퓨모가 젊은 모델 지망생 크리스틴 킬러를 만나서 영원히 자기 이름이 붙은 성적 스캔들을 일으킨 곳이기도 하다).* 이 나방은 일종의 전설 속 보물, 나방 애호가의 성배 같은 존재가 되었다. 그야말로 수수께끼로 둘러싸인 나방이었다.

인시목 애호가이며 뻔뻔한 괴짜 나방 애호가인 나 또한 언제나 그 나방을 꿈꿨다. 여러 해 동안 그 모습을 영접하려 애썼지만 성공하지 못했고, 평생 그럴 것이라 생각했다. 그러나 어느 가을, 10월 초에 접어들어서 나비보호협회에서 대륙에서 희귀한 나방이 상당수 유입되었다고 발표했고, 그중에는 푸른띠

---

* 미국 태생 영국인이었던 낸시 애스터는 클라이브덴 선거구에서 남편의 자리를 물려받아 최초로 의회에 출석한 여성 하원의원이 되었으나, 전간기 내내 반가톨릭, 반공주의, 반유대주의, 나치즘에 대한 호의적인 태도로 많은 물의를 일으켰다. 존 프로퓨모는 클라이브덴의 애스터 자작 저택에서 19세의 모델 크리스틴 킬러와 만나 스캔들을 일으키고 결국 정치생명이 끝나고 말았다.

뒷날개나방 목격담도 상당수 포함되어 있었다. 대부분은 나비 보호협회의 나방 전문가 중 하나로 도싯에 거주하는 레스 힐이 보고한 것이었다. 하루 이틀 후 나는 도싯으로 출발했다. 레스 가 내게도 한 마리쯤 보여줄 수 있지 않을까 기대하면서 말이 다. 해질 무렵 도착해 보니 그는 정원에 나방 채집통을 설치해 놓고 있었다. 나는 오랜 기다림을 대비했지만, 레스는 깜짝 놀 랄 소식을 전해 주었다. 나비협회의 나방 보호 부문 수장인 마 크 파슨즈가 30분 전에 자기 집 벽에 붙은 푸른띠뒷날개나방을 발견해서 그대로 잡았다는 것이다. 그는 아직 나방을 잡아 놓고 있었고, 거리는 30마일 정도였다. 우리는 황급히 카운티의 반대 편으로 차를 몰았고, 마침내 마크네 부엌에서 플라스틱 통 속에 있는 나방을 만나게 되었다. 잠들어 있었다.(나방이 잠을 자던가? 아니라면 무기력한 상태였다고 해 두자) 꼼짝도 하지 않았지만 여 전히 기적 같았다. 마크가 조심스레 은회색 앞날개를 건드리자 날개가 퍼뜩 열렸고, 아름다운 라일락 푸른색의 띠가 드러났다. 내 눈을 믿을 수가 없었다.

나방은 몸을 움찔거리더니, 천천히 부엌 안을 날아다니기 시 작했다. 나는 입을 다물 수가 없었다. 박쥐만큼이나 컸다. 그것 도 환상적인 색채를 가진 박쥐였다. 마침내 나방은 부엌 벽에 앉았고, 마크가 놓아주기 전에 나는 나방을 내 손 위로 기어오 르게 만들었다. 꿈을 꾸는 기분이었다. 과장하는 것처럼 들리기

는 하지만, 나는 이런 존재를 품을 수 있는 이 세상에 깊이 감탄
했다.

  지금까지 나는 자연 속에서 어떻게 경이를 느낄 수 있는지
를 내 경험을 기반으로 살펴보았다. 여러분 또한 자신만의 그
런 경험이 있을 것이고, 나도 희귀한 것부터 흔한 것까지 온갖
사례를 다양하게 들 수 있다. 홀린 듯 노랑복주머니란을 바라보
던 일은 어떨까. 이 식물은 50년 이상 영국에서 가장 희귀한 생
물로서, 열성적인 보호자들이 완벽한 비밀 속에서 돌보아 왔다.
그 풍성한 생명력을 맛보려면 아직 집약적 농업이 도입되지 않
은 루마니아의 시골로 향해야 한다. 야생화가 흘러넘치는 (처음
확인한 곳에서는 27종이 있었다) 목초지 들판과 언덕 사면의 풀밭
에 펼쳐진 장관을 목격한 곳은 트란실바니아의 비스크리였다.
나는 수백만 송이의 고사리잎터리풀과 옐로래틀 꽃이 흰색과
금색의 양탄자처럼 끝없이 이어지고, 그 위를 곤충들이 물고기
떼처럼 가득 메우는 모습을 목격했다. 메뚜기와 귀뚜라미, 장미
꽃무지[가칭, *Cetonia aurata*]와 같은 아름다운 갑충들, 왕줄나비
나 두줄나비, 아폴로점모시나비[가칭, *Parnassius mnemosyne*]처
럼 눈부신 나비들까지. 새들 쪽도 그만큼 풍요로웠다. 붉은등때

까치가 사방에 보이고 유럽꾀꼬리[*Oriolus oriolus*]가 포플러나무에서 피리 같은 노래 소리를 들려주며…… (그리고 숲에는 곰도 있었다) 그러나 이보다 더 흥미로운 질문이 있으니, 바로 우리가 왜 경이를 느끼는지일 것이다.

나는 경이를 체험하는 능력이 우리 인간과 자연계 사이의 기존에 존재하던 관계를 암시하는 것이라 생각한다. 즉 선천적인 것이라는 뜻이다. 경이의 대상을 인지하는 능력은 불모지에서 난데없이 생겨나는 것이 아니다. 우리 내면에는 그런 존재를 받아들여 열심히 몰두하는 능력이 존재한다. 워즈워스는 이런 능력을 '훨씬 더 깊이 배어든 존재를 느끼는 / 숭고한 감각'이라 부르며 그 대상을 이렇게 지칭했다.

> 저무는 햇살 속에 거하고,
> 에두르는 대양과 생명 있는 공기에 거하며,
> 그리고 푸른 하늘과 인간의 마음속에 거하는.*

이미 우리 마음속에 거하는 것이다. 그리고 나는 그 대상이

---

* 워즈워스의 시 「Lines Composed a Few Miles above Tintern Abbey, on Revisiting the Banks of the Wye During a Tour」의 한 대목.

유대라고, 5만 세대에 걸친 인간과 자연의 유대라고, 자연의 일면이 우리에게 강한 영향을 끼치게 만드는 바로 그것이라고 생각한다. 환희를 일으켰듯이 경이도 일으키는 것이다. 서니뱅크에서 느꼈던 경이는 그 좋은 실례가 될 것이다. 내가 부들레아 덤불을 살펴보다가 눈에 들어온 존재들에게 그렇게 반응한 것은 사회화 때문이 아니었다. 물론 내가 학교에서 나비에 관한 책이나, 아니면 적어도 그림이라도 보았으리라 말할 사람도 있을 것이다. 그랬을지도 모르지만, 적어도 기억은 없다. 나는 당시 일곱 살이었다. 나는 아하, 내가 그렇게 열심히 읽었던 나비가 바로 얘들이구나, 하는 식으로 느끼지 않았다. 그저 눈앞의 존재에 반응했을 뿐이었다. 그리고 나는 평생에 걸쳐 거의 모든 어린아이가 새로운 생물에 강하게 반응한다는 사실을 확인했다. 아이들은 즉시 그런 존재에 빠져든다. 무심한 경우는 매우 드물다. 인간의 공통된 본성 중 하나다. 바로 그 때문에 최근 인기가 떨어지기 전까지 동물원이 그토록 성공했던 것이다. '아빠가 내일 동물원에 데려가 준대요. 하루 종일 있을 거예요.'* 베빙턴에서 나를 나비에 종속되도록 만든 것은 예전에 보았던 책이나 그림이 아니었다. 다만 선사시대의 어느 관찰자, 호랑나비를 더 자세히 보고 싶어서 어딘가 앉기만을 기다리던, 그리고

---

* 싱어송라이터 톰 팩스턴의 유명한 노래 〈Going to the Zoo〉의 한 소절.

눈앞의 존재에 감탄의 탄성을 흘렸던 먼 조상인 수렵채집인 때문일 수는 있을 것이다.

2014년 4월에 새만금의 파괴를 목도하고 한국에서 돌아온 후, 나는 사라진 하구의 넓적부리도요들이 어떻게 지내는지를 확인하고 싶었다. 보전 번식 프로그램을 진행하려고 영국으로 데려온 새들 말이다. 그래서 나는 새들을 돌보고 있는 글로스터셔 슬림브리지의 야생조류 및 습지 재단에 연락을 취했다. 보전 담당국장인 데비 페인 박사는 나를 슬림브리지로 초대해서 새들을 보게 해 주었다.

사실 어마어마한 특권이었다. 특수 제작한 조류 방사장 주변의 생물학적 보안은 상당히 삼엄했고, 데비 본인조차 나와 동행할 수 없었다. 감기에 걸려서 '넓부도'들의 목숨에 위협이 될 수 있기 때문이었다. 다양한 세척 작업을 거치고 무균 작업복과 장화를 신은 후에야, 나는 재단 보전 번식 팀장이자 새들이 추코츠키에서 알이었을 때부터 대부 노릇을 해 온 사람인 나이젤 재럿과 함께 안으로 들어갈 수 있었다.

이 또한 경이의 순간이었다. 갑자기 이 행성에서 가장 희귀한 새들의 무리에 둘러싸이게 되었으니 말이다. 귀중함이라는 개념이 실체를 얻은 듯했다. 25마리가 있었다. 반짝이는 눈을 가진, 작고 우아하고 상당히 겁 없는 새들이, 잠시도 쉬지 않고 움직이며 내 발치의 인공 조간대 웅덩이에서 먹이를 찾고 있었다. 이제 막 번식깃으로 갈아입는 중이었다. 겨울의 회색 옷이 적갈색 머리가 눈에 띄는 사랑스러운 여름옷으로 바뀌고 있었다. 나이젤은 새들이 갈수록 수선스러워진다고 말했다. 서로를 쫓아다니기도 하고, 수컷 하나는 날개를 들어 영역 경고를 하기도 했다. 그리고 (완전히 무해한) 검은머리물떼새가 삑삑거리며 머리 위를 날아가자 다들 황급히 숨을 곳을 찾기도 했다. "조금 전까지는 무리를 지어서 서로의 존재를 반기면서 살았는데 말입니다. 이제 저 자그마한 몸 안에 호르몬이 분비되어 깃갈이를 유도하고 서로에게 관심을 가지게 만드는 겁니다. 바짝 날이 선 십대 같은 셈이지요."

방사장을 나선 우리는 데비의 사무실에서 번식 계획에 대해 이야기를 나누기로 했다. 이내 대화는 야생 동식물 전반과 자연계에 대한 것으로 흘러갔다. 데비는 상습적인 야생 동식물 탐방 여행가로, 최근에는 남편과 함께 인도 라다크로 여행을 다녀온 참이었다. 그곳에서 그들은 야생 설표를 목격했고, 데비는 친구 하나가 그런 순간이야말로 최고의 야생동물 경험이라고 말했다는 이야기를 들려주었다. 데비도 동의하려다가 잠깐 생각을 정리하더니, 친구를 향해 아니, 그건 아니라고 말했다는 것이었다.

나는 흥미가 동했다. "그럼 어떤 건데요?"

"생물 발광 돌고래죠."

"대체 그건 또 뭡니까?"

데비는 남편과 함께 바하칼리포르니아로 고래 관광을 갔던 이야기를 들려주었다. 마크 카와딘이 관심을 기울이는 바로 그곳, 귀신고래들이 출산을 위해 찾는 산하신토 라군 지역이었다. 데비는 자신들이 목격한 고래류, 특히 돌고래 이야기를 하며 마크와 비슷한 감정을 피력했다. "저는 고래류가 정말 좋아요. 원인은 몰라도 진정한 유대가 느껴지죠. 돌고래는 놀라울 정도로 즐거운 동물이에요. 항상 수면에서 펄쩍 튀어오르거나 뱃머리로 나서곤 하죠. 저도 과학자니까 분명 그런 행동에 이유가 있을 거라고 가정은 하지만, 사실은 그냥 즐기려고 그러는 듯하다는 생각만 들어요…… 그리고 사실 즐거워 보이잖아요? 정말로 그렇게 생각하고 싶다고요."

그러던 어느 밤, 바다에 생물 발광이 가득해졌다. 특정 상황에서 수십억 마리의 작은 플랑크톤이 녹색의 인광을 발하는 현상이었다. 가슴 뛰는 장관이었다. "생물 발광의 아름다움은…… 믿을 수 없을 정도죠. 달이 뜨지 않는 밤에, 해수의 특정 조건이 맞으면…… 숨이 멎을 정도로 아름다운 녹색 빛을 발해요. 분사한 것처럼 흩어지기는 하지만요. 그리고 그 안에 물고기떼가 들어가면 한층 대단해지죠. 물고기의 윤곽과 움직임과 녹색이 가득 뭉친 영역이 보이는데, 무리가 일제히 보트 쪽으로 다가오다가 갑자기 빛나는 녹색 꼬리를 끌면서 사방으로 흩어지는 거예요. 방사능을 품은 것 같죠. 정말 놀라워요."

그러나 돌고래만큼 놀랍지는 않았다.

"우리는 보트 뱃머리 쪽에 있었어요. 그런데 멀리서 물결 몇 개가 우리 쪽으로 다가오는 거예요. 녹색으로 빛나는 윤곽이 시야에 들어왔죠. 그러다 우리 바로 아래 4피트 정도에서, 반짝이는 돌고래들이 모습을 드러낸 거예요. 숨이 멎을 것 같았죠." 그녀의 눈가에 눈물이 맺혔다. "그때를 다시 생각하면 울음이 터질 것만 같아요. 돌고래들은 보트 주변을 맴돌면서 놀았어요. 녹색으로 빛나면서요. 심장이 멎을 것 같았죠. 지금껏 살아오며 그렇게 멋진 광경은 본 적이 없었죠. 우리 남편도 마찬가지였어요. 그이는 다가와서 내 손을 잡더니, 이건 평생 못 잊을 거라고 말했죠. 우리는 돌고래들이 사라진 후에도 한 시간을 그렇게 서 있었어요. 내려가고 싶지 않았거든요. 잠들고 싶지 않았어요. 돌고래들이 왔을 때는 자정쯤이었죠."

그러더니 그녀는 말을 이었다. "그게 어떤 느낌이었는지 알아요? 근본적으로?"

"뭘까요?"

"이 세상이 얼마나 놀라운 곳인가 하는 감탄이었죠."

그녀는 추억에 잠긴 채로 허공을 바라보았다. 그 경이에 사로잡힌 채 고개를 저었다. 그리고 나를 돌아보며 웃음을 지었다.

"내가 마지막까지 기억할 모습이 될 것 같아요."

8

새로운 유형의 사랑

이 모든 것에서 나는 무슨 결론을 원하는 것일까. 설강화와 미친 3월 토끼, 만발하는 나무꽃과 뻐꾸기의 도래, 블루벨 숲과 백악 개울, 수레국화와 헤어벨, 연노랑눈썹솔새, 푸른띠뒷날개나방, 둑을 뛰어넘는 연어들과 습지 위로 번져가는 도요물떼새들의 구슬픈 피리 소리에서 — 한 사람이 일생 동안 경험한 자연의 즐거움에서? 내가 서두에서 언급했던 그대로다. 환희를 통한 보호다. 생각해 보면 그 정도로 가망 없는 착상은 아닐지도 모른다. 적어도 1969년에 일부 히피들이 '우리는 스킨헤드 자식들을 감화시켜야 해'라고 주장하던 때보다는 낫지 않을까? 세상에서 가장 강한 파괴의 힘을 마주하며, 갈수록 상처가 쌓여만 가는 행성을, 인간의 행복만으로 보호하는 일이 가능할까? 그

답은 우리가 자연에서 찾는 환희가 우리 자신에 대해서 무엇을 알려주는지, 그리고 우리를 어디로 이끌어가는지에 달려 있다.

그 모두를 되돌아보며 이 점을 다시 강조하고 싶다. 우리가 단순히 자연에서 이득을 취하고 위험을 피하는 것으로 그치지 않고 자연계를 사랑할 수 있다는 사실, 우리 마음을 바칠 수 있다는 사실이야말로, 내게는 거의 표현할 방법이 없을 정도로 놀라운 일이며, 언어나 의식의 존재 못지않게 우리를 특별한 동물로 규정한다는 것이다. 우리가 자연을 사랑하는 것이 가능하다는 기초적인 전제 자체가 특이점이라는 사실은 거의 언급되지 않는 듯하다. 동틀 녘 합창이나, 다른 차원에서 우리를 방문하는 돌고래들을 마주하면 감정이 고양되는 이유는 무엇일까? 사람들의 다른 행태, 이를테면 특정 방식으로 투표하는 이유나 연령에 따라 태도가 변화하는 이유나 때로 살인을 저지르는 이유 등에 비하면, 이쪽 문제는 아예 연구도 되지 않고 의문조차 품지 않는 듯하다. 클립보드를 들고 나가서 설문조사를 하는 사람조차도 없지 않은가? 그러나 이런 감정은 모두 진짜고, 분명 주목할 만한 것이다.

물론 상당히 많은 사람, 어쩌면 다수에 속하는 사람이, 이런 감정을 공유하지 않는다는 점은 염두에 두어야 할 것이다. 그러나 내가 주장하고픈 바는 자연에 대한 사랑이 보편적이라는 것이 아니다. 내 주장은 자연을 사랑할 수 있는 성향이 보편적이라는 것이다. 모든 인간의 내면에는 자연을 사랑할 가능성이 깃들어 있다는 것이다. 나는 이 성향이 일부 개인에서만 발견할 수 있는 특성이 아니라 인간이라는 존재 근본의 일부이며, 그것도 매우 강력한 것이리라 생각한다. 플라이스토세부터 5만 세대를 거쳐 내려온 본질의 일부이며, 자연계와의 사라지지 않는 유대 관계지만, 이제는 유전자 속에 파묻혀 있다 해도 이상한 일은 아닐 것이다. 농경이 시작되어 수렵채집인으로서 자연의 일부이기를 그만둔 500세대의 문명이 그 위를 덮어 버렸으니 말이다. 그리고 지금은 정신없는 현대 도시의 삶이 한층 더 깊숙이 파묻었을 것이다. 그렇다 해도 덮여 있을 뿐이다. 파괴된 것은 아니다. 여전히 존재한다. 파낼 수 있다. 우리 모두가 그것에 연결될 수 있고, 하나의 깨달음, 하나의 진실이 다른 무엇보다도 재조명될 수도 있다. 자연이야말로 우리의 고향이며, 우리의 영혼이 휴식을 취하는 장소라는 진실 말이다. 여기에는 아주 극적이면서도 단순한 증거가 있다. 자연이 우리에게 평화를 선사할 수 있다는 것이다.

불안과 동요가 꿈틀거리는 어린 시절을 겪은 입장에서, 나는 평화라는 개념에 상당히 끌렸다. 내가 모두를 통틀어 가장 운 좋은 세대, 즉 베이비부머의 일원이라는 사실은 확실히 인지하고 있었다. 부모와 조부모 세대가 힘겹게 세계 대전을 견뎌낸 이후, 우리는 서구가 지금껏 없었던 사치스러운 평화를 누렸던 시대에 성장했다. 그러나 내가 특히 집착했던 평화는, 더없이 중요했던 국가 간의 평화가 아니라 그보다 사소한 규모의 평화였다. 가끔이나마 시달린 정신에 찾아올 수 있는 그런 부류의 평화 말이다. 나는 그런 일이 가능하다고 생각한다. 그리고 비발디의 훌륭한 모테트의 후렴구, Nulla in mundo pax sincera — 세상에 참 평화 없어라 — 를 종종 떠올리며 끔찍하다고 생각하고, 그에 동의하지 않는다. (물론 그 의미는 진정한 평화란 예수를 통해서만 찾을 수 있다는 것이다. 그가 곡을 붙인 작자 미상의 라틴어 시는 사실 꽃송이 사이에 숨은 독사를 언급하는 상당히 무시무시한 내용인데, 과연 그 이름 모를 시인이 무슨 일을 겪었는지가 궁금해질 지경이다. 표면적으로는 신의 영광을 노래하는 시지만, 우리의 마음에 도달하는 것은 그런 비감이며, 비발디의 뛰어난 선율에도 그런 우수가 배어들어 풍요로움을 더해준다.)

내게 있어 평화란 이 세상에서 찾을 수 있는 것이다. 다른 여러 곳과 더불어, 특히 자연 속에서 말이다. 그리고 앞서 이야기한 대로, 30년 전 로저 울리히가 병원 창문으로 나무를 볼 수 있던 환자들이 벽돌 벽밖에 보지 못한 환자들보다 훨씬 빠르고 온전하게 회복했다는 놀라운 발견을 발표한 후로, 우리는 자연계가 인간의 육체와 정신에 끼치는 유익한 효과를 정식으로 연구하기 시작했다. 그리고 이제는 상당한 양의 문헌이 쌓였다. 따라서 다양한 사례를 나열하며 자연의 회복력을 서술할 수도 있겠지만, 여기서는 예술가의 영향력이 과학자의 작업물보다 훨씬 오래 가고 깊이 스며든다는 조지프 콘래드의 신념을 따라서, 시를 한 편 인용하기로 하겠다. 제목은 「회복The Recovery」이다.

우울함의 손아귀에서
나 이 사람을 해방하니, 아직 서쪽에 빛이 있구나.
가장 덕 있고 순박하며 음악적인 영혼이니
이보다 더한 축복이 있을까.

정신을 위한 영약은
금빛 그늘 속에 머무니, 깃털이 살랑거리고
내 신앙은 계속되네. 이 나무껍질에 손을 대면
온화한 감각이 다시 살아나는구나.

스스로 만든 소음을 시끄럽게 추구하느라
귀가 먹먹해지지도 않으니, 이곳에는
황혼 속의 공동체가, 나뭇가지, 버섯, 뿌리가
소리 없이도 모든 것을 말하고 있으니.

우연히 이곳에 뿌리를 내려 수 세기를 묵은 나무의
이제 익숙해진 반구형 지붕 아래로

뱀의 표지를 가진 속세의 이들이 찾아와
나처럼 자기만의 시간을 숨 쉬려 하네.

곱게 말리며 떨어지는 나뭇잎이
하나씩 하나씩, 빛에 반짝이면서
위를 보면 시간의 푸른 냇물이 날라다 주는
천상의 잎새가 계속 빛나고 있으니.

들판의 냇물이 나의 갈증을
달래주네, 드높은 영광이란 살육을
떠오르게 만들 뿐이니. 안전한 오솔길이
고결하지 못한 들판을 가로지르네.

이들과 마찬가지로, 내 어린 시절의 천사들이
이제는 걷지도 부르지도 날지도 못하는 곳에서도
생쥐는 여전히 입을 오물거리며
반짝이는 눈으로 내 눈을 살피네.

여기서 전문을 인용한 이유는 내가 이 시를 상당히 좋아하
며, 별로 알려지지 않은 시이고, 될 수 있으면 많은 이들에게 들
려줄 가치가 있다고 생각하기 때문이다. 이 시의 작가는 1차 대

전기의 시인인 에드먼드 블런든이다. 그가 회복하는 대상은 참호 속에서 목격한 전쟁이었다. 블런든은 1916년에 19세의 풋내기 소위로 프랑스로 건너가서, 그대로 전쟁이 끝날 때까지 거의 대부분을 최전선에 머물렀다. 연속 복무 기간으로 따지자면 그보다 유명한 시인들, 이를테면 윌프레드 오언, 로버트 그레이브스, 시그프리드 사순보다 훨씬 오래 있었던 셈이다.* 그의 생존 자체가 기적이었다. 그러나 부상 없이 빠져나온 육체에 반해, 그의 정신이 입은 상처는 끔찍했다. 그의 작품인 『전쟁의 함의 *Undertones of War*』를 보면 그의 관점에서 생생한 감각을 느껴볼 수 있다. 유명한 1차 대전 회고록 중에서는 가장 절제된 작품이지만, 눈앞에서 펼쳐지는 잔혹함은 실로 생생하기만 하다. 매일 인간의 육신이 산산조각 나는 상황이란 무슨 수를 써도 감출 수 없는 법이며, 그는 이후 생애를 학계와 문학계에서 보내면서도 온갖 두려움에 시달렸고, 악몽이 주기적으로 그를 괴롭혔다. (그의 딸 마지는 2014년 인터뷰에서 털어놓기를, 블런든은 낮에는 문학 전문기자나 교수로서의 삶을 꾸려나갔지만 '밤은 전쟁으로 가득 차 있었다'고 술회했다.) 이 시가 강렬한 울림을 가지는 이유 중에는

---

* 오언은 1915년 입대했으나 셸 쇼크로 상당기간 에딘버러에서 치료받았다. 그레이브즈는 1914년 입대하였으나 1916년 솜 전투에서 중상을 입고 후송되었다. 사순은 1915년 참전하였으나 1916년부터 반전 성향을 보이며 후방에 배치되었다.

시인의 끔찍한 기억을 간접적으로, 슬쩍 지나치듯 — '살육을 떠오르게'처럼 — 들려준다는 것도 있다. 마치 멀리서 우릉거리는 천둥처럼 배경에서 울릴 뿐이다. 대신 시인은 자신을 편안케 하는 모든 것에 집중한다. 자연의 평범하고 눈에 익은, 안온한 요소들 말이다. 다른 무엇보다 독자는 귀향의 감각을 느낄 수 있다.

그래, 고향이다. 우리는 자연 속에서 진화했기 때문이다. 자연 속에서 지금과 같은 존재가 되었고, 느끼고 반응하는 법을 익혔다. 인간의 상상력은 자연 속에서 형성되고 날아올랐으며, 자연 속에서 은유와 직유의 대상을 찾았다. 나무와 맑은 강물과 야생동물과 바람에 물결치는 초원에서, 그리고 동시에 독사와 치명적인 포식자와 적들과 생존을 위한 끝없는 시련에서도. 그러나 콘크리트 건물과 자동차와 하수구와 중앙난방과 슈퍼마켓은 여기에 속하지 않는다. 이런 것들이 아무리 우리의 삶을 지배하고 있다고 하더라도, 실제로 함께 있었던 시간은 진화의 기준으로 눈 깜짝할 사이에 지나지 않는, 덧붙여진 잉여물일 뿐이기 때문이다. 내면 깊은 곳에서는, 이런 것들은 아무런 의미도 가지지 못한다. 우리 영혼의 진정한 휴식처는 자연뿐이다. 그리고 〈새와 생명의 터Birds Korea〉의 나일 무어스는 그 이유에 대해 훨씬 자세한 통찰을 제공했다. 사라진 새만금 하구와 주변의 해안선을 둘러보려고 그와 함께 지냈던 시절의 일이다.

오랜 세월 꾸준히 자연을 관찰해 온 사람과 며칠을 함께 보내는 것은 그 자체로도 환상적인 경험이다. 게다가 그는 도요물 떼새를 관찰한 사람답게 날카로운 시력을 가지고 있었다. 나일은 그 때문에 야생 동식물이 자연 속에서 어떻게 이동하고 어떻게 상호작용하는지에 깊은 관심을 가지고 있었다. 그리고 그의 관심은 자연 속의 새들을 관찰하는 것에서 인간을 관찰하는 것으로 확장되었다. 그는 우리 인간이 플라이스토세 조상들처럼 주변 환경에 반응한다고 확신하고 있었다. 그중 하나는 다른 야생동물의 눈에 띄지 않으면서 우리 쪽에서 발견해야 한다는 것이다. 사냥감을 찾아내고, 포식자의 눈에 띄지 않는 것이다. 예를 들어, 그는 사람들이 널찍한 공간에 반응하는 방식에 흥미를 느꼈다. 바로 눈에 띄도록 가운데를 가로지르는 대신, 눈에 덜 띄는 가장자리로 빙 둘러 가는 쪽을 택한다는 것이었다.

나일은 우리 인간이 주변 풍경에서 몇몇 특성을 기대하는 선천적 성향을 보인다고 말했다. 조화, 특정한 대칭성, 사물 사이의 관계 등을 말이다. "언덕 꼭대기에 오르면 깊은 계곡이 나와야 마땅하지요. 그런 다음에는 다시 언덕이 등장해야 하고요." (현대의 인공적 풍경은 종종 이런 원칙을 거스른다.) 따라서 우리는 시각적, 청각적, 후각적으로 그런 신호를 해석하는 천성을 지니고 있으며, 다른 무엇보다 갑작스러운 차이나 변화를 감지하려 애쓴다. "뭔가 달라지면, 그러니까 기대하던 조화를 벗어나는 상황이 일어나면, 위험이 존재한다는 뜻이 되지요. 곰일 수도 있고, 늑대일 수도 있고, 다른 계곡에서 찾아온 낯선 사람일 수도 있고." 이런 끊임없는 해석 활동은 상당한 정신력을 소모하지만, 우리는 수천 세대 동안 그런 일을 하도록 진화되어 왔다. 적응한 것이다. "위험이 있을지도 모르지만, 적어도 우리 육체가 이해하는 부류의 위험인 셈이지요." 그러나 그의 말에 따르면, 우리는 도시에서 발산되는 끝없는 신호의 물결에는 제대로 대처할 수 없다. 사방을 가득 메우는 소음, 빛, 냄새의 과잉 상태에 감각이 먹먹해지고 만다. 그런 신호에 쉴 새 없이 노출되어 있으므로, 위협이 될 가능성이 있는 모든 신호를 처리하려면 너무 많은 정신적 에너지가 필요하다. 따라서 우리는 신호를 전부 차단해 버리며, 바로 이것이 스트레스의 원인이 된다. 그러나 자연 속으로 돌아가면, 우리는 다시 진화해 온 대로 기능하는 것이 가능해진다.

나 또한 그의 말에 동의하며, 추가로 내 생각을 덧붙이고 싶다. 우리가 아무리 좋아하더라도 자연계는 결코 천국이 아니라는 것이다. 자연과 천국을 동치시키는 사람은 중요한 점을 놓치게 된다. 자연은 여러분을 다치게 할 수도 있고, 심지어 죽일 수도 있다. 당연하게도 자연은 위험할 수 있다. 그러나 그 모두는 '우리의' 위험이다. 즉 우리 천성의 가장 근본적인 부분부터 적응해 있는, 자연 생태계의 일부로서의 위험이라는 것이다. 우리는 인간으로서 빚어지는 과정에서 5만 번 이상 '평생 계속되는 캠핑 여행'을 수행하며 지구의 생물권에서 살아왔다. 바로 그 때문에 우리는 지구를 고향이라 부르는 것이며, 여러분과 나와 다른 모든 사람이 평화를 찾을 수 있는 것이다. 나 또한 자연계를 통해 평화를 찾았기에 할 수 있는 말이다.

사실 평범하지 않은 일일지도 모른다. 평화에 도달하는 데 평생이 걸렸으니 말이다. 그러나 마침내 찾아온 평화는 내가 간직하기를 갈망했던 소중한 것을 이루어 주었다. 아주 특정한 상황에 의미를 부여해 주었으며, 그 또한 오직 자연만이 할 수 있는 일이었다. 우리 어머니 노라와 그녀의 문제 이야기다. 어머니는 내가 일곱 살, 아홉 살, 열한 살 때 세 번의 신경 쇠약 발작을 일으켰고, 우리 가족은 심한 상처를 입었다. 그러나 — 이제 와서 생각하면 — 가장 놀라운 점은, 이후 어머니가 완전히 회복했다는 것이다.

분명 평범하지 않은 일이라 생각한다. 심리적 충격을 받고 평생 상처를 안고 살아가는 사람들에게, 나는 그저 애석한 마음을 품을 뿐이다. 그리고 그쪽이 일반적일 것이다. 정신적 장애란 종종 평생 이어지곤 한다. 어머니의 경우는 그렇지 않았다. 1958년 가을, 어머니가 마침내 평정을 되찾은 후, 물론 일상에서 흉터가 드러나서 언제나 망설이고 불안해하기는 했지만, 그녀의 본질적인 부분은 아예 처음부터 무너지지도 않았던 것처럼 보였다. 여기서 내가 언급하는 본질적인 부분이란 그녀 정신의 정수, 교양 있는 지성을 의미하는 것이다. 어머니는 후유증도, 자신이 맞이했던 운명에 대한 혐오도, 동정을 갈망하는 모습도, 다른 이들에 대한 질투도, 아주 조금의 자기 연민도 보이지 않았다. 도리어 그녀의 정신의 정수는 조금도 변하지 않은 채였다. 서두에서 말했듯이, 온전히 이타적이고, 항상 정직하고, 거의 흠에 가까울 정도로 친절하고 온화한 사람이었다는 뜻이다.

뒤이은 사춘기를 보내면서, 나는 형인 존과는 극적으로 대비되는 어머니에 대한 무심함, 아니 오히려 어머니의 상실을 반겼던 기묘한 감정을 뒤로 하고, 천천히 어머니와 관계를 다시 맺기 시작했다. 나를 끌어들인 것은 그녀의 지성이었다. 처음에는 그저 흐릿하게 인지했을 뿐이지만, 내 정신이 확장되고 특히 열네 살이 되어 시를 사랑하게 되면서, 어머니는 그 누구보다 뛰어난 공명판이 되어 주었다. 내 경험을 해설하고 강화하며, 그녀가 아니었더라면 마주치지 못했을 시인들을 보는 눈을 틔워 주었다(예를 들어 제라드 맨리 홉킨스를 처음 소개해 준 사람도 어머니였다). 물론 그녀는 존의 양육에도 충분히 주의를 기울였다. 형은 가족의 트라우마에서 빠져나오는 과정에서 눈에 띄는 상처를 입었고, 괴로움과 불안에 시달리는 그의 성격은 여전히 나를 당황스럽게 만든다(분명 어머니는 그 때문에 고통받으셨을 것이다). 형과 나를 극적으로 갈라놓은 것은 1944년 교육법 개정안의 가장 불공평한 부분이었던 '11세 시험'이었다. 나는 '합격'해서 그래머스쿨로 진학해 언어와 인문학을 배웠지만, 형은 '불합격'해서 세컨더리 모던스쿨로 진학해 목공, 금속공, 가정학 등의 직업 과목을 배워야 했다.

그러나 존 형은 십대에 들어 피아노를 치기 시작했고(우리집안에는 음악가의 혈통이 섞여 있었다) 이내 형에게 재능이 있다는 사실이 명백해졌다. 그레이드 5 시험에서 훌륭한 성적을 내자, 채점관은 교육자격검정시험에서 일정 성적을 내기만 하면음악대학에 진학할 수 있다고 알려주었다. 교육자격검정시험 General Certificate of Education, 즉 GCE는 당시에는 학업을 계속하기 위한 필수 자격시험이었으나, 형이 다니던 세컨더리 모던에서는 시험 응시 자격을 주지 않았다. 어머니는 교장을 찾아가서 형이 GCE를 보게 해 달라고 애원했지만 아무 소용도 없었다. 형은 아무 자격증도 없이 15세에 학교를 떠났고, 고든 이모부는 리버풀의 자기 사업체인 선구상船具商에 사환 자리를 제공해 주었다. 그러나 어머니는 패배를 인정하지 않았다. 그녀는 사환 업무에서 존 형을 빼낸 다음 통신 교육 과정을 구입했고, 그대로 2년 반 동안 집에서 손수 다섯 가지 GCE 과목을 공부시켰다. 영어, 영문학, 음악, 프랑스어, 종교학이었다. 형은 다섯 과목 모두에서 시험을 통과했고 왕립 맨체스터 음악대학에서 지원서를 받아 주었다. 어머니는 혼자 힘으로 11세 시험에 불합격한 아들을 클래식 피아니스트로 키우신 것이었다.

이제 와서 되돌아보면 놀라움을 금할 수가 없다. 상당히 최근에 정신이 무너졌던 사람이 그런 일을 해낼 수 있다니. 당시에는 그저 십대 소년의 주변에서 벌어진 온갖 일 중 하나였을 뿐이고, 나는 그런 일도 당연한 듯 받아들였다. 그러나 조금씩, 나는 어머니의 비범한 면모를 깨달을 수밖에 없었다. 예를 들어, 어머니도 잘 알고 있던 분야인 18세기의 계몽주의 작품에 대해 배우고 즐기기 시작하면서, 나는 어머니 본인이 계몽주의가 만들어내고 우리 사회의 근간이 되었던 여러 덕성의 본보기나 다름없는 사람임을 깨닫기 시작했다. 그러나 내가 어머니 편으로 완전히 넘어간 것은 그녀의 본성 때문이었다. 그 부드러움과 관대함을 차츰 인식하기 시작하면서부터였다. 어머니의 친절함에는 한계가 없는 듯했고, 약자에게는 유독 민감했다. 그리고 마침내 계기가 찾아왔다. 스무 살의 나는 아주 행복한 연애를 시작했고, 그 연애는 내가 세상을 보는 방식을 바꾸어 주었다. 내가 머뭇거리며 그 사실을 털어놓자 어머니는 내 마음을 완벽히 이해해 주었다. 어머니가 사랑을 이해했다고 말할 수도 있을 것이다. 적어도 내게는 그렇게 느껴졌다.

이후 우리는 계속 가까워졌다. 나는 대학을 졸업해서 기자가 되었고, 그녀는 친애하는 어머니를 뛰어넘어 그 이상의 존재가, 나의 가장 친한 친구가 되었다. 1970년대 내내, 그리고 1980년대 초반까지, 나는 거의 대부분의 경험을 어머니와 공유했다. 신문사에서 만난 인물들부터, 우리 세대 최고의 음악까지. 조니 미첼의 음악은 거의 대부분 들려드렸고 — 한번 들어보세요, 이거 진짜 괜찮으니까 — 어머니는 정말로 그녀의 음악을 사랑했다. 어머니는 매우 개방적이고 모험심 많은 정신의 소유자였다. 비교할 사람이 없다는 생각마저 들었다. 정말로 끝없이 자랑스러웠다. 그녀가 내 어머니라는 사실에 자부심이 생겼고, 내 가장 소중한 사람이라 생각했다. 교외의 작은 주택에서 그 정도의 지성, 그 정도의 도덕심을 가볍게 두르고 있을 수 있다니! 이내 우리는 1954년에 일어났던 그 일에 대해서 대화하기 시작했다. 당시에 대한 내 기억은 흐릿하기만 했지만, 어머니는 최선을 다해 당시 일을 설명해 주었다(핵심적인 부분만 제외하고. 그쪽은 나중에 내가 어머니의 병원 기록에서 확인하게 되었다). 나는 자신에 대해, 그리고 특히 존 형에 대해 많은 것을 이해하게 되었다. 1977년, 존은 캐나다 국립발레단에서 피아니스트로 일한 지 4년 만에 런던의 왕립발레학교에 취직하여 고향으로 돌아왔다. 그리고 당시 이미 은퇴했으나 성깔은 여전했던 아버지 잭이 형을 괴롭히기 시작하자, 나는 난생처음으로 형을 보호하려 나섰다. 제대로 형제 노릇을 하기로 마음먹었기 때문이었다. 당시

존은 여러모로 힘겨운 상황이었다. 어린 시절부터 이어진 감정적 불안정뿐이 아니라 알코올중독 초기였고, 게이이면서 동시에 카톨릭 신자로 성당에 다니고 있었다. 교회가 그의 성 정체성을 죄악이라고 규탄한 것은 그에게 엄청난 고뇌를 일으켰다. 시한폭탄 같은 혼합물이었다. 1982년에 위기가 찾아왔는데, 에벌린 워*의 『다시 찾은 브라이즈헤드』가 드라마화되어 텔레비전에서 선행공개되었기 때문이다. 존은 특히 게이이며 카톨릭인 세바스찬 플라이트에게 공감했다. 그는 성적인 문제에서는 너무도 순진했던 어머니와 그 이야기를 간접적으로 논의하려 시도했지만, 어머니는 세바스찬에게 '그런 불경한' 구석이 있다고는 생각하지 않는다고 답했다. 이후 존은 일주일 이상 그대로 술독에 빠져 살았고, 가끔 흠뻑 취한 채로 어머니에게 "당신의 이 불경한 아들이"라고 소리쳐 댔다. 어머니가 너무 당황한 채로 고통받는 모습을 보면서, 문득 나는 내가 개입해야만 한다는 사실을 깨달았다. 나는 그녀를 붙들고 말했다. 잘 들으세요. 어머니가 아셔야 할 게 있어요. 존은 동성애자예요. 어머니는 충격을 받았다. 그녀의 정신은 성 해방 이전에 형성되었으며 동성

---

*   Arthur Evelyn St. John Waugh(1903-1966). 영국의 소설가, 전기 작가, 저널리스트. 그라나다 텔레비전에서 드라마화된 『다시 찾은 브라이즈헤드』는 11화 분량으로 1981년 10월 처음 공개되었다.

애가 무엇인지조차 제대로 알지 못했다. 자신이 마지막 순간까지 지켰던 종교에서 허용하지 않는 행위라는 정도만 알 뿐이었다. 나는 그녀에게 2주의 시간을 준 다음, 다시 돌아가서 말했다. 이제 받아들이셔야 해요. 그녀는 그렇게 했다. 어머니와 존은 그 주제로 이야기를 나눌 수 있었다. 존에게도 다행스런 일이었고, 시간상 아슬아슬하기도 했다. 그해 말에 어머니가 세상을 떠났기 때문이다.

68세였지만 몸은 이미 쇠약해진 상태였다. 척추 골절은 상당한 기력이 소모되기 마련이다. 내가 아마존에 가 있을 때 침대에서 떨어져서 입은 부상이었다. 그 전에도 강건한 분은 아니었으나, 이후로는 계속 수척해져서 마치 작은 새처럼 느껴졌다. 1982년 크리스마스 바로 전 주의 어느 날, 어머니는 잠자리에서 뇌졸중을 일으켰다. 아침 일곱 시에 아버지에게서 전화가 왔다. 언제나 그렇듯이 공황에 빠진 채 울면서, 마이클, 마이클, 네 어머니를 깨울 수가 없어! 살아는 있었지만 의식불명이었다. 아버지를 도와서 필요한 일을 처리한 후, 나는 런던 반대편에 사는 존을 태운 다음 M1 국도를 따라 200마일 떨어진 곳에 있는 베빙턴으로 출발했다. 왓포드 갭 휴게소에 도착했을 때, 나는 어머니가 세상을 떠났다는 사실을 깨달았다. 갑자기 마음속에 너무도 슬프게 작별 인사를 하는 어머니의 모습이 떠올랐기 때문이다. 나는 즉시 메리 이모에게 전화를 걸었고, 그녀는 이렇게 말했다. "주님께서 네 엄마를 데려가셨단다, 마이클." 우리는 충격과 비탄에 먹먹해졌다. 우리 모두, 나, 존, 아버지, 메리 이모와 고든 이모부까지, 모두가. 특히 이모는 깊은 슬픔에 잠겼지만, 그래도 강한 사람이라 장례식을 주재하기 시작했다. 이튿날 나는 자리에 앉아서 〈리버풀 에코〉의 부고란에 올린 부고문을 작성했다. 나는 그 순간의 내 감정의 기록으로 그걸 아직 간직하고 있다.

매카시-노라 : 1982년 12월 21일, 교회의 주재 아래 평화롭게, 자택에서 뇌졸중 후 클래터브리지 병원에서 영면. 노라 매카시(구칭 데이), 잭의 사랑하는 아내이자 존과 마이클의 친애하는 어머니이자 메리와 고든의 사랑하는 여동생. 위령미사는 뉴페리, 위럴, 세인트존스 성당, 12월 29일 오전 9시 15분 예정. (갈수록 수척해지고 척추 부상으로 끊임없이 극심한 고통에 시달리면서도 그 영혼은 빛이 바래지 않았다. 감각은 정밀하고 판단력도 정확했다. 여전히 모험을 원하는 지성을 소유했으며 교양의 가치에 대한 믿음도 흔들리지 않았다. 긍정적인 삶의 자세를 고수했으며 인간의 선한 면을 찾기를 포기하지 않았다. 모든 종류의 옹졸함이나 위선이나 거짓을 입에 담지 않았다. 그녀의 친절함과 부드러움은 세상을 뜨는 순간까지도 소녀 시절만큼이나 천성처럼 자연스러웠다. 그녀는 여러분을, 나를, 우리 모두를 엘리엇이 노래했던 방식대로 사랑했다. 온전한 소박함으로, 그저 모든 것을 바쳐서.)

내가 이 글을 감정의 기록으로 보관한 이유는, 바로 그 직후 기묘한 일이 일어났기 때문이다. 내 감정이 사라져 버린 것이다.

서두에서 언급한 대로, 우리는 경험에 경향성이 존재하기를 기대하며, 패러다임에 맞춰서 해석할 방법을 찾는다. 그러나 경험이란 언제나 직선을 그리지는 않는 법이다. 이 경우에도 그랬다. 처음에는 그저 조금 우울할 뿐이라고 생각했다. 기이하고 불안하기는 하지만, 그뿐이라고. 슬픈 감정이 사라졌다. 비탄의 자리를 무관심이 채웠다. 어머니가 죽었다는 사실에 대해 완전히 무심해졌다. 내가 다른 누구보다 사랑한 어머니를? 어떻게 그럴 수 있단 말인가? 내 비탄을 되찾기 위해서, 이틀 후 — 크리스마스 밤이었다 — 나는 관에 누운 어머니의 유해를 마주하러 갔다. 그러면 충분하리라고, 다시 슬퍼질 것이 분명하다고 확신하면서. 그러나 그 방문은 한층 당혹스러웠다. 어머니는 유해 안에 없었다. 그곳에 없었다. 그저 물체일 뿐이었다. 그리고 그 유해를 보자 내 마음속에 깊이 잠들어 있던 다른 불온하고 격렬한 감정이 깨어났다. 나는 그 감정의 정체를 깨닫지 못했다. 그저 심한 충격을 받고, 다른 감정을 한층 멀리 밀어낼 뿐이었다.

이런 상황에서는 참조할 만한 기준틀마저 존재하지 않았다. 죽은 이에 대한 비탄이란 우리 관습에서 중요한 위치를 차지한다. 그러나 그 비탄이 갑자기 수수께끼처럼 증발해 버리는 일은 내가 아는 그 어떤 사회적 관습으로도 용인되는 것이 아니었다. 나는 당황했고, 고통이 없다는 사실에 고통받았다. 머리로는 어머니의 여러 덕목과 사랑을 잘 알고, 부고문에 그대로 옮겨 쓰기까지 했다. 그러나 이제 마음으로는 느낄 수가 없었다. 바루스여, 바루스여, 내 감정을 돌려다오!* 돌아오지 않았다. 이렇게 내 인생에서 가장 기괴한 시기가 시작되었다. 이런 '잃어버린 시기'는 거의 10년을 지속되었다. 사라진 것은 어머니에 대한 감정뿐이 아니었다. 이내 나는, 전혀 예상치도 못하고 설명할 수도 없는 방법으로, 나의 자존감도 그와 함께 사라졌다는 것을 깨달았다. 서른다섯이라는 나이에, 그때까지 제법 성공적이고 자신만만하게 살아왔으면서도, 갑자기 자신에 대한 신념이 완전히 무너져 버린 것이다. 자신이 무가치하다는, 도덕률을 상실한 존재라는 느낌이 맴돌았다. 계속 움직이기는 했지만, 나

---

* 토이토부르크 전투에서 바루스가 3개 군단을 잃은 후 아우구스투스가 비통함을 이기지 못하고 계속해서 군단병을 돌려달라고 울부짖었다는, 수에토니우스의 『황제 열전』의 고사에서 따온 표현이다.

는 더 이상 이런저런 것들에, 이를테면 어머니가 소중히 여기던 가치들에 신경 쓰지 않았다. 사실 어떤 것에도 신경 쓰지 않았다. 내 무너진 본질의 폐허 사이에 서서, 비참하게 그 상황을 이해하려 안간힘 쓰는 느낌이었다. 매년 계속하는데도 아무 성과도 없었다. 안개 속에 빠진 것만 같았다. 어머니의 죽음으로부터 7년이 지난 어느 날, 나는 이 상황에서 벗어나려면 전문가의 도움이 필요하리라는 사실을 간신히 깨달았다. 그래서 나는 그 모든 것을 입 밖에 내기 시작했다. 일주일에 두 번, 저녁이 되면 크로치엔드의 어느 계단을 올라 아파트 꼭대기층으로 들어섰다. 욕실 벽에 프로이트의 사진이 붙어 있는 곳이었다.

마침내 나를 이해시키고 안개 속에서 벗어나게 해준 사람에게, 나는 영원히 감사의 마음을 품을 것이다. 그러나 정말 오랜 시간이 필요했다. 이후로도 거의 3년이 걸렸으니까. 감정과 기억을 한 꺼풀씩 벗겨내는 작업은 거의 견디기 힘들 정도로 느리고 고통스러웠다. 그러나 내게는 존 형이라는 든든한 아군이 있었다. 당시 내가 그저 뒤섞이고 혼란스러운 덩어리로만 받아들였던 힘겨웠던 시절에 일어난 여러 사건을, 형은 명징하게 기억하고 있었다. 내가 조금씩 나 자신을 이해해 갈수록, 형이 회상하는 세세한 상황들이 큰 도움이 되기 시작했다. 형에게는 고통스러운 일이었지만 말이다. 내 상담자의 말마따나, 내게는 컴퓨터가 있고 형에게 데이터가 있던 셈이었다. 전체 과정에서 가장 극적인 순간은 웨일스의 작은 해안 도시인 뉴 퀘이에 있을 때 찾아왔다. 나는 〈타임즈〉의 의뢰로 그린피스와 함께 카디건 만의 돌고래를 찾으러 나섰고, 악천후 때문에 출발이 지연되어 하루가 통째로 비게 되었다. 나는 호텔 방에 들어앉아 격렬하게 머리를 굴리며 모든 것을, 내가 배운 모든 것을 싸잡았다. 그리고 저녁이 되어 마침내 진실을 발견했다.

나는 어머니를 미워했다.

거의 믿을 수가 없었다. 내가 그토록 경애하던 사람을.

그러나 그것이 진실이었다.

내 존재의 가장 깊은 내면에, 거의 3년 동안 파들어가야만 닿을 수 있는 위치에, 그 증오가 여전히 남아 있었다. 나는 1954년에 어머니가 아무 말도 없이 나를 떠났기 때문에, 안심시키거나 다독이지도 않고 떠났기 때문에, 그냥 나를 버리듯 가버렸기 때문에 증오하고 있었다. 그러나 내 정신은 그런 증오를 받아들일 수 없었고, 그래서 일곱 살의 나는 그 증오를 어머니의 소실에 대한 무심함으로 변화시켰다. 서른다섯에 이르러 어머니가 나를 영원히 떠났을 때도 같은 메커니즘이 다시 작동했고, 무심함이 되돌아온 것이었다.

어머니가 나를 다시 버렸기 때문에 미워한 것이다.

죽었기 때문에 나는 어머니를 미워했다.

엄청난 충격이지만, 동시에 엄청난 깨달음이기도 했다. 나는 그 아파트 꼭대기층으로 돌아오자마자 정신없이 말을 쏟아냈다. 내가 간절히 묻고 싶었던 질문도 곁들여서. 이제 끝날까요? 증오 말이에요? 사라지겠죠? 그렇겠죠?

안드레아는 특유의 차분하고 조용한 투로 말했다. "제 생각에는, 뭔가 변할 것 같군요."

"뭐가요? 뭐가 변한다는 거죠?"

"가능은 합니다. 정체를 알면 더 이상 그에 휘둘리지 않게 되는 법이지요."

나도 분명 느끼고는 있었다…… 상황이 변했다는 것을. 길을 막은 통나무 더미가 움직이기 시작했다. 그러나 여전히 그중 일부는 나를 괴롭게 만들었다. 그다음 주에 존과 저녁을 먹으면서 나는 새로 발견한 감정 이야기를 꺼냈다. "있잖아, 엄마가 처음 병원에 가셨을 때 말이야. 우리한테는 아예 그 이야기는 하지도 않으셨잖아. 그러니까, 가시기 전에. 그 뭐랄까, 있잖아. 우리를 다독인다던가. 그런 거."

존은 이렇게 말했다. "하셨는데."

"언제? 언제 하셨어?"

"우리 침실로 올라오셨어. 잠시 쉬러 가야 한다고. 나는 울면서 가지 마세요 엄마, 제발 가지 마세요, 뭐 이랬고. 엄마는 미안, 아들. 가야만 해, 라고 하셨어."

나는 입을 열었다. "미안한데 나는 기억 안 나. 아예 그런 건

전혀 안 떠오른다고. 기억 자체가 없다니까."

존은 말했다. "넌 자고 있었어."

"뭐?"

"잠들어 있었어. 엄마는 깨우고 싶지 않다고 하셨고."

"자고 있었다고? 내가?"

"그래. 엄마는 너를 깨우고 싶지 않으셨고."

머리가 빙빙 돌기 시작했다.

그 8월의 밤이, 우리 가족이 산산조각 난 바로 그 순간이 눈앞에 그려졌다. 어린 두 아들과 어쩌면 영원히 이별할지도 모르는 상황에서 비통에 찬 어머니가 보였다. 큰아들은 눈물을 흘리고 있지만, 작은아들은 아무것도 모른 채 그대로 잠들어 있었다…… 사흘 뒤에야 시간을 낼 수 있었다. 나는 북쪽으로 차를 몰아 베빙턴에 도착했고, 어머니의 묘석 앞에 섰다. 통나무 더미가 순식간에 터져 나갔고, 나는 어머니를 위해 눈물을 흘렸다.

그리하여 나는 거의 10년이 흐른 후에야 어머니에 대한 감정을 회복하고, 처음에 감정을 잃었던 이유를 깨달았으며, 그 과정에서 너무도 오랫동안 혼란스럽고 의미가 흐릿했던 어린 시절에 무슨 일이 일어났는지를 온전히 이해하게 되었다. 상상할 수 있듯이 이 모든 일은 내 삶에 아주 중요한 것이었으며, 또한 환희의 근원이기도 했다. 어머니에 대한 회복된 사랑이 어느 때보다도 온전해진 것은 물론이다. 나는 한때 잃어버렸던 그 모든 것을 기릴 표지가 있어야 한다고 생각했지만, 정확히 무엇이 필요한지는 알지 못했다. 그저 모든 인간이 필요로 하는 일종의 의미 부여가 필요했을 뿐이다. 인생의 온갖 중대사, 탄생이나 결혼이나 죽음에 따르는 예식을 필요로 하듯이. 내가 맞이한 중대사는 사랑의 회복이었다. 여기에 따르는 표지가 필요했기 때문에, 나는 이 사건 가운데 휘말렸던 다른 이들에게 한층 공감을 가지고 다가서기 시작했다. 시작은 존이었다. 형이 심각했던 알코올중독을 어느 정도 다스린 후, 우리는 그가 어머니의 정신적 위기와 그 이후에 있었던 여러 사건에 대해 어떤 지독한 감정을 품고 있었는지를 탐구하기 시작했다. 그 모든 일에 도움을 준 통찰력과 인내심을 갖춘 여성은, 처음에는 불가능해 보였음에도 불구하고, 조금씩 그에게 평화 비슷한 것을 되찾아주기 시작했다. 다른 이들과는 — 아버지 잭, 메리 이모와 고든 이모부와는 — 당시에 대해 최대한 자주 이야기를 꺼냈고, 세 사람 모두에게서 비슷한 태도를 발견했다. 어머니에게 해주었어야 하는 일을 하지 못했다는 격렬한 회한의 감정이었다. 어머니에게 정확하게 무슨 일이 일어났는지, 무슨 증상을 겪었는지를 알지 못하면서도, 어떤 식으로든 어머니에게 필요할 때 도움이 되지 못했다고 느끼고 있었다. 나는 그 본질에 어머니의 덕성과 선량함, 어머니가 품었던 사랑에 대한 자각이 있다고 생각한다. 그들 스스로는 그것에 제대로 보답하지 못했다고 여겼을 것이다. 특히 아버지가 가장 심했다. 아버지는 자신의 죄를 자각했다. 태만의 죄였다. 아버지는 가벼운 시를 쓰는 재능이 있었다. 어느 날 그는 문득 내 손에 쪽지 한 장을 쥐여주었다. 거기에는 이렇게 적혀 있었다.

> 내가 하지 못한 일들을
> 절대 잊을 수가 없다.
> 피아프는 아무것도 후회하지 않는다지만
> 내게는 후회만이 남았다.

나는 즉시 그에게 마음을 열었고, 그를 죽는 날까지 사랑했다.

세 사람은 지난 세기의 마지막 삼 년 동안 한 명씩 세상을 떠났고, 우리는 그들을 어머니와 함께 묻었다. 내가 보기에는 함께 묻힌 네 사람이 모두 어머니의 사랑에 감싸여 있는 것만 같다. 나는 무덤에 묘석을 세웠고, 그 또한 괜찮은 의미 부여가 되었지만, 사실 내면으로는 그보다 나은 표지, 어머니가 얼마나 훌륭한 분이었는가를 스스로 기릴 만한 적절한 방법을 찾기를 원하고 있었다. 그러나 나는 이후 10년을, 다시 한 세대를 기다려야 했다. 이번에는 죄책감은 없었다. 2009년, 조와 나는 플로라와 셉을 위럴의 무덤 앞으로 데려갔다. 17세와 12세가 되었으니, 들어본 적 없었던 조부모님에 대해 알아도 될 만큼 나이를 먹었다고 생각했기 때문이었다. 4월의 첫째 주 일요일이었다. 높은 구름의 장막 속에서 흐릿한 햇빛이 내리쬐고, 겨울의 북풍이 불어오는 서늘한 아침이었다. 그러나 차가운 공기 속에서도 공동묘지는 상쾌한 장소였다. 짙은 녹색의 사이프러스와 빨간 열매가 영근 호랑가시나무 덕분에 이탈리아 느낌이 났다. 우리는 무덤을 발견했고, 아이들은 묘석에 새겨진 글귀를 읽었다. 그리고 우리는 침묵 속에서 이런저런 생각을 하며 서 있었다. 그런데 낙엽 한 장이 바람을 타고 날려서 우리 발치로, 무덤 바로 가장자리로 떨어졌다. 그리고 흐릿한 햇살 속에서, 낙엽은 날개를 펼쳤다. 공작나비였다.

나는 깜짝 놀랐다.

리미니에서 산호랑나비에 놀랐을 때처럼, 아마존에서 모르포나비에 놀랐을 때처럼, 보스턴의 정원에서 모나크나비에 놀랐을 때처럼.

우리 어머니의 무덤에 나비가 있었다.

겨울을 난 직후라서 너덜너덜하고 힘겨운 모습이었지만, 그 색채의 아름다움은 여전히 알아볼 수 있었다. 적갈색 날개와 자수정빛 심지가 박힌 두 쌍의 눈알 무늬…… 바로 그 순간, 언제나 그래 왔듯이, 나비가 내 마음속의 무언가에 불을 붙였다. 내 삶을 관통하여 1954년의 여름까지, 고통의 근원이었던 순간까지, 부들레아 덤불을 바라보는 어린 소년까지 이어지는 길이 모습을 드러냈다. 나는 온종일 그 생각만 했다. 런던으로 돌아오는 길에도, 그날 저녁에도. 이튿날 사무실에 ― 〈인디펜던트〉의 뉴스룸에 ― 들어선 나는 신문이라면 언제나 반기게 마련인 여름 특집 기획을 제안했다. 여름 한철 동안 영국에 서식하는 58종의 나비를 모두 관찰하려 시도하고, 독자들에게도 얼마나 찾을 수 있는지 함께 확인해 보자고 권유하자는 것이었다. 가장 많이 찾은 사람에게는 포상도 있었다. 괜찮은 생각이었고, 최고의 편집자였던 로저 알튼(너무 빨리 세상을 떠난 사람이다)과 날카롭고 정력적인 뉴스 편집자인 올리버 라이트는 즉각 동의했다. 그다음 주부터 우리는 〈인디펜던트〉의 삽화부서가 제작한 훌륭한 나비 벽보를 곁들여서 연재 기획을 시작했다. 벽보가 너무 멋지게 나와서, 나중에 아직 남은 벽보가 좀 있다고 공지를 냈더니, 1천 곳 이상의 학교에서 하나 달라고 편지를 보내올 정도였다. 우리는 이 연재 기획을 '영국 나비 대사냥'이라고 부르기로 했다. 나는 즉시 작업에 착수해 우선 훌륭한 자선단체인 나비보호협회에 도움을 요청했고, 협회장 마틴 워런은 즉시 도움을 주겠다고 했다. 그리하여 한 달 후, 나는 햄프셔의 버스터 힐 정상, 사우스다운스 최고봉인 해발 888피트에 서서 나비보호협회의 잉글랜드 남동부 전문가인 댄 호어와 함께 듀크오브 버건디를 찾아 헤매게 되었다. 고귀하신 우리 공작 각하. 영국에서 유일하게 부전네발나비과*Riodinidae*에 속한 나비로, 정말로 귀한 몸이시다. 나는 일곱 살 때 『나비 관찰 도감』에서 그 낭만적인 이름을 접하고 희열을 느꼈지만 — 어떻게 붙은 이름인지 아는 사람은 아무도 없다 — 그 작은 곤충은 언제나 나를 피해 다녔고, 이제는 갈수록 그 수가 줄어들고 있었다. 댄은 그 나비의 몇 안 남은 번식지로 나를 데려가 주었다.

그날은 메이데이였다. 아침에 눈을 떠 보니 침실 창문이 밝은 푸른색으로 빛나고 있었고, 나는 조금씩 들뜨기 시작했다. 그러나 자동차 앞유리로 보이던 다운스는 10마일 떨어진 해안선에서 밀려온 차가운 해무*海霧*에 휩싸여 버렸고, 정상은 레이크디스트릭트의 봉우리처럼 안개의 소용돌이에 휘말려 시야에서 사라졌다. 나는 좌절했지만, 그래도 우리는 함께 정상까지 올라갔다. 안개가 천천히 걷히기 시작하더니, 정오가 되는 순간 햇빛이 뚫고 들어오며 주변 곤충들에게 온기를 제공해 주었다. 여기서 벌 한 마리, 저기서 꽃등에 한 마리가 날아올랐다. 몇 분 후 댄이 한쪽에서 나를 불렀다. 그곳에 있었다. 서양산사나무 덤불 사이의 황화구륜초cowslip 잎 위에, 주황색과 검은색의 격자무늬 날개가 너무 환하게 빛나는 작은 동물이 앉아 있었다. 마치 갓 인쇄한 반짝이는 우표 같다는 생각을 하며, 나는 그 모습에 사로잡힌 채로 어머니께 중얼거렸다.

봐요, 엄마.

듀크오브버건디예요.

엄마한테 드리는 거예요.

그때쯤 이미 나는 봄철의 흔한 나비 열 종을 관찰한 상태였다. 우선 공작나비의 가까운 친척이자 마찬가지로 성충으로 겨울을 나며 날개를 접으면 낙엽처럼 보이는 세 종, 즉 유럽큰멋쟁이나비, 산네발나비, 쐐기풀나비가 있었다. 그 외에도 초봄의 사랑스러운 지표인 멧노랑나비와 깃주홍나비도 찾았고, 부전나비류에서 가장 먼저 등장하는 푸른부전나비와 뱀눈나비류에서 가장 먼저 등장하는 노랑반점뱀눈나비[가칭, *Pararge aegeria*]에, 세 종의 흔한 흰나비류, 즉 큰배추흰나비, 배추흰나비, 줄흰나비도 관찰했다. 대부분은 우리 집 근처의 큐 가든 식물원에서 발견할 수 있었다. 그러나 흔한 종을 하나씩 체크해 가는 동안에도, 희귀하고 찾기 힘든 종을 노리고 버스터힐보다 더 먼 곳으로 원정을 떠나는 작업이 계속되었다. 가장 먼 여행은 북방알락팔랑나비를 찾아서 스코틀랜드로 떠난 것이었다. 팔랑나비과에서 가장 아름다운 이 나비는 1970년대 중반에 잉글랜드에서 멸종되었으나, 아직 아가일셔 해안 구릉지대에는 살아남아 번성하고 있다. 나는 나비보호협회의 스코틀랜드 전문가 톰 프레스콧과 동행했다. 그는 오반 북쪽의 눈부신 풍경 속, 크레란 호안의 가파른 사면에 솟아오른 글래스드럼 숲으로 나를 데려갔다. 운이 따랐는지 정확하게 나비가 나올 만한 온기와 햇빛이 있는 날씨였다. 기온이 이삼 도만 낮았더라도 나비들은 아예 모습을 드러내지 않았을 것이고, 우리는 아무 소득도 없이 먼 길을 행차한 꼴이 되었을 것이다. 물론 하일랜드를 거니는 모든 사람의 천적, 즉 스코틀랜드깔따구한테도 최적의 날씨였다. 톰은 지역 주민들이 신뢰하는 최고의 깔따구 대비책, 즉 '스킨 소 소프트'라는 상품명의 에이번 배스 오일을 꺼내들었다. 우리는 오일을 듬뿍 바를 수밖에 없었다. 숲길을 따라 올라가자 팔랑나비에게 적절한 환경인 전력선 정비를 위해 비워 놓은 공터가 등장했는데, 동시에 깔따구들이 얼굴로 달려들어 우리를 물어뜯기 시작했기 때문이다. 그러나 우리는 이내 목표를 발견했다. 금빛 체크무늬가 들어간 작은 갈색의 생명체가 눈에 들어왔다. 나는 어머니께 말했다.

우리 좀 봐요.
스킨 소 소프트에 뒤덮인 채로
깔따구들한테 뜯기고 있어요.
그래도 여기 북방알락팔랑나비가 있어요.

가장 먼 목적지는 아가일이었지만, 가장 높은 목적지는 다른 곳이었다. 바로 영국의 유일한 산악 나비종인 마운틴링렛[*Erebia epiphron*]을 찾으러 갔던 때였다. 이 나비는 레이크디스트릭트와 스코틀랜드 하일랜드의 산악지대에만 분포하며, 주로 해발 1,500피트에서 2,500피트 사이에 서식한다. 이번에 나는 나비보호협회에서 두 명의 북잉글랜드 전문가, 데이브 웨인라이트와 마틴 웨인을 초빙했고, 두 사람은 나를 레이크디스트릭트로 안내했다. 우리는 린노스 패스를 랭데일 쪽에서 시작하여 산을 넘어 에스크데일 쪽으로 넘어가며 탐사를 시작했다. 한 시간 반쯤 산을 오르는 동안 초원가락지나비[가칭, *Maniola jurtina*], 히스뱀눈나비[가칭, *Coenonympha pamphilus*], 작은멋쟁이나비 등 다양한 나비가 보였지만, 마운틴링렛과 비슷한 나비는 찾을 수 없었다. 기온이 내려가고 레이크랜드의 봉우리들이, 멀리 스키도 산까지 보이기 시작하는데도 그랬다. 눈썹을 타고 땀이 비 오듯 흘러내리는 가운데, 나는 우리의 운이 다한 모양이라고 생각했다. 그런데 갑자기 두 사람이 동시에 탄성을 올렸다. 작고 일렁이는 검은색 공이, 주변에 주황색 후광을 두르고 날아다니는 모습이 눈에 들어왔다. 풀밭 위를 바쁘게 날아다니는 마운틴링렛 한 마리였다. 한 마리, 다시 한 마리. 잠시 휴식을 취하려고 자리에 앉고 보니, 바로 뒤편의 풀줄기 하나에 한 마리가 앉아 있었다. 우리는 갈색 날개를 가로지르는 주황색 띠와 그 안의 눈점무늬를 자세히 살폈다. 나비가 날아오르면 이 띠는 마치 주황색으로 반짝이는 듯한 환상을 남긴다. 이내 나는 한 마리를 손가락에 올리는 데 성공해서 그대로 사진을 찍었고, 나는 데이브에게 그 장소의 고도를 물었다. GPS에 614미터라고 하니 2,014피트인 셈이었다. 나는 어머니께 말했다.

내 손가락에 이거 보여요?
여기 해발 2,014피트라고요!
이 마운틴링렛,
엄마한테 드리는 거예요

나는 조금씩 여름 한철 동안 영국의 모든 나비 종을 관찰하는 것이 상당한 위업임을 깨닫기 시작했다. 도움 없이 성공한 사람을 여럿 알고는 있었지만, 내게 주어진 제한된 시간 내에서는 나비보호협회의 숙련된 도움 없이는 불가능할 것이 분명했다. 예를 들어, 나는 산호랑나비를 보기 위해 한나절밖에 시간을 낼 수가 없었고, 나비보호협회의 맨디 글루스와 버나드 와츠가 노픽 브로즈 국립공원의 하우 힐 보호구역에서 나를 위해 그 나비를 찾아 주었다. 여러 마리의 산호랑나비가 서양늪엉겅퀴 위에서 꿀을 빨고 있었다. 너무 환상적이고 아름다운 모습이라, 나는 40년 전 리미니에서 이 나비를 처음 목격했을 때만큼이나 흥분해 버렸다. 나는 어머니한테 말했다.

봐요, 이거 좀 봐요!
산호랑나비예요!
늪엉겅퀴 꿀을 빨고 있어요!
현실 같지 않은 아름다움이죠!
엄마한테 드리는 거예요

그런 즐거움은 수없이 많았다. 번개오색나비가 그랬고, 글랜빌어리표범나비[가칭, *Melitaea cinxia*]가 그랬고, 줄나비가 그랬고, 꽃팔랑나비가 그랬고, 큰푸른부전나비가 그랬다. 큰푸른부전나비는 1979년에 브리튼 섬에서 멸종했으나, 인시목의 권위자인 제러미 토머스 교수가 재도입해서 엄청난 성공을 거둔 종이다. 나는 제러미와 함께 서머싯의 그린다운에서 큰푸른부전나비를 만났다. 이렇게 중얼거리면서.

엄마, 봐요.
큰푸른부전나비예요.
죽음에서 돌아왔대요!

엄마한테 드리는 거예요

그러나 가장 기억에 남는 순간은 아마도 히스어리표범나비[가칭, *Mellicta athalia*]가 춤추는 모습을 목격했을 때일 것이다. 이쪽 또한 검은색과 주황색으로 구성되어 있으며, 우리나라에서 가장 희귀한 나비 중 하나다. 그러나 이 나비에게는 켄트의 블린 숲이라는 든든한 성채가 존재한다. 캔터베리 근교에 널찍하게 펼쳐진 원시림이자 왕립조류보호협회의 보호구역으로, 그 일부는 마이클 월터가 나비만을 위해 구역을 조성해 놓고 있었다. 예전에도 그곳에서 그와 함께 이 나비들을 본 적이 있었지만, 그해는 마이클의 보살핌이 — 숲의 윗부분을 쳐내서 유충의 먹이작물이 제대로 그 뒤를 잇게 하는 전략이었다 — 놀라운 결실을 맺었다. 마이클이 나를 이끌고 숲길을 따라 2마일을 들어가서, 다시 좁은 오솔길로 들어서니 눈앞에 숲속 공터가 나타났다. 혼자 힘으로는 백만 년이 걸려도 찾을 수 없을 듯한 곳이었다. 그리고 그곳에 수백 마리, 어쩌면 수천 마리의 히스어리표범나비가 있었다. 날개짓을 하며 식물에서 1피트 정도 위를 날아다니고 있었다. 마치 빛의 얼룩 안에서 춤추고 있는 듯했다. 햇살 속에서 수많은 곤충들이 한데 엉켜 미뉴에트를 추고 있었고, 정적을 깨는 것은 새들의 노랫소리뿐이었다. 나는 그 모습에 숨을 삼키고는 어머니께 말했다.

춤추는 게 보이세요?

이건 기적이에요.

비밀의 숲속 공터에서, 소리 없는 춤이라니.

엄마한테 드리는 거예요.

여름 내내 매주 나는 나비를 찾아다녔고, 모든 관찰 결과를 〈인디펜던트〉에 기록으로 남겼다. 모두 그 전에 어머니께 드리기는 했지만. 그리고 마침내 8월의 끝이 찾아왔다. 나는 그때까지 56종을 관찰하고 2종만을 남긴 상태였다. 하나는 암고운부전나비였는데, 이쪽은 늦어지는 것도 충분히 예상할 수 있었다. 한 해 중 가장 마지막에 등장하는 나비였기 때문이다. 그러나 다른 하나, 옅은노랑나비는 문제가 달랐다. 진한 노란색 날개에 검은 점이 박힌 옅은노랑나비는 매년 대륙에서 날아오는 나비다. 전혀 귀하지 않으며 나도 수없이 목격했던 종이었다. 그러나 그해 여름에는 도무지 찾을 수가 없었다. 8월이 끝물에 접어들자 나는 대여섯 번에 걸쳐 서리와 서식스와 도싯으로 나갔으나, 아무런 소득도 없었다. 어제 여기 왔었어야 한다는 소리를 들은 것도 한두 번이 아니었다. 그러다 마침내 8월 31일이 도래했다. 공휴일인 8월 마지막 월요일이자, 여름과 '영국 나비 대사냥'의 마지막 날이기도 했다. 독자를 위한 포상의 날이기도 했는데, 그 포상이란 바로 나비보호협회가 주최하는 암고운부전나비 탐사 사파리에 동행하는 것이었다(추가로 점심도 제공하고).

우리 기획에 참여한 수많은 독자 중에서 우승자로 선정된 사람은 북런던의 프리언 바넷 지역에서 갓 은퇴한 생물학 교사로, 앤디 킹이라는 이름의 쾌활한 남자였다. 그는 57종의 나비를 확인하고, 모두 기록과 사진을 남겼다. 암고운부전나비는 이미 그중에 있었지만 — 놀라운 업적이었다 — 목록을 완성하지 못할 것은 분명했다. 그 또한 북방알락팔랑나비를 찾아서 아가일에 갔으나 결국 발견하지 못했기 때문이었다. 마틴 워런과 나는 그와 함께 서식스의 스테이닝으로 가서, 나비보호협회의 서식스 지부를 담당하는 닐 흄을 만났다. 흐릿하고 따스한 햇살 속에서, 닐은 우리를 이끌고 넓은 초지를 건너 서양물푸레나무 숲 가장자리로 데려갔다. 숲 하단에는 가시자두 덤불이 가득했고, 우리는 거의 순식간에 가시자두 가지에 알을 낳고 있는 암컷 암고운부전나비를 발견했다. 나는 처음 본 이 나비종의 사랑스러움에 충격을 받았다. 초콜릿색의 앞날개를 널찍한 황금빛 띠가 가로지르고 있었다. 나는 그 아름다움을 깊이 음미하고, 어머니께 나비를 바쳤다.

이제 거의 정오였다. 한나절만 남은 상황에서 아직 옅은노랑나비가 부족했다. 그래서 우리는 풀숲으로 더욱 깊이 들어갔다.

백악 초원은 야생 마조람의 분홍색 꽃과 서양들솔채꽃[가칭, *Knautia arvensis*]의 푸른 꽃으로 화사했고, 우리는 이후 30분 동안 다양한 흰나비류와 히스뱀눈나비와 특히 아주 많은 작은멋쟁이나비를 관찰했다 — 대륙에서 엄청난 수의 작은멋쟁이나비가 침공해 온 해라서 말 그대로 수백만 마리가 도착했던 때였다. 슬슬 아무리 노력해도 안 되는 그런 부류의 일인 모양이다 하고 생각하기 시작할 무렵, 함성이 들렸다. 고개를 들어보니 마틴 워런이 손을 흔들면서 소리치고 있었다.

"마이크! 마이크! 마이크!"

"뭐죠?"

"저기 봐요!"

불꽃이, 뜨겁게 타오르는 진노란색의 불꽃이 허공을 구르고 있었다. 58번째이자 마지막 종의 나비가 바로 그곳에 있었다. 내가 기획한 나비 여름철의 마지막 날에. 나는 어머니께 소리쳤다.

보여요? 보여요?

저기 있어요!

옅은노랑나비예요!

마지막 나비라고요!

엄마한테 드리는 거예요

내 마음속 어디선가 어머니 노라의 웃음소리가 들렸다. 그래, 아들, 저기 있구나!

내가 선사하는 선물이었다.

어머니가 어떤 사람이었는지를, 얼마나 특별한 사람이었는지를 기리는 나만의 방법이었다. 한때 잃어버렸다가 다시 찾은 감정에 바치는, 기워낸 감정의 온전함에 바치는 헌사였다. 나는 마침내 어머니께 내가 그녀에게 품었던 사랑을 적절히 표할 무언가를 선사할 수 있었다. 아주 오래전 괴로움의 시기에 갈 길을 모르고 방황했던 사랑이었다. 기묘하게도 나비들을 향했던 사랑이었다.

나는 우리나라의 모든 나비를 어머니께 선사했다.

그 모두를 드렸다.

자연은 우리에게 평화를 가져올 수 있다. 자연은 우리에게 환희를 가져올 수 있다. 많은 사람이 이 사실을 본능 차원에서 인지하면서도 정확하게 표현하지는 못한다. 자연이란 여분도, 사치품도 아니다. 그와는 정반대로 필요불가결한 존재이며 우리 본질의 일부다. 그러면 이제 그 지식을 이용해 자연을 지켜내 보도록 하자.

마치 돌풍 속으로 전진하는 배처럼 21세기를 거침없이 헤치고 들어가는 지금, 우리가 자연에 끼치는 위협은 유례가 없는 수준이다. 그 결과 인류의 역사는 이제 종막을 향해 치닫고 있다. 우리 인간은 지구에서 태어난 수없이 많은 생물 중에서도, 감히 말해보자면 다른 모두를 앞서서 언어와 의식을 소유하고, 예술과 법률과 약물을 만들고, 심지어 우주를 여행하기까지 했지만, 마지막에는 결국 고향을 자기 손으로 파괴하는 존재가 될 것이다. 아니, 우리가 행성을 두동강 낼 것이라는 이야기가 아니다. 암석과 바다는 남을 것이다. 그러나 지구라는 생물권의 모든 생명은 이제 우리 손으로 써내려가는 여섯 번째 대멸종에 휩쓸려 처참한 파괴를 맛볼 것이다. 지난 다섯 번의 대멸종만큼이나 엄청난 파괴를 말이다. 예를 들어, 황해의 갯벌과 같은 생태 환경의 상실은 무수한 생물을 멸종으로 이끌 것이다. 5천만 마리의 도요물떼새를 먹여살리는 갯벌은 콘크리트 아래로 사라질 것이고, 열대우림은 전기톱 소리 속에서 계속 무너져내릴 것이다. 간신히 남은 맹그로브 습지는 새우 양식장이 될 것이며, 남은 큰 강은 모두 수력발전을 위해 댐으로 막히고 그 생태계는 돌이킬 수 없이 파괴될 것이다. 또한 개발도상국을 중심으로 갈수록 막대한 규모로 커지는 오염도 생태 환경 상실만큼이나 강력한 파괴력을 보일 것이다. 자원의 과도한 개발과 남획과 밀렵은 어족 자원과 대형 동물, 이를테면 코끼리나 코뿔소나 호랑이 등에 갈수록 심각한 피해를 입힐 것이다. (2013년에 일군의 과학자들이 내놓은 보고서에 의하면, 2010년부터 별도의 종으로 독립된 아프리카숲코끼리, 즉 둥근귀코끼리는 상아 밀렵 때문에 지난 10년 동안에 전체 개체수의 3분의 2가 사라졌으며 그대로 멸종으로 직행 중이라고 한다.) 그리고 갈수록 불어나는 세계 무역으로 인한 외래종의 폐해는 예기치 못한 파괴로 이어지는 중이다. (2차 대전 이후 태평양의 괌 섬에 우연히 유입된 호주갈색나무뱀은 섬의 토착 조류종의 거의 3분의 2를 멸종시켜 버렸다.) 그중에서도 가장 큰 재앙인 기후 변화라는 망령은 모든 존재를 위협하는 중이며, 이제는 수억 년 동안 생명이 탄생하여 번성하게 만든 대기의 안정성마저 무너트리려 하고 있다.

우리가 마주한 문제의 본질을 제대로 직시하는 일은 그리 쉽지 않았다. 두 세대 동안 우리의 주된 강령이었던 자유주의 세속 휴머니즘이, 물론 존중할 만한 사상이기는 해도, 문제에서 시선을 돌려 왔기 때문이었다. 지구와 지구가 낳은 동물종 중 하나, 문제아인 호모 사피엔스가 근원적인 부분에서 갈수록 큰 충돌을 벌이고 있다는 사실을 말이다. 현재 우리의 신념 체계에서 인간이란 선한 존재다. 따라서 제너럴모터스에 좋은 것은 미국에도 좋다는 누군가의 말처럼,* 인간에게 좋은 것은 행성에

---

* 1953년 미국 국방장관으로 임명된 GM의 CEO, 찰스 윌슨이 남긴 말이다.

도 좋을 수밖에 없다고 여기는 것이다. 문제는 당연하게도 그것이 사실이 아니며, 인간은 행성을 파괴하는 존재라는 점에 있다. 진상을 마주하지 않으려고 애쓰면서 동시에 자연계가 공격받고 있다는 사실을 인정하려면 — 이쪽을 부인할 수는 없으니 말이다 — 일종의 전위행동displacement behavior이 필요해진다. 특정 정치 체제에서 문제를 발견하려는 유혹이 생겨난다. 그러나 지난 세기 동안 벌어진 자연의 파괴에는 자본주의와 계획경제 양쪽 모두에 지분이 있다. 그리고 자연계는 어느 쪽이든 똑같이 무너질 수 있다. 자신이나 주주들을 위해 빠른 현금을 확보하려는 자들에 의해서나, 공동체를 위한 더 폭넓은 이득을 추구하는 이들에 의해서나. 자연은 특정 정치적 또는 경제적 강령에 의해 파괴되는 것이 아니다. 엄청난 속도로 규모를 불려가는 인간의 산업에 의해서 파괴되는 것이다.

미래에 관한 가장 근본적인 우려, 즉 21세기 중반에 이르러 지구에 살게 될 90억 명의 사람들을 어떻게 먹여 살릴 것인가 하는 문제를 생각하면 이 점은 명확해진다. 2011년에 영국 정부 과학자문위원회는 이 문제를 호라이즌-스캐닝 기법으로 정면에서 분석한 연구 보고서를 발간했다. 그 제목은 〈식량과 농업의 미래The Future of Food and Farming〉였는데, 현재와 앞으로 수십 년 동안의 전 지구적 식량 시스템을 점검하고, 앞으로 닥칠 문제를 어떻게 해결할 수 있는지를 논했다. 이 보고서는 몇 가지 주요한 제안을 남겼다. 예를 들어 현재 논쟁의 대상이 되는 신기술, 이를테면 유전자 조작 생물의 사용을 배제해서는 안 된다는 것. 음식물 쓰레기 감소의 우선순위를 높여야 한다는 것. 그러나 특히 내 눈길을 사로잡은 내용은, 열대우림 등 넓은 면적의 새로운 토지의 개간을 금지해야 한다는 것이었다. 기후 변화를 유발하는 온실가스를 대규모로 배출하기 때문이다. 그리고 그럴 경우에는 '세계의 식량 공급은 지속 가능한 집약적 농업을 통해 증가되어야 한다'라고 했다.

거의 70년에 이르는 집약적 농업이 자연에 무슨 일을 저질렀는지를 알고 있으면서도, 지금 온 세상의 작물을 키우고 있는 토지를 훨씬 가혹하게 다루어야 한다는 뜻이다. 해당 보고서는 환경 문제를 잘 알고 있으며 '지속 가능한'이라는 조건이 중요하다고 말했다. 그러나 '집약적 농업'이란 본질적으로 화학물질을, 화학비료와 특히 독극물을 더 많이 집어넣는 행위일 뿐이다. 더 많은 살충제, 제초제, 살균제, 살연체동물제. 그리고 나는 아마도 다른 어떤 인간도 떠올려 본 적이 없을 기묘한 질문을 하나 마음속에 그리게 되었다. 21세기는 곤충들에게 있어 어떤 세기가 될까?

나는 다가올 미래에 90억 명의 인간을 먹여 살리기 위한 대가가 곤충의 희생일 것이라 생각한다. 설표雪豹나 마운틴고릴라처럼 카리스마 있는 대형 동물은 사랑할지 몰라도, 징그러운 벌레들에 신경을 써 주는 사람은 거의 없을 것이다(나비와 나방을 제외하면). 바로 그 때문에 최근 곤충의 숫자가 급감하는 동안에도 아무도 알아차리지 못했던 것이다. 우리 시대를 규정하는 생태 현상이자 우려되는 환경 요인인데도 말이다. 그러나 징그러운 벌레들은 단순히 징그럽게 꼬물거리며 기어다니기만 하는 것이 아니다. 이들은 '세상을 움직이는 작은 친구들'이며, 수많은 생태계에서 주요한 역할을 맡고, 사라지면 심각한 위험을 불러올 수 있다. 물론 그 사실을 인지하게 된 것은 최근 꿀벌을 비롯한 여러 수분受粉 곤충들이 사라진 것에 경각심이 생기면서부터였다. (우리 작물과 과실수의 3분의 2 정도는 풍매風媒 수분 식물이지만, 나머지는 충매蟲媒 수분을 필요로 한다.) 그러면 여러분은 적어도 수분을 담당하는 곤충은 보호받겠네, 하고 말할지도 모르지만, 나는 지금 어디선가, 아마도 살충제 회사에서, 바람으로 수분이 가능해지는 유전자 조작 작물을 만들어보자는 꿈을 꾸는 과학자가 있으리라고 장담할 수 있다. 아니, 곤충은 필요하지 않을 것이다. 다른 수많은 생명체와 마찬가지로 그들 또한 사라져야 할 것이다. 수많은 종이, 수많은 생태 환경이, 우리에게 환희를 가져다주었던 수많은 자연이, 손 닿는 곳의 모든 자연을 갈취하려 드는 인간의 손에 의해 사라질 것이다. 그리고 바로 그 증거가, 특히 곤충에 대한 증거가 이곳에 있다. 내 평생에 걸쳐 영국에서 그 풍요로움이 사라져 버리지 않았는가.

그리고 그 풍요로움을 극적으로 체현했던 흥미로운 현상, 나방의 눈보라도 말이다.

우리는 어떻게 해야 할까? 형제자매를 먹여 살리기는 해야한다. 기아를 줄이자는 목표에 반대하는 사람이 있을까? 다른사람의 먹을 권리를 부정할 정도로 우리 종을 저버릴 수 있을까? 하지만 그렇다면 지구는 어떻게 할 것인가? 인간이 지구를완전히 뒤덮어서 약동하는 아름다운 생명체들을 역사 속 폐허로 만드는 일이 우리에게 필요하다면, 어떻게 반응해야 할 것인가? 그거 안 됐네, 하고 끝낼 것인가?

지금까지 거의 150년 동안, 인류는 조직된 방식으로 자연계를 보호하려 애써 왔다. 내가 언급했듯이 처음 길을 연 것은 일찍이 야생을 경애하기 시작한 미국인이었고, 그 덕분에 1872년에 옐로스톤을 최초의 국립공원으로 지정할 수 있었다. (영국에서 그에 해당하는 일은 상당히 한참 후에 일어났는데, 찰스 로스차일드가 브리튼 제도 및 대영제국의 자연보호구역 설립 위원회를 발족한것이 1912년이었다. 어쩌면 로스차일드가 케임브리지셔의 위컨 펜을사들이고, 산호랑나비 보호에 사용하라는 단서를 달아서 초창기 내셔널트러스트에 그 땅을 기증한 것을 시초로 보아야 할지도 모르겠다.)

이후 자연보호 운동은 그 크기가 상당히 불어나고 국제적인 조직이 생겨났다. 이제는 세계 곳곳에, 사실상 거의 모든 국가에 보호구역의 네트워크가 존재하며, 부와 권력과 열정을 지닌 비정부 단체들이 전 세계에서 자연과 생물다양성을 지키기 위해 노력하고 있다.

참으로 대단한 일이다. 어쩌면 그보다 더 대단한 것은 가중되는 압력 속에서도 자연을 사랑하는 개인의 역할이었을지도 모른다. 우리 영국에 그런 놀라운 사례 하나가 있다. 영국의 난 중에서도 가장 아름다운, 통통하고 화려한 노랑복주머니란은 난초 수집가들의 탐욕 때문에 20세기 초에 멸종되었다고 알려져 있었지만, 1930년에 어느 외딴 야생 지역에서 꽃 한 송이가 발견되었다. 이 마지막 한 포기의 식물은 즉시 넓은 공터로 옮겨 심어졌고, 이후 40년 동안 극소수의 원예가들에게 극진한 보호를 받았다. 이들의 주된 무기는 비밀 엄수였다. 1970년부터 정부 지원을 받는 소규모 위원회가 이 작업을 관할하기 시작했고(이 또한 비밀 위원회였다) 꽃피는 철에는 24시간 내내 자원봉사자들이 번갈아 가며 식물을 지켰다. 마침내 1990년대에 이르러, 큐 가든 왕립식물원은 연구실에서 *Cypripedium calceolus*를 증식하는 기법을 발견했고, 영국의 노랑복주머니란은 그렇게 구원받았다.

노랑복주머니란을 구한 것은 자연에 대한 사랑으로 불타오르는 한 줌의 사람들이었다. 그 외에도 이런 사례는 종종 찾아볼 수 있다. 사랑은 존재하며 기적을 일으킬 수 있다. 그러나 이들의 업적조차도 여러 개인이 비교적 안전한 유럽에서 멀리 떨어진 땅에서 감내한, 그리고 매일 감내하고 있는 희생에는 미치지 못한다. 예를 들어 콩고민주공화국에서는 1990년에서 2010년 사이에만 150명의 경비대원이 비룽가 국립공원을 지키려다 목숨을 잃었다. 이곳은 세계에서 가장 희귀한 동물 중 하나인 위풍당당한 마운틴고릴라의 서식처이기도 하지만, 동시에 아프리카에서 가장 끔찍한 전쟁 한복판에 놓여 있기도 하다. 한편 페루에서는 2002년에서 2014년 사이에 최소 57명의 환경운동가가 불법 열대우림 파괴를 막으려다 목숨을 잃었다.

보호 운동의 엄청난 규모에도 불구하고, 그 개인이나 조직이나 구호금만으로는 21세기에 일어나는 거대한 파괴의 물결을 막을 수 없다는 사실이 갈수록 명확해지고 있다. 모든 국가에 보호구역이 존재하는 것은 사실이지만, 보호구역을 지도에 표시하는 일과 그것이 제대로 작동하게 만드는 것은 완전히 다른 문제다. 특히 개발도상국에서는 벌채를 위해서든, 금광을 위해서든, 동물을 죽이기 위해서든, 아니면 숲을 베어 경작지를 만들기 위해서든, 불법이고 종종 폭력을 동반하여 국립공원에 침입하는 경우가 종종 발생하며, 이는 자연계에 대한 갈수록 늘어가는 공격의 가장 마음 아픈 측면을 보여준다. 예를 들어, 남아프리카 크루거 국립공원의 코뿔소들은 아시아에서 코뿔소 뿔이 전통 약재로 효험이 있다는 믿음이 대세가 된 10년 전부터 밀렵당하기 시작했다. 그리고 보호구역이어야 마땅한 곳에서 치솟은 살육의 횟수는 도저히 믿기 힘들 정도였다. 2007년에는 13마리가 죽었다. 2008년에는 83마리가 죽었다. 2009년에는 122마리, 2010년에는 333마리가 목숨을 잃었다. 2011년에는 448마리에 달했으며 2012년에는 668마리였다. 그리고 2013년에는 1,004마리에 이르렀다. 전 세계에서 보호 계획이 실패하는 이유는 사실 자명하다. 공격의 규모는 불어난 인구와 직결된다. 이제 위기에 처한 것은 자연계의 일부와 그곳의 야생 동식물뿐이 아니다. 자연 자체가 위험해졌다. 보호는 파상적이다. 반면 위협은 체계적이다.

서두에서 나는 과거 위협에 반격하고 자연의 멸망을 막으려 제시되었던 두 가지 체계적인 방어법을 비판했다. 지속 가능한 성장의 추구, 그리고 생태계 용역의 가치 말이다. 나는 양쪽 모두 환경보전에 큰 역할을 했으며 앞으로도 해줄 고귀한 위업이라 생각한다. 그러나 서두에서 말했듯이, 나는 양쪽 모두 결점이 있다고 생각한다. 지속 가능한 성장은 선하리라 확신할 수 없는 인간의 선함에 의존하며, 생태계 용역은 그들이 지키고자 하는 개념에 한정되어 있다. 그러나 지금은 그 양쪽에 결여된 가장 필수적인 요소를 언급할 때다. 그것은 바로 신념이다.

양쪽 모두 지성을 자극할 수는 있다. 그러나 어느 쪽도 상상력은 자극하지 못한다. 1990년대 후반에 영국 정부는 4,100만 파운드를 투자하여 지속 가능한 개발의 전 지구적 중심이 될 '어스 센터'를 세웠다. 돈카스터 근처의 버려진 탄광에 건설되었으며, 대형 관광 시설로 기능할 예정이었다. 문제는 방문객이 없었다는 것이다. 어스 센터는 2001년 5월에 문을 열어서 고작 3년 만에 문을 닫았고, 이제는 완전히 잊혀졌다. 지속 가능한 개발에 영혼이 흔들리는 사람은 존재하지 않는다. 그에 대한 시를 쓰는 사람도 없다. TEEB(생태계 및 생물 다양성의 경제성)에 대한 시를 쓰는 사람이 없는 것과 마찬가지다. 필수적인 요소일지는 모르지만, 양쪽 모두 지적인 축조물에 지나지 않는다. 정책 결정자들의 정신을 채울 수는 있어도, 사람들의 마음에 닿을 수는 없다.

사람의 마음에 닿는 것은 신념이다. 그러니까 조금 큰 규모의 신념, 이를테면 신앙 같은 것 말이다. 역사를 잠깐만 살펴봐도 사람들의 마음을 불타오르게 하는 신념이 무슨 일을 이룩할 수 있는지는 분명해진다. 그리스도교의 전파, 이슬람의 전파, 르네상스의 힘, 종교개혁의 힘, 사회주의 계획의 힘. 이 모두는 대단한 사건이지만, 역사적 중요성 측면에서는 우리가 지금 진입하고 있는 대재앙, 즉 자연계의 파괴와 비견할 만하다. 그리고 내가 보기에는, 그 사건을 멈출 가능성이 있는 것은 오직 그와 같은 장대한 규모의 신념뿐이다.

　그런 신념, 그런 신앙은 이미 존재한다. 바로 자연의 가치에 대한 믿음이다. 사람들은 그에 대한 시를 쓸 것이다. 지금껏 수천 년 동안 해온 일이 아니던가. 그러나 지금까지는 뭔가가 부족했다. 자연에 대한 사랑에도, 봄날의 꽃과 새들의 노랫소리와 한 해가 다시 깨어나는 계절의 즐거움에도, 돌고래의 경이와 새벽녘 합창의 경이에도, 사람들이 미처 깨닫지 못하던 것이 있었다. 바로 현대에 이르러 우리가 이해하게 된, 자연계와의 오래된 유대가 우리 내면 깊숙한 곳에 살아 있다는 사실이다. 그 때문에 자연은 사치품이나 여분의 선택지가 아닌, 심지어 황홀한 마법조차도 아닌, 우리 본질의 일부가 된다. 우리가 환희뿐 아니라 평화마저 찾을 수 있는 우리 정신의 고향이다. 그런 자연이 파괴된다면 우리들의 본질적인 일부가 파괴되는 셈이다. 자연을 상실한다면 우리는 온전치 못한 존재가 될 것이다. 진화를 마친 모습보다 덜한 존재가 될 것이다. 진정한 평화를 찾는 것도 불가능해질 것이다.

　이미 수많은 사람이 느끼는 자연에 대한 사랑에 이런 이해를 더할 수 있다면, 우리는 새로운 종류의 사랑을 손에 넣었다고 할 수 있을 것이다. 깨달음이 더해진 사랑이기도 하지만, 동시에 우리가 마주하고 있는 위협의 규모를 자각한 사랑이자, 꽃이나 새, 초원이나 습지, 아니면 호수, 아니면 숲, 아니면 목초지에 대한 사랑이면서도, 동시에 내년이면 그 모두가 존재하지 않게 될 수 있다는 사실을 깨닫고, 그를 수호하거나 지키기 위해 뭐든 할 수 있는 사랑이 될 것이다. 타오를 수 있는 사랑이 될 것이다.

그런 신념이 큰 규모로 발현한다면 위대한 업적을 이룩할 수 있다. 그런 사랑은 단 하나뿐이라도 진정한 가치를 지닐 것이나, 수천이 모이면 진정한 힘이 될 수 있다. 일반인의 감정이란 정치적 의지의 시작이기 때문이다.

지금 자연계에는 21세기라는 해일이 밀려오고 있다. 아무 생각 없이 잔혹하게 폐허만을 남기고 지나갈 해일이다. 지금에야말로 우리의 사랑을 표현해야 한다.

옮긴이의 말

다른 때보다 유독 생물명 번역에 신경을 쓴 듯하다. 다른 무엇보다 저자의 고향인 영국이 구대륙에 위치하기 때문에, 미국 저자의 책에 비해 한국과 겹치는 생물종이 훨씬 많기 때문이다. 물총새의 보석 같은 푸른빛을 직접 목격한 사람, 수도권에서도 종종 찾아볼 수 있는 큰주홍부전나비의 아름다움을 눈에 담았던 사람, 이제는 귀해진 멧팔랑나비의 요정 같은 모습에 감탄한 적이 있는 사람이라면 저자의 글에 한층 공감할 수 있으리라 생각한다. 생물명을 제대로 옮기지 못하면 당연하게도 그런 공감은 기대하기 힘들 것이다.

한국에 서식하지 않으며, 따라서 정식 국명이 존재하지 않는 생물의 경우에는 가칭을 적고 학명을 병기하는 방식을 택했다. 다만 여기에는 두 가지 예외가 있는데, 우선 한국에 근연종이 서식하고 형태나 습성에 큰 차이가 없는 경우에는 기존의 용례를 따르거나 임의로 '유럽' 또는 '서양'의 접두어를 붙이는 쪽을 택했다. (물론 이 또한 온전한 해결책은 아니다. 새를 좋아하는 분은 익숙할 예를 하나 들자면, 유럽검은지빠귀에 대응되는 한국 쪽 새는 검은지빠귀가 아니라 대륙검은지빠귀다.) 다른 하나는 원어 발음을 그대로 차용한 두 종류의 나비다. 듀크오브버건디는 해당 종의 문화적 함의와 유명세 때문에, 그리고 마운틴링렛은 *Erebia*속에 붙은 '지옥나비'라는 무시무시한 국명 때문에 내린 선택이었다. 본문을 읽은 분이라면 그 대목에서 '산알락지옥나비' 따위의 가칭을 붙이지 못한 이유를 이해해 주시리라 생각한다. 모쪼록 불평은 '지옥나비'라는 무시무시한 국명을 처음 붙이신 고 석주명 선생께 향해 주시길 바란다.

　그렇다고 해도 한국의 독자들에게는 저자가 드는 예시가 마음에 와닿기 힘들지도 모르겠다. 일부 생물종을 공유하고 흡사한 종이 존재한다고 해도, 결국에는 이국의 풍경을 활자로 접하는 것에 지나지 않기 때문이다. 물론 봄철 검은머리흰턱딱새(블랙캡)의 노랫소리는 천상에서 내려온 것처럼 청아하고 달콤하기는 하다. 덤불에서 난데없이 튀어나오는 꼬까울새는 사랑스럽고, 가득 깔린 블루벨의 푸른빛은 이 세상의 색채가 아닌 것처럼 보인다. 그러나 여행객의 입장이 될 때면, 이런 작은 생물들은 오감을 가득 메우는 온갖 자극의 일부로 줄어들어 환희나 경이를 느끼기도 전에 그대로 여행의 일부로 파묻혀버리기 일쑤다. 어쩌면 저자 또한 그것을 알았기에, 온 세계를 누비던 환경 전문 저널리스트 출신이면서도 환희와 경이를 논할 때만은 브리튼 섬의 자연물을 예시로 들었던 것일지도 모르겠다. 대부분의 환희와 경이는 결국 우리 주변의 경험들에서 유래하기 때문이다.

서울에서 태어나서 평생 서울에 살고 있는 나 자신의 경우도 크게 다르지 않다. 내게 가장 많은 환희와 경이를 선사해 주었던 장소는 다름아닌 동네 뒷산이다. 이른 봄부터 진흙을 물어다 구멍 공사를 시작하는 동고비 부부를 관찰하고, 봄마다 차례차례 돌아오는 되지빠귀와 흰눈썹황금새와 꾀꼬리와 파랑새의 노래에 귀를 기울이고, 애기나리와 까치수염과 노린재나무의 하얀 꽃을 마주하고, 어린 박새가 첫 사냥에 성공하는 모습을 볼 때마다, 나는 폭발하듯 마음 한켠을 가득 채우는 고양감에 몸서리치게 된다. 그리고 놀랍게도, 해가 지나며 같은 경험을 반복할수록 이런 감정은 줄어들기는커녕 도리어 더욱 진하게 숙성되는 듯하다. 저자 또한 감탄과 감사와 우려와 조바심이 뒤얽힌 이런 감정을 느꼈으리라. 새를 비롯한 자연을 가까이 하지 않았더라면 결코 느끼지 못했을 선물일 것이다. 낯선 새와 낯선 들꽃의 이야기라도, 평소에도 들꽃에 시선을 주고 새 소리에 귀를 기울이는 법을 알던 분들이라면 저자의 감상에 공감할수 있지 않을까 싶다.

그리고 저자와 한국의 독자가 거의 온전히 공유할 수 있는 대상이 한 가지 있다. 바로 갯벌의 새들이다. 저자가 향수를 품는 도요물떼새의 대부분을 한국의 서해안과 남해안에서도, 심지어 인천 같은 대도시 한복판에서도 관찰할 수 있기 때문이다. 물론 감동의 방향성은 조금 다를 수 있다. 내 경우에는 저자처럼 붉은발도요에 특히 애착이 있는데, 본문에 언급된 튜-휴-휴 하는 울음소리 때문은 아니다. 그 이유는 붉은발도요가 수도권에서 번식하는 거의 유일한 도요이기 때문이다. 꺅꺅거리며 구애하고 짝짓기하는 모습, 사람이 다가오면 정신없이 앞길을 막으며 알과 새끼를 지키려 애쓰는 모습, 칠면초밭에 얌전히 앉아 있던 새끼 도요의 모습이 붉은발도요에 대한 나의 추억을 구성한다. 이런 모습을 관찰하다 보면 해당 종을 바라보는 눈길에 애틋한 감정이 섞일 수밖에 없다.

그러나 한국에 대한 저자의 날카로운 지적은 이 경우에도 적용된다. 수도권에서 붉은발도요의 번식을 가장 쉽게 살펴볼 수 있는 두 곳의 생태공원, 즉 소래습지생태공원과 시흥갯골생태

공원은 최근 몇 년간 심각한 파괴를 겪었다. 소래습지는 수변공간 조성이라는 명목하에 토사를 쏟아부어 상당한 면적의 갯벌을 메워 버렸고, 시흥갯골은 꾸준히 갈대밭을 베고 캠핑장과 인스타 사진발 잘 받는 핑크뮬리와 미로 정원을 조성하고 있다. 당장 몇 년 뒤에 붉은발도요가 계속 번식힐지도 확신할 수 없는 상황이다. 본문 내용이 부유한 서구 베이비부머 세대의 잔소리처럼 들릴지 몰라도, 우리의 현 상황을 돌아보면 충분히 유효한 지적이라 할 수 있을 것이다.

저자는 내내 무력함을 토로하고 있지만, 한국의 탐조가 입장에서 그의 글을 읽노라면 조금 복잡한 심경이 된다. 그와 같은 세대의 수십만 베이비부머 탐조가들이 영국 생태 환경 조사와 보전에서 수행한 긍정적인 역할이 계속 눈에 들어오기 때문이다. 저자의 소망대로 문화를 통한 생태 보전에는 이르지 못할지라도, 자연 애호가의 수를 불리는 것으로도 조금이나마 파괴를 막을 수 있지 않을까. 새만금의 끔찍한 전철을 다시 밟지 않기 위해서라도 더욱 많은 이들을 자연의 환희와 경이의 세계로 이끌어야 하지 않을까 싶다.

옮긴이 | 조호근

서울대학교 생명과학부를 졸업하고 과학서 및 SF, 판타지, 호러 장르 번역을 주로 해왔다. 옮긴 책으로『레이시즘』『물리는 어떻게 진화했는가』『아마겟돈』『물리와 철학』『장르라고 부르면 대답함』『도매가로 기억을 팝니다』『컴퓨터 커넥션』『타임십』『런던의 강들』『몬터규 로즈 제임스』『모나』『레이 브래드버리』『마이너리티 리포트』등이 있다.

나방의 눈보라

자연과 환희

초판 1쇄 발행 2024년 8월 25일

지 은 이 마이클 매카시
옮 긴 이 조호근

펴 낸 곳 서커스출판상회
주　　소 경기도 파주시 광인사길 68 202-1호(문발동)
전화번호 031-946-1666
전자우편 rigolo@hanmail.net
출판등록 2015년 1월 2일(제2015-000002호)

ISBN 979-11-87295-85-3 03400